職場價值最大化

以主動和責任心
實現長遠發展

從被動完成到積極突破，激發潛能，
激烈的職場中脫穎而出

周文軍 著

忠誠與責任是職場成功的基石
主動尋找機會，從「要我做」轉變為「我要做」
注意每個細節，養成良好工作習慣
將職場當作大展身手的舞臺，展現自我價值
持續精進，成為不可或缺的職場人才

目錄

前言

第一章　與公司共命運

　　重視合作，達到雙贏……………………………………012

　　用激勵搭起員工和老闆的共享平臺……………………014

　　用理解建構雙贏的橋梁…………………………………019

　　抱著感恩的心情去工作…………………………………022

　　和公司共命運……………………………………………025

　　忠誠是最好的品牌………………………………………028

　　養成認真的做事風格……………………………………030

　　做好準備工作……………………………………………031

　　第一次就把事情做對……………………………………035

　　沒缺陷才到位……………………………………………037

　　踏實地拒絕浮躁…………………………………………040

第二章　自發勤奮讓你更優秀

　　勤奮是成功永恆的真理…………………………………046

　　機遇鍾情於勤奮進取的人………………………………047

　　勤奮進取能讓你脫穎而出………………………………049

目錄

不要只做別人告訴你的事 ……………………………… 053
機會空間來自主動工作 ………………………………… 055
上進心讓你更優秀 ……………………………………… 060
機會屬於跑在前面的人 ………………………………… 063
勤奮是通往成功的起點 ………………………………… 067
職場不歡迎「守株待兔」的人 ………………………… 070
站在老闆的角度想問題 ………………………………… 074
成功不是等來的 ………………………………………… 078
惰性讓人失去一切 ……………………………………… 080
走出萎靡不振的狀態 …………………………………… 083
立即從現在開始起步 …………………………………… 086
鍾愛你的事業 …………………………………………… 089
決斷是力量中的力量 …………………………………… 092

第三章　懷著忠誠的心去工作

團隊的力量來自忠誠 …………………………………… 096
不可缺少的團隊合作精神 ……………………………… 100
以團隊利益為重 ………………………………………… 104
忠誠為你贏得榮譽 ……………………………………… 108
忠誠讓你與團隊雙贏 …………………………………… 113
不要成為「跳跳糖」 …………………………………… 115
你為誰忠誠 ……………………………………………… 120

自己是忠誠的最大受益者 ……………………………………… 125

為自己而工作 …………………………………………………… 128

熱愛你的工作 …………………………………………………… 136

第四章　熱情是工作的靈魂

將熱情注入工作 ………………………………………………… 148

熱愛工作，與自己的工作談戀愛 ……………………………… 150

堅守信念，使命感讓工作更成功 ……………………………… 155

我的位置在最高處 ……………………………………………… 158

最優秀的人是重視找方法的人 ………………………………… 162

低頭做事還不夠，還得追求效率 ……………………………… 165

養成高效率工作的好習慣 ……………………………………… 169

一流的工作加一流的行動 ……………………………………… 174

多做，必然收穫多 ……………………………………………… 177

向老闆學習，比老闆更老闆 …………………………………… 181

別把工作當苦差事 ……………………………………………… 184

勤奮勞動才能創造美好生活 …………………………………… 186

珍惜有限的時間 ………………………………………………… 189

做事要有條理和秩序 …………………………………………… 191

把計畫訂得靈活些 ……………………………………………… 193

學會聰明地工作 ………………………………………………… 195

想點石成金必須有恆心 ………………………………………… 196

目錄

第五章　高效與責任心成就你的未來

負責任，才是成熟的人 …… 202

工作中沒有小事 …… 205

忙，就要忙到點子上 …… 206

使用專注的力量 …… 208

拖延的都是生命 …… 210

量化自己每日的工作 …… 213

堅持要事第一的原則 …… 215

使小聰明的往往是笨人 …… 219

準備充分，才能贏得一切 …… 221

速度第一，完美第二 …… 224

成為問題的解決專家 …… 227

不讓一點疏忽鑄成大錯 …… 230

接受了任務就等於做出承諾 …… 232

藉口是走向失敗的通路 …… 235

第六章　以敬業和好心態面對工作

以老闆的心態對待工作 …… 240

最佳的任務完成期是昨天 …… 243

勇於承擔責任 …… 246

問題到此為止 …… 250

不要只做老闆告訴你的事 ⋯⋯⋯⋯⋯⋯⋯⋯⋯⋯⋯⋯⋯⋯⋯ 253

自覺自願，自動自發 ⋯⋯⋯⋯⋯⋯⋯⋯⋯⋯⋯⋯⋯⋯⋯⋯ 256

職場中沒有「分外」的工作 ⋯⋯⋯⋯⋯⋯⋯⋯⋯⋯⋯⋯⋯ 260

責任是每個人的事 ⋯⋯⋯⋯⋯⋯⋯⋯⋯⋯⋯⋯⋯⋯⋯⋯⋯ 262

對工作負責，就是對自己負責 ⋯⋯⋯⋯⋯⋯⋯⋯⋯⋯⋯ 265

第七章　盡職主動，不找藉口

只做老闆交代的，就錯了 ⋯⋯⋯⋯⋯⋯⋯⋯⋯⋯⋯⋯⋯ 270

完成任務不等於結果 ⋯⋯⋯⋯⋯⋯⋯⋯⋯⋯⋯⋯⋯⋯⋯⋯ 272

聰明工作比努力工作更重要 ⋯⋯⋯⋯⋯⋯⋯⋯⋯⋯⋯⋯ 275

先做後說，老闆喜歡 ⋯⋯⋯⋯⋯⋯⋯⋯⋯⋯⋯⋯⋯⋯⋯⋯ 278

提高對任務完成的期望 ⋯⋯⋯⋯⋯⋯⋯⋯⋯⋯⋯⋯⋯⋯⋯ 279

在機會面前毛遂自薦 ⋯⋯⋯⋯⋯⋯⋯⋯⋯⋯⋯⋯⋯⋯⋯⋯ 281

樹立自己的職業品牌 ⋯⋯⋯⋯⋯⋯⋯⋯⋯⋯⋯⋯⋯⋯⋯⋯ 284

做好了才叫做了 ⋯⋯⋯⋯⋯⋯⋯⋯⋯⋯⋯⋯⋯⋯⋯⋯⋯⋯ 287

一開始就想好如何去做 ⋯⋯⋯⋯⋯⋯⋯⋯⋯⋯⋯⋯⋯⋯⋯ 289

從「要我做」，到「我要做」 ⋯⋯⋯⋯⋯⋯⋯⋯⋯⋯⋯ 292

完成「分內事」，多做「分外事」 ⋯⋯⋯⋯⋯⋯⋯⋯ 295

第八章　做好工作公司就是你的船

把工作視作成就事業的使命 ⋯⋯⋯⋯⋯⋯⋯⋯⋯⋯⋯⋯ 298

無論老闆在不在都應積極主動 ⋯⋯⋯⋯⋯⋯⋯⋯⋯⋯⋯ 300

目錄

拿公司薪水就該把公司當成自己的事 …… 302

敬重自己的工作 …… 305

清除浮躁,讓自己「沉」下來 …… 308

自覺自願,而不是刻意去做 …… 311

把職業視作生命的一部分 …… 314

在細節之處做到完美 …… 316

甘願為工作做出犧牲 …… 319

工作第一,自我退後 …… 321

做完了,再痛快地休息 …… 323

前言

　　一個公司的興衰靠的是所有員工的努力，而公司的興衰與員工的利益休戚相關，我們為公司付出時間和精力，公司就一定會帶給我們更好的生活保障。有的人說身體只是人的軀殼，靈魂才是主要的。但是沒有這個軀殼，人的靈魂就無所依附，也就不會存在了。同樣，我們的公司就像我們的身體，它是員工得以生存的基礎，就如同唇亡齒寒一樣的道理。因此，公司與員工有著共同的利益關係，一榮俱榮，一損俱損。

　　無論是何種公司，公司與員工的關係都是很清楚的──他們有著共同的利益，兩者之間的關係可以這樣表述：公司關愛員工，員工愛護公司。公司和員工有著共同的目標，共謀發展，同時也利益共享。公司發展好了，員工的利益也得到保障。在這裡，工作就達到了橋梁和紐帶的作用。只有公司員工把自己當作公司主人，他們的創造性才能夠發揮出來。

　　每一個員工都應該明白，自己的薪資收益完全來自公司的收益。因此，公司的利益就是自己利益的來源。因此，替老闆考慮公司的利益，實際上就是考慮自己的利益。

　　對於員工來說，公司就是第二個家。無論是老員工還是新員工，無論是管理層還是技術人員，身在同一公司，就有責任為公司做出自己的貢獻，有責任為共同的家而努力。只有公司發展了，才能為員工提供更好的發展機會，才能更好地改善員工的物質與精神生活。因此，要學會把公司的困難當成是自己的困難，與公司同甘苦共患難，想公司之所想，急公司之所急。

　　只有公司發展了，才能帶動員工的發展，因此明智的員工都有這樣的

前言

意識：公司先贏，個人後贏。公司的發展需要靠員工的積極努力，有優秀的員工才有優秀的公司，公司的每一個變化、每一個進步，都與員工的工作密切相關。

公司和員工都應該把公司的興盛放在第一位，員工與公司結合成一榮俱榮、一損俱損的關係。只有公司的振興才能為員工贏得更高的利益，同時公司又是員工的公司，要兼顧員工的利益。這其實正是許多公司成功的關鍵所在。

公司和員工是有著共同利益的有機體。員工必須了解公司的發展目標，能夠為公司實現這個宏偉的目標去努力；同時，公司應該把職工的各種權益，包括民主權益和他們應該得到的各種利益維護好。這樣公司才會興旺發達，員工利益也能夠得到保障。這就叫做「雙愛、雙贏」，公司與員工相互關愛、相互得益。

第一章
與公司共命運

現代社會，單憑個人無法成功。成功源於團隊力量，成功也需要別人的幫助，別人的力量也許是促進我們成功的一個重要力量，幫助別人也就是幫助自己。我們幫助老闆的事業成功，老闆也為我們提供成功的舞臺。

第一章　與公司共命運

重視合作，達到雙贏

成功是目標的達成，人生價值的體現。一個人要想成功，必須掌握雙贏規則，懂得雙贏模式。我們所處的是一個講求雙贏的時代，那種自私自利，不顧全域性的做法，最終會被現實所淘汰。

在現代企業中，越來越多的公司把是否具有團隊合作精神作為選拔員工的重要標準。一個業務十分專業的員工，如果態度傲慢，自以為是拒絕與人合作，或者態度不積極，即便有出色的能力，也得不到團隊成員的協助，孤軍奮戰的結果只會成為孤家寡人，進步緩慢，得不到他人的及時幫助。密切合作已成為衡量一個優秀員工所應具備的素養之一。未來社會的競爭將從核心競爭力的對抗轉為團隊合作力量的抗衡。「餓虎難鬥群狼」，如果還是單打獨鬥，失敗將只不過是時間的早晚問題而已。小成功靠自己，大成功靠眾人。凡在事業上取得持續輝煌的企業和個人，絕不要靠一人之力去謀求自身發展，而是要會平衡地利用相關企業的能量和價值組成一個新的競爭系統去拓展市場。在每個企業中，每個老闆總是不斷地尋找能夠幫助自己一臂之力的人，同時也在拋棄那些不發揮作用的人 —— 任何阻礙公司發展的人都要被及時拿掉。

養成時時合作共進的良好習慣，不但能使自己進步，也推動了企業的發展。因為我們每個人的成功是來自於大家共同奮鬥的結果，養成與人共進的習慣，學會藉助別人的力量，是一個人聰明處世的技巧，許多足智多謀的人卻善於利用別人的長處來為自己服務。一個人的能力是有限的，不會與人合作肯定做不了大事的，攜手共進也是個人走向輝煌的途徑。

在企業和個人共同依存的關係中，有人將個人和企業比做魚和水。魚

是離不開水的，我們從事怎樣的工作，其實都處在一個團隊當中，正是由於團隊中的每一個人各司其職，才使得我們的努力獲得收益。團隊的命運和利益包含了每一位成員的命運和利益。沒有哪一個人的利益可以與團體利益脫離關係。只有團隊獲益，個人才有收益。因此，每位員工在盡自己本職工作的同時，與團隊融為一體，與團隊其他成員協同合作，並以團隊為傲，才能發揮集體力量優勢，取得可觀的努力效果。

大千世界，無論在任何一個領域，都需要合作共進，這種友好的夥伴關係，在企業發展過程中是員工自身成長和成功的橋梁。這就是：公司的發展就是我們的發展，我們的發展源於公司的力量，這兩者之間是相輔相成的。

因此，在企業裡，老闆應該感謝員工為企業付出的努力，員工則要感激老闆的指導與支持，沒有老闆就沒有員工的工作機會，從某種意義上說，老闆是有恩於員工的，應該感謝老闆給予我們的機會，感謝老闆的提拔，感激老闆為公司付出的努力。

有句名言：「幫助別人往上爬的人，會爬得更高。」如果我們幫助老闆達到了目標，獲得了一筆豐厚的利潤，那麼我們也同樣會得到老闆的讚賞與獎勵，也許他會立即讓我們擔當重任，這也是一種老闆與員工在企業發展過程中的雙贏規則。

在一個公司裡，我們幫公司創造了利潤，公司飛速發展，我們就是公司的造雨人，老闆達到了目標，他很滿意，於是就會幫我們加薪，這種利人利己的雙贏模式，在企業中有著舉足輕重的作用。

在企業中，老闆和員工的關係就是一種純利益的合作關係。為了一個共同的目標，老闆與員工相互配合，形成一種雙贏的模式。

第一章　與公司共命運

一個人要成功,需要有一個精誠團結的組織,一個組織的成功則需要團隊裡每一個成員的共同合作,攜手共而這個團隊的領路人就是企業的老闆,員工在老闆的帶領下,共同創造一種雙贏的局面。

合作的力量是巨大的。老闆為了公司的利益,會激勵和引導員工做好各項工作,員工得到老闆的欣賞與指導,會發揮出無窮的力量,使企業增效節流,企業發展了,老闆和員工雙方都會獲得應得的利益,這就是相互合作,謀求雙贏之道。

無論你是公司的老闆,還是公司的員工,當我們以任何一種身分從獨立的狀態進入相互依存的關係時,雙方在協商中建立了友誼,創造了原來不能產生的合作力量。

在商業的時代裡,講究雙贏已經形成人們普遍公認的最優化的模式。這就是:雙贏 ── 讓我們走近一個成功快捷的時代!雙贏 ── 是老闆和員工共同發展的理想平臺!在企業發展過程中老闆與員工的這種雙贏關係,是一種良好的互動紐帶,我們應該記住:遵循雙贏規則,才會真正的成功;只有懂得利用雙贏模式的人,才會成為真正的贏家。

用激勵搭起員工和老闆的共享平臺

人能夠具有「自我」的觀念,這使人無限地提升到地球上一切其他有生命的存在物之上。

現代社會已經脫離了那種封閉獨處的生活方式與完全作坊式的經營模式。因此,不管在人際交往中還是在事業經營上,我們不可能不與人來往和談判合作,並且這種交往最好的結果就是互利互惠。我們所處的是一個

講求雙贏的時代，那種自私自利，占人便宜或者想靠詐欺等手段來謀利的人，最後只能成為輸家。

有一位公司總經理因為他的手下人互不合作的現象非常煩惱。他找到一位企業管理顧問說：

「我們的根本問題，就是他們太自私。他們就是不肯合作。我知道，要是他們願意合作的話，我們的收益會大得多。你能幫我們搞出一個解決這個問題的人際關係計畫嗎？」

「你的問題在於人還是在於模式？」顧問專家問道。「你親自去看看吧」他回答說。

於是這位專家照著辦了。結果他發現那裡的人確實自私，他們不願合作，不服從領導者，在交談時處處設防。他還看出那裡的員工已經造成一種互不信任的氣氛。不過他向那位總經理追問了一個問題。

「讓我們再看得深入一些，」他提議說，「你的人為什麼不合作？不合作對他們有什麼好處？」

「不合作他們也不會得到任何好處。如果他們互相合作，好處將會大得多。」總經理說道。他希望合作，他希望他的員工互相配合，從而都從這種努力中得到好處。

就像在企業界、家庭和其他各種關係中的人們之間出現的許多問題一樣，這個公司的問題也是恰當的模式造成的結果。這位總經理想從一個競爭的模式中獲得合作的果實。當它行不通的時候，他就想以一種技巧、一個計畫、一個速效的解救辦法使他的下屬之間進行合作。

但是，如果不改變根本就不可能改變結果。對態度和行為下功夫，不能從根本上解決問題。因此，這位專家提出了一種完全不同的辦法，創造

第一章　與公司共命運

個人和組織的優異成績，這個辦法就是制定提高合作價值的通報和獎勵制度。「贏一贏」模式基於這樣一種觀念：事情的好處很多，人人有份，一個人的成功不是以犧牲或排斥別人的成功為代價而取得的。

「贏一贏」是人際關係和商務交往中的一種最佳狀態，在這種模式下，雙方都本著一種尋求互利的精神和心態。這種關係也意味著雙方的協議和解決辦法是互利的，並且令雙方都感到滿意。如果雙方尋求的解決辦法的基本原則是「贏一贏」，那麼各方都會對這個決定感到滿意，因此都會覺得必須遵守這個行動計畫。追求「贏一贏」交往模式者把生活看做一個合作的舞臺，而不是一個角鬥場。

我們如今生活在一個互利依存的時代，在這種現實之中，除了「贏一贏」這種關係模式以外，其他的模式都不是最佳選擇，它們都會對長遠的關係產生影響，而這種負面影響最終會讓我們自己付出代價。市場經濟的汪洋大海、驚濤駭浪之中，險象環生。我們和我們的老闆是「一根線上的螞蚱」，一榮俱榮，一損俱損；鍋裡有了，我們碗裡才可能有。所以要想取得「雙贏」，就不得不同舟共濟。但有的人卻認為企業是老闆的，你賺多賺少，跟我有什麼關係，於是出於蠅頭小利，對老闆玩起了「太極手法」，報喜不報憂，敷衍應付。當著老闆的面是模範勞工，背著老闆就消極怠工，渾渾噩噩，甚至假公濟私。

現代管理學普遍認為：老闆和員工是一對矛盾的群體，從表面上看，彼此之間存在著對立性——老闆希望減少人員開支，而員工則希望獲得更多的報酬。但是，在更高的層面上，兩者又是和諧統一的——公司擁有忠誠並且有能力的員工，業務才能順利進行；員工只有依賴公司的業務平臺才能獲得物質報酬和滿足精神需求。因此，對於老闆而言，公司的生存和發展需要員工的敬業和忠誠；對於員工來說，豐厚的物質報酬和精神

上的成就感離不開公司的存在。

成功人做事的習慣之一便是如此，他們期望獲得一種雙贏的效果，如著名管理學家巴納德（Chester Irving Barnard）在《經理人員的職能》（The Functions of the Executive）一書中，認為好企業的關鍵是價值觀念的問題，是人的積極性問題。

成為美國鉅富的石油大亨保羅・蓋蒂（Jean Paul Getty），年輕時家境並不好，守著一大片收成很差的旱田，有時挖水井時，會冒出黑濃的液體，後來才知道是石油。

於是水井變油井，旱田變油田，僱工開採起石油來。沒事時保羅・蓋蒂便到油井去看看，每次都看到浪費和閒人，他便把工頭找來讓他解決這些問題。然而，下次再去，浪費、閒人現象依然如故。保羅・蓋蒂百思不得其解：為何我不常來，都看得出浪費和閒人，而那些工頭天天在此，卻視而不見？而我再三告知，卻始終不見改善？

怎麼解決這些問題呢？保羅・蓋蒂便向一位管理專家請教這些疑問。專家只說了一句話，他說：「那是你自己的油田。」這一句話把蓋蒂點醒了，他立即召來各工頭，向他們宣布：「從此油井交給各位負責經營，收益的25%由各位全權分配。」

此後，保羅・蓋蒂再到各油井去巡視，發現不僅浪費、閒人絕跡，而且產出大幅增加。於是他也依約行事。由於如此高效率經營，他才未在後來一波波的合併中被併購，反而是更多合併了別的經營不善的油井，形成了自己的石油王國。

所謂：士為知己者死，只有投之以桃極大地提升員工的積極性，才會有員工熱情高漲的勤奮與敬業。

第一章　與公司共命運

有管理學者聲稱：「對人的管理，是管理的最尖端技術。」員工與經營者之間的關係複雜、多變，很多員工對企業的領導者相當程度上表現為不滿甚至牴觸，二者很難真正予以協調。

但是，憑什麼讓員工覺得不只是「為人作嫁」，而真正感受到努力與報酬成正比呢？答案是：員工分工持股制便可解決這一難題。員工持股就是藉助一套公平合理的高效管理體制，讓各個層面的人都能受益。此體制為員工自己工作也為企業工作，更具激勵性。

對員工的管理，根本上是一個觀念問題，只有從觀念上求得變化，才有可能解決好員工與企業的利益關係。員工是企業發展的直接參與者，是事業夥伴，是成功、利益、風險、責任的分擔者，所以從體制著手建立諸如薪酬、產權體制等來吸收員工的責任心與事業心，可以極大地提升員工的積極性。

薪酬是與員工利益最直接相關的、員工最能感受到公平與否的問題，如果企業在這個問題上處理不當，不是打擊一兩個員工積極性的問題，而是影響企業形象、企業文化的深層次問題。

激勵還是一種很實際有效的策略，「誘之以利，曉之以理」，企業才能擁有最大的凝聚力與生產力。

員工是企業的資源，作為資源，對企業就有現實或者潛在的價值，企業就應該對其進行有效的管理和投入，並且保障其有效增值和高效產出，這其中實際上有一種「將企業發展和員工利益」有效結合的機制。因此，企業應將員工從資源管理的角度進行規劃和實施，認真做好引進、培養、合理使用、控制、發展以推動員工與企業共同進步。

在企業發展過程中，老闆和員工的利益一致化，員工的自動自發精神

令老闆滿意，老闆的所付報酬令員工很樂意工作，並全力以赴。老闆、員工互惠互利，這就是一種雙贏模式。

在商業競爭的時代裡，講求雙贏已經是人們普遍公認的最優化的模式。雙贏，在企業發展中起著舉足輕重的作用。在企業發展過程中，老闆與員工之間建立和保持信賴的關係，雙贏便是一種良好的互動紐帶。正是因為這種紐帶，帶動了整個社會的進步，確保了人們安定快樂的生活節奏。

用理解建構雙贏的橋梁

理解、溝通、協調，是企業發展過程中，在老闆和員工之間建構雙贏的橋梁。如果我們想擁有不平凡的人生，就必須具備這種能力，從而使我們的人生從此與眾不同！

在當今飛速發展的企業中，使企業和員工自身獲得更大的利益，老闆和員工更融洽地合作，實現最優化原理，首先要具備一種非常重要的能力——溝通協調能力。

與人溝通，最難的是理解對方的觀點、背景和思維方式。理解是心靈的良藥，它能溫暖對方難以釋懷的心。

也許我們的上司是一個心胸狹隘之人，不能理解我們的真誠，不珍惜我們的忠心，那麼也不要因此而產生牴觸情緒。上司是人，也有缺點，也可能因為太主觀而無法對我們作出客觀的判斷，這個時候我們應該學會自我肯定——寬容。

首先，寬容是自身魅力的真正體現。在當今的企業中，我們用寬容的態度去工作，假如目前我們正在做銷售工作，我們用熱忱和寬容的態度去

第一章　與公司共命運

對待我們的老闆,只要我們竭盡全力,做到問心無愧,我們就會在不知不覺中提高了自己的能力,爭取到了未來事業成功的砝碼。

其次,寬容贏得老闆的支持。任何一個人成功,都離不開朋友對我們的真誠幫助。這種成功,源於我們對周圍人的寬容。老闆提拔我們,是因為我們曾使老闆達到了預期的目標,我們和老闆之間不僅是上下級關係,也是優秀的合作夥伴。在雙方使用過程中,都向著共同的方向前進,大目標的達成是一個個小目標逐漸實現並組合在一起的結晶。在企業發展中,正是這種互惠互利,利人利己的雙贏模式,使許多人輕鬆地獲得卓越的成就。

在理解的基礎上,適當地經常地與老闆溝通也是必要的,想想我們是否曾有過與別人看法一致的原則,為什麼要與老闆溝通,為什麼願意為他做事?這裡存在著一種契合,這種契合能使我們進入別人的世界。

在一個團隊裡,如何在最短時間內達到最高的效益,減少最低的消耗,這就是最優化原理。要遵循這個原理使團隊生機活潑,充滿戰鬥力、凝聚力、向心力,這就需要員工與老闆的密切配合,友好溝通。

如果我們的老闆很值得敬重,我們就要跟他建立溝通關係,溝通公司內部的一些情況,適當地與老闆交換意見,拓展我們的工作能力,創新我們的觀點,使老闆受益,我們也隨之受益。

溝通有兩個原則:

一是學會了解老闆。了解是我們和老闆溝通並契合的重要方式。如果我們不了解老闆的個性、脾氣、愛好、興趣及慣用的言行,就很難與老闆溝通,有時難免弄巧成拙。應當不會站在老闆的角度思考問題,這樣便可以避免一些衝突。

作為一個企業的員工要設身處地為老闆考慮，比如老闆有時面露難色，這時，我們要理解老闆肯定是有很難、很煩的事沒有處理好，應該努力工作，盡量減輕老闆的壓力，必要時還應該主動地團結同事，共同做好各項工作，為老闆分憂。因為幫助老闆的同時，也是在幫助自己。

做一個換位思考，假如有一天自己做了老闆，就知道下屬的支持與理解是多麼重要了。跟老闆溝通時，態度盡可能誠懇、謙虛，目光要自信，說話要委婉。掌握了對方的心理特徵，達到意見的和諧統一，有利於創造一種雙贏的局面。

二是適當表達自己。能讓老闆更了解我們，因此更願意與我們合作，那就用我們的思想和言行去影響他，溝通就迎刃而解了。中國古代有個叫毛遂的人，由於他「毛遂自薦」，以三寸口舌征服了鄰國，故稱「三寸不爛之舌，強於百萬雄師」。這就是他善於表達自己的思想，展現自己的光芒，從而受到君主的重用。

老闆一般都很賞識聰明、機靈、有頭腦、有創造性的員工，這樣的人往往能出色地完成任務，並能帶動別人一起努力做好本職工作，以贏得老闆的滿意和獎賞。讓老闆了解我們、支持我們、幫助我們、指導我們，因為我們與老闆的利益是休戚相關、榮辱與共的！

人之所以要與人溝通，是因為我們需要一個良好的社交環境。

我們必須跨出自己的社交圈，主動接觸不同類型的人。不同類型的人會帶給我們不同的感受，不同的感受會帶來不同的創意，不同的創意會讓我們在我們的事業中占據更大的優勢。這樣，我們的成功機率就會大幅度提升了。

我們要想成就大業，就必須有良好的交際協調能力。我們應該積極妥

第一章　與公司共命運

善地協調好我們與老闆和同事之間的工作關係,努力創造一種和諧友善的工作環境;同時,交際協調能力也是可以培養的,它可以助我們在事業之海乘風破浪,安然前行,無往而不勝。可見,要達到順利溝通、理解、契合是首要因素,它可以讓我們的心靈與他人的心靈完全凝聚在一起。

抱著感恩的心情去工作

我們應該滿懷熱情地感激給予我們這份工作的公司,是他們提供我們生活保障,是他們給了我們施展的舞臺,是他們給了我們實現人生價值的途徑。

一個公司的命運如何,相當程度上取決於老闆本人的能力和精心操持。

為了讓公司更好地發展,讓員工有一份好的工作,老闆們長年累月辛勤地工作,付出了比員工更多的勞動和智慧,承擔著比員工更大的風險,他們勤勤懇懇、兢兢業業,絲毫不敢懈怠,他們更值得我們去同情和支持。

老闆也是普通人,也會有性格上的弱點和能力上的缺陷。因此,不僅需要我們以對待普通人的態度來對待老闆,而且更應該同情他們。

我們投入企業的可能就是我們的智力和時間,而老闆投入企業的,卻是全部的資金和全部的心血,他們為企業的命運日夜操勞。

經營管理一家公司是件複雜而又艱鉅的工作,會面臨著來自各個方面的巨大壓力。如果企業經營失敗,我們失去的僅僅是一份賺錢的工作,而老闆失去的是金錢的心血,甚至是畢生為之奮鬥的事業和理想。

抱著感恩的心情去工作

要善待老闆，用我們的心去感化老闆，為自己贏得成功的機會！有些人認為老闆對他們不公平，甚至阻礙了他們獲取成功，事實上出於公司經營發展考慮，老闆會對每一個員工進行認真考察，在正常情況下，他們不會因為自己的偏見而影響了整個企業的發展。作為員工，應該多反思自己的缺陷，給老闆更多的同情和理解，這樣，也許有一天會獲得老闆的欣賞和器重。我們應該善待老闆，辛勤工作，努力報效企業，讓企業得到更快更好的發展。同時，多給老闆一些關懷、體諒和支持。

對工作心懷感恩的心情基於這種深刻的認識：工作為我們展示了廣闊的發展空間，工作為我們提供了施展才華的平臺。我們對工作為我們所帶來的一切，都要心存感激，並力圖透過努力工作以回報社會來表達自己的感激之情。

其實，在我們為我們的雇主創造價值的同時，也是在為自己創造價值。我們應該對我們的雇主心懷感激，尊重他，愛他，理解他，支持他，幫助他，這樣我們就會得到我們所希望的一切。

在商業社會，老闆和員工的關係是一種合作雙贏的群體，是一種親情和友誼的關係。我們為老闆做出貢獻，老闆也為我們提供了自己所需要的金錢、施展的舞臺和實現人生價值的機會。

時常懷著感恩的心情，我們會變得更加親切、可敬和高尚。如果我們用物質來感激老闆，還不如用我們的真誠和滿腔熱情為公司和老闆而勤奮地工作。

當我們的努力和感恩並未獲得預期的回報，當我們準備重新選擇工作時，也應以感恩的心情來對待公司和老闆，因為我們從這裡獲得了寶貴的經驗。即使老闆批評我們時，也應該感謝他給了我們認識錯誤的機會。感

第一章　與公司共命運

恩是一種不花錢的重大投資，對我們的人生很有幫助。

失去感激之情，人們會馬上陷入一種糟糕的境地，對許多客觀存在的現象日益挑剔甚至不滿。如果我們的頭腦被那些令人不滿的現象所占據，我們就會失去平和、寧靜的心態。

不要只看到老闆們表面上的富有。按照等價交換的原則，老闆投入得多，承擔的風險大，因此得到的回報自然也就多；我們投入得少，承擔的風險小，因此得到的回報自然也就少。我們要多進行一些換位思考，凡事要站在他人的立場上想一想。

當我們還是一名員工時，應該多替老闆考慮，多考慮老闆的難處，多給老闆一些同情和理解；當我們成為一名老闆時，則應該多替員工考慮，多考慮員工的利益，多給員工一些支持和鼓勵。

感恩不僅有利於公司和老闆，更有利於自己的多彩人生。如果我們對人生、對大自然的一切美好的東西，都懷有感激之心，那麼人生就會變得更加美好。

心存感激，我們就應該不斷地施與；

心存感激，我們就應該寬容一切；

心懷感激，我們就不會抱怨；

心懷感激，我們就會覺得是在為自己工作。

成功學家認為：幫助他人出人頭地是提升自我的最佳方法。當我們真心地幫助別人時，別人也會同等地回報我們。

善待老闆，就是善待我們為之奮鬥、賴以謀生的企業，也就是善待我們自己。只有企業發展了，公司有了效益，我們才能得到所需要的金錢、職位和提升。

和公司共命運

　　樹立與公司同命運的觀念就是把自己當成公司的主人，任何時候都把公司的利益放在第一位，忠於職守，自覺主動，決不出賣公司的機密，為公司奉獻最大的力量。這樣的員工將得到榮譽和報酬，將會受到所有公司的歡迎。

　　忠誠是職場中最值得重視的美德，只有所有的員工對企業忠誠，才能發揮出團隊的力量，才能擰成一股繩，勁往一處使，力往同處用，推動企業走向成功。公司的生存離不開少數員工的能力和智慧，更需要絕大多數員工的忠誠和勤奮。

　　某職員是一家連鎖餐飲集團公司的普通營業員，因為平時工作表現好曾多次被評為最佳店員。有一次，這家連鎖店裡突然發生了一起意外事件，一位食客在進餐時突然倒地，四肢抽搐，口吐唾沫，眾人一時紛紛懷疑是食品中毒，甚至有人拿出電話通知報社和電視臺。在這關鍵時刻，這位店員鎮定自若，一方面指揮其他店員打急救電話，一方面竭力安撫顧客，保證不是食物中毒。她告訴大家，食物絕對沒有毒，並冒險當場吃下很多飯菜。為了防止謠言擴散，她還請求大家等待急救車的到來，由醫生評判。

　　不久，急救車過來了，經驗豐富的醫生告訴大家，所謂「中毒」顧客實際上是典型的「羊角風」發作，不過湊巧趕在這樣一個場合，大家儘可放心。一場危機就這樣過去了。

　　由於她勇敢而機智地避免了一場危機的上演，受到公司領導者的高度讚揚，不久，她就被升任為店長。

第一章　與公司共命運

　　我們大多數人都必須在社會中奠基自己的職業生涯。我們一旦進入了一個公司，我們就應該明白，自己已經與公司緊緊地綁在一起了，公司的命運就決定著我們的命運。我們就應該拋開任何藉口，投入自己的忠誠和責任，處處為公司著想。在公司危難時刻，時時不忘對投資人承擔風險的勇氣報以欽佩，理解管理者的壓力並給予體諒。因為我們已是戰鬥團隊中的一員，這個團隊的成與敗、榮與辱都與我們息息相關。團隊的成功，也就是我們的成功，團隊前途黯然，我們的前途也會很渺茫。團隊的失敗，也就是我們的失敗。

　　一條船航行在驚濤駭浪的大海上，船上的每一個人都不可能單獨逃生。一旦我們加入了某個集體，我們自己與公司緊密地摶在了一起，集體的興衰榮辱也就是我們的興衰榮辱。團隊給外界的形象，是我們的產品，而產品是由人生產出來的，所以歸根到底，人才是團隊的名片，個人一言一行就代表著這個集體。

　　要知道一個肌體變壞往往是從某一個細胞開始的，一個細胞的變質往往是從一次微不足道的紕漏上開始的。

　　一個成熟的職場人士，必須具備集體榮譽感，這種自覺必須形成習慣，在日常工作、生活中自覺維護集體的聲譽，體現在細微之處，這樣的自覺就是忠誠度的具體體現。

　　在公司日常事務中，撥打和接聽電話時，應該注意語氣，體出我們的素養與水準。微笑著平心靜氣地接打電話，會使對方感到溫暖親切，尤其是使用敬語、謙語收到的效果往往是意想不到的。不要認為對方看不到自己的表情，其實，從打電話的語調中已經傳遞出了我們是否友好、禮貌、尊重他人等訊息了。也許自己一個不經意的冷淡和魯莽，就會嚇走了一個

潛在的客戶。

平時更不能放鬆自己的一言一行,更不要在客戶面前談公司內部的事,這都是一個成熟職場人士的基本功。在公司出現重大變故時,尤其要保持鎮靜;在遇到危害公司聲譽的行為時要挺身而出。

我們應該明白這樣一個道理:

工作是自己的事,我們不僅能從工作中得到樂趣,而且能從工作中獲得成就感。

我們每個人都要具有與公司共命運的職業感,這表面上是有益於公司,有益於老闆,但最終的受益者卻是我們自己。

如果我們每一個員工都把公司當成是自己的,都以合夥人的心態來工作,積極主動,自覺自願,不但我們的公司會得到更大的發展,同時我們自身的能力也會得到提升,這是我們成功的關鍵。

如果一個人只是抱著為老闆而工作,應付老闆分配的任務的話,那到時損失的不僅僅是老闆,自己失去的會更多。久而久之就會失去對工作的樂趣,失去對工作的熱情,一旦失去,明年的我們,還是跟今天的我們一樣,停留在原地,一點都不會有進步。

這告誡我們:

工作並不是純粹地為別人服務,在相當程度上,工作是為自己創造財富,是為公司創造效益。所謂「一榮俱榮,一損俱損」就是這個道理。在為公司創造效益的同時,我們個人得到收穫;公司發展了,個人的價值也隨之提高了。

我們要認可公司的運作模式,由衷地佩服上司的才能,保持一種和公司同命運的事業心。即使出現分歧,也應該樹立忠誠的信念,求同存異,

第一章　與公司共命運

化解矛盾。當上司和同事出現錯誤時，坦誠地向他們提出來。當公司面臨危難的時候，和它同舟共濟。

忠誠是最好的品牌

忠誠的品格是世界上最重要的品格，是成就事業的重要基礎。如果沒有忠誠，世界將會是一盤散沙，國家的繁榮強盛、企業的興旺發達都無從談起。

身在職場中的每個人，都應該把「忠誠」作為一種職場生存方式。現代企業制度中一個重要特點就是企業所有權和經營權分離，由此誕生了一些專業經理人。個別專業經理人心理失去平衡，覺得「奶媽抱孩子，都是人家的」，對企業沒有歸宿感，產生了「拿一把」的心態，這就不僅僅是心理失衡，而是心術不正了！他們一邊對老闆陽奉陰違，一邊偷偷培植自己的勢力，對不屬於自己的東西垂涎欲滴，一旦自以為掌握了核心資料，就明修棧道，暗渡陳倉，甚至反戈一擊。

一個專業經理人，在某私人企業老闆的邀請下加盟該公司任CEO。該君心術不正，隨著自己威信的不斷提高，他把手伸向了企業，很快公司的財務漏洞越來越大，很快陷入了困境，董事會強烈要求進行財務監管，他卻以種種理由拒絕，終於激怒了老闆。老闆召集老部下策劃了一次「宮廷政變」，輕易就將這個心術不正、貪得無厭、不知天高地厚的專業經理人掃地出門，送上了法庭。

企業在用人時不僅僅看重個人能力，更看重個人品格，而品格中最關鍵的就是忠誠度。

在這個世界上，並不缺乏有能力的人，那種既有能力又忠誠的人才是每一個企業渴求的理想人才。企業寧願信任一個能力一般卻忠誠度高、敬業精神強的人，而不願重用一個朝三暮四、視忠誠為無物的人，哪怕他能力非凡。因此，每一名員工都要有忠於企業的思想，忠誠的人不論能力怎樣，都會受到老闆的重視，公司也會樂意在這種人身上投資，給他們培訓的機會，提高他們的技能，因為它認為這種員工是值得公司信賴和培養的。

忠誠是品格中一種最重要的美德。

當我們忠實於自己的企業，忠實於自己的老闆，與同事們同舟共濟，我們就會獲得一種集體的力量，人生就會變得更加飽滿，事業就會變得更有成就感，工作就會成為一種人生享受。

相反，表裡不一、言而無信之人，爾虞我詐、玩弄權術，即使一時得意，但最終還是損害自己。

如果我們忠誠地對待我們的公司，公司也會真誠地對待我們；我們的敬業精神增加一分，別人對我們的尊敬會增加兩分。即使我們的能力一般，只要我們真正表現出對公司的忠誠，我們就能贏得公司的信賴。

對公司忠誠並不是口頭上的，而是要用努力工作的實際行動來體現的。我們除了做好分內的事情之外，還應該表現出對公司事業興旺的成就的興趣，不管管理者在不在身邊，都要像對待自己的東西一樣照看好公司的設備和財產。

在當今這樣一個競爭激烈的年代，謀求個人利益，實現自我價值是天經地義的事。許多年輕人以玩世不恭的態度對待工作，他們頻繁跳槽，這山望著那山高，覺得自己工作是在出賣勞動力；他們蔑視敬業精神，嘲諷

第一章　與公司共命運

忠誠,將其視為老闆盤剝、愚弄下屬的手段。「忠誠」這個最重要的職業道德在他們心中已沒有棲身之處。的確,在當今片面追求個人價值和高薪的社會中,人們對企業的忠誠度降低了,跳槽現象頻繁出現,帶給企業損害。企業受到了損害,作為企業的員工,也必然會受到很大的影響。這種對企業和個人都不利的做法是非常不可取的。應該看到,在商業活動中,老闆承擔的風險最大。企業破產了,老闆會一無所有,難以東山再起,而員工可以輕鬆地另謀職業。

對員工來說,忠誠是一種職業生存方式。如果我們選擇了為某一個公司工作,那就真誠地、負責地為它工作吧;它付薪水給我們,讓我們得到溫飽,那就稱讚它,感激它,和它站在一起。

忠誠是一種職業的責任感,並不是從一而終。是不是對某個公司或某個人的忠誠,而是一種職業的忠誠,承擔某一責任或者從事某一職業所表現出來的敬業精神。

對企業而言,忠誠會帶來效益,增強凝聚力,提升競爭力,降低管理成本;對員工而言,忠誠是個人信用品牌的體現,它能帶來安全感,能提高報酬,獲得升職,實現自我價值。

養成認真的做事風格

任何一件事情,無論它有多麼的艱難,只要你全力以赴,就能化難為易。一個人比較成功,一定是他比較認真。假如一個人還沒有成功,那他一定還不夠認真。

認真就是你用生命、用全部的熱情,堅持不懈地去做一件事的態度。

做好準備工作

　　嚴謹認真是日本人一個十分突出的特點。在日本，河豚被奉為「國粹」，河豚肉質細膩，味道極佳，但這種魚的味道雖美，毒性卻極強，處理稍有不慎就有可能致人死命。每年因吃河豚中毒、死亡者都達上千人；但同樣是吃河豚，在日本卻鮮有中毒、死亡的事情發生。

　　日本的河豚加工程序是十分嚴格的，一名河豚廚師至少要接受兩年的嚴格培訓，考試合格以後才能領取執照，開張營業。在實作中，每條河豚的加工去毒需要經過 30 道程序，一個熟練廚師也要花 20 分鐘才能完成。

　　加工河豚為什麼需要 30 道程序而不是 29 道？我們不得而知，我們知道的是日本很少有人因吃河豚而中毒，原因就出在程序上。經過 30 道加工程序後，河豚肉不僅味道鮮美，而且衛生無毒害。但粗糙對待程序只會導致嚴重的後果。從這一點來說，到位的做事風格，一定是經過嚴格的程序化的做事風格，一定是一板一眼、認真做事的風格。

　　在企業中，做事情一定要按照流程去做，寧願多花成本、降低做事效率也要保證公司的利益和安全。事實上，嚴格按照流程去做，最後都能達到預期目標，走捷徑、投機取巧有時反而會把事情弄糟。凡事都按照流程去做的話，有些細節就會在操作中一步步被發覺，隱患也就理所當然地被消滅了。

做好準備工作

　　準備是一切工作的前提。只有充分的準備才能保證工作得以完成，而且做起來更容易。拿破崙・希爾說過：「一個善於做準備的人，是距離成功最近的人。」一個人要將自己的工作做好，把事情做到位，就應當認真

第一章　與公司共命運

做好自己的準備工作。缺乏準備只會讓自己的工作差錯不斷，這樣的人當然也不會取得事業上的成功。

第二次世界大戰期間，具有決定性意義的諾曼地登陸是非常成功的。為什麼那麼成功呢？就因為美英聯軍在登陸之前做了充分的準備。他們演練了很多次，他們不斷演練，演練登陸的方向、地點、時間以及一切登陸需要做的事情。最後真正登陸的時候，已經勝券在握，登陸的時間與計劃的時間只相差幾秒鐘。這就是準備的力量。

機會對每個人來說都是公平的，但它更垂青於有準備的人。因為機會的資源是有限的，給一個沒有準備的人是在浪費資源，而給一個準備工作做得非常好的人則是在合理利用資源。

在工作中我們只有準備充分，才能把自己的工作做到位。準備工作做得越充分的人，成功的可能性就越大，我們常說：養兵千日，用兵一時，也是一種準備哲學。

在吸引了幾乎全世界人眼球的拳壇世紀之戰中，當時正如日中天的泰森（Mike Tyson）根本沒有把已年近40歲的何利菲爾德（Evander Holyfield）放在眼裡，自負地認為可以毫不費力地擊敗對手。同時，幾乎所有的媒體也都認為泰森將是最後的勝利者。美國博彩公司開出的是22賠1泰森勝的懸殊賠率，人們也都將大把的賭注押在了泰森身上。

在這種情況下，認為已經穩操勝券的泰森對賽前的準備工作——觀看對手的錄影，預測可能出現的情況及應對措施，保證自己充足的睡眠和科學的飲食方面都敷衍了事。

但是，比賽開始後，泰森驚訝地發現，自己竟然找不到對手的破綻，而對方的攻擊卻往往能突破自己的防線。於是，氣急敗壞的泰森做出了一

個令全世界人都感到震驚的舉動：一口咬掉了霍利菲爾德的半隻耳朵！

世紀大戰的最後結局當然是：泰森成了一位可恥的輸家，還被內華達州體育委員會罰款 600 萬美元。

泰森輸在準備不足。當何利菲爾德認真研究比賽錄影，分析他的技術特點和漏洞時，泰森卻將教練準備的資料扔在了一邊；當對手在比賽前拚命熱身，提前進入搏擊狀態時，他卻在和朋友一起狂歡。雖然泰森的實力確實比對手高出一籌，從年齡上也占盡了優勢，但他最後卻一敗塗地。

霍利菲爾德的成功和泰森的失敗皆因準備。

當然，在這種一戰定勝負的比賽中，偶然性確實占了很大的比重。這個時候，比的並不是誰的實力最強，而是誰犯的錯誤最少。只有真正地重視準備，扎實地把準備工作都做到位，才能從根本上保證你不犯或少犯錯誤。

被稱為「上帝第二」的前葡萄牙波爾圖足球隊的主教練穆里尼奧（José Mourinho）說過一句很著名的話：「當準備的習慣成為你身體的一部分時，它就會永遠在那裡，並幫助你取得令人驚訝的勝利。」

英格蘭國腳萊斯‧費迪南（Leslie Ferdinand）這樣評價他：「我從來沒有遇到過像他這樣的人，對工作、對勝利是如此的痴迷。」

沒錯，準備使他成為「魔鬼」，也正是準備使他成為「上帝第二」，當然，還使他成了世界上薪水最高的足球教練。

穆里尼奧曾擔任葡萄牙球隊波爾圖的主教練，率領球隊征戰歐洲冠軍聯賽時，幾乎沒有人相信他們能殺入決賽，更別提奪取冠軍了。但結果卻使所有人都跌破眼鏡，這個從隊員到主教練都默默無聞的俱樂部，竟然得到了歐洲足球的最高榮譽。

第一章　與公司共命運

　　確實，波爾圖的隊員和皇馬、米蘭等大牌球隊的球星相比，無論從名氣上還是實力上都相差懸殊；當時的穆里尼奧和其他知名教練相比也不可同日而語。但穆里尼奧卻有一個勝利的武器：對準備工作超乎尋常地重視。穆里尼奧幾乎觀看了所有對手最近的每一場比賽，可以說，所有對手的技術、戰術風格、最近的狀態……他都了如指掌，甚至對比賽當天的天氣、場地草皮的狀況，他都進行了詳細的了解並制定了相應的對策。結果在決賽當天，他使用的隊員、陣型、戰術打法都直指對方的軟肋，就像他奪冠後所說的那樣：「如果大家知道我們為了取得勝利而研究了多少場比賽，準備了多少資料，籌劃了多少方案，你們就會認為這個冠軍我們當之無愧。」

　　當時，有相當多的人認為穆里尼奧的成功只是運氣好，再加上那些大牌球隊在對無名球隊時缺少重視和興奮感，才讓他撿到了一個冠軍。其實，穆里尼奧的勝利是必然的，因為他的準備工作比任何人都充分，正是因為對準備超乎尋常地重視，才使他站到了歐洲足球之巔。

　　功成名就的穆里尼奧在奪冠的第二年來到了英超球隊切爾西，這裡彙集了很多世界級的大牌球員。當穆里尼奧和這些隊員第一次見面的時候，他所做的第一件事是打開隨身攜帶的筆記型電腦，開始如數家珍地介紹這些球員：從技術風格、進球數、身高體重，甚至詳細到哪些進球是左腳打進的、哪些是右腳打進的，他都了如指掌。穆里尼奧的這一舉動一下子就震住了這些球星。不過，這只是開始，他們更沒有想到的是，主教練這種近乎完美的準備工作會使他們在後面的比賽中取得一個又一個勝利。

　　在穆里尼奧的帶領下，切爾西隊不管是在國內聯賽、盃賽還是在歐洲冠軍聯賽，都取得了一連串的勝利。穆里尼奧出名了，但他在贏得別人尊重的同時，又被許多對手厭惡。喜歡他的人稱他為「上帝第二」，討厭他的人卻稱呼他「魔鬼」。

現在，不管是欣賞他還是厭惡他的人，都開始研究穆里尼奧，他們總結了很多條，比如，善於用人、陣型選擇合理、自信等。

遺憾的是，卻很少有人領會到穆里尼奧成功的真正原因──準備。

這是為什麼呢？原因就在於，準備太重要，但也太平常了，我們大家幾乎每天都生活在準備之中，所以，反而對它的重要性視而不見。提起準備，也許有人會說：「準備沒有什麼了不起。」但就是這不起眼的準備，卻能造就神奇的成功，反之也能造成痛苦的失敗。

第一次就把事情做對

「第一次就把事情做對（Do it right the first time 簡稱 DIRFT）」是著名管理學家克勞士比（Philip Crosby）「零缺陷」理論的精髓之一。

「第一次就做對」是最簡單的經營之道！「第一次就做對」的概念是企業的靈丹妙藥，也是做好企業的一種很好的模式。

在我們的工作中經常會出現這樣的現象：

──5%的人並不是在工作，而是在製造問題，無事生非，他們是在破壞性地做。

──10%的人正在等待著什麼，他們永遠在等待、拖延，什麼都不想做。

──20%的人正在為增加庫存而工作，他們是在沒有目標地工作。

──10%的人沒有對公司做出貢獻，他們是「盲做」、「蠻做」，雖然也在工作，卻是在進行負效勞動。

第一章　與公司共命運

——40％的人正在按照低效的標準或方法工作，他們雖然努力，卻沒有掌握正確有效的工作方法。

——只有15％的人屬於正常範圍，但績效仍然不高，仍需要進一步地提高工作品質。

無論做什麼事，都要講究到位，半到位又不到位是最令人難受的。在我們執行工作的過程中，「第一次就把事情做對」是一個應該引起足夠重視的理念。如果這件事情是有意義的，現在又具備了把它做對的條件，為什麼不現在就把它做對呢？

做事到位的人懂得為效率忙。在很多人的工作經歷中，也許都發生過工作越忙越亂的情況，解決了舊問題，又產生了新故障，在一團忙亂中造成了新的工作錯誤，結果是輕則自己不得不手忙腳亂地改錯，浪費大量的時間和精力，重則返工檢討，造成公司的經濟損失或形象損失。

可見，第一次沒把事情做對，忙著改錯，改錯中又很容易忙出新的錯誤，惡性循環的死結越纏越緊。這些錯誤往往不僅讓自己忙，還會放大到讓很多人跟著你忙，造成巨大的人力和物資損失。

因此，我們要提高工作品質就要懂得為效率忙的道理，要堅持「第一次就把事情做對」的工作理念。盲目的忙亂毫無價值，我們無論自己的工作再忙，也要在必要的時候停下來思考一下，用腦子使巧勁解決問題，而不盲目地拼體力交差。第一次就把事情做好，把該做的工作做到位，這正是解決「忙症」的要訣。

企業中每個人的目標都應是「第一次就把事情完全做對」，至於如何才能做到在第一次就把事情做對，著名的品質管制大師克勞士比給了我們正確的答案：首先要知道什麼是「對」，如何做才能達到「對」這個標準。

克勞士比先生很讚賞這樣一個故事：

一次工程施工中，師傅們正在緊張地工作著。這時一位師傅手頭需要一把扳手，他叫身邊的小徒弟：「去，拿一把扳手。」小徒弟飛奔而去。但師傅等啊等，過了許久，小徒弟才氣喘吁吁地跑回來，拿著一把巨大的扳手說：「扳手拿來了，真是不好找！」

可師傅發現這並不是他需要的扳手，他生氣地說：「誰讓你拿這麼大的扳手呀？」小徒弟沒有說話，但是顯得很委屈。這時師傅才想到，自己叫徒弟拿扳手的時候，並沒有告訴徒弟自己需要多大的扳手，也沒有告訴徒弟到哪裡去找這樣的扳手。自己以為徒弟應該知道這些，可實際上徒弟並不知道。師傅明白了：問題的根源在自己，因為他並沒有明確告訴徒弟做這項事情的具體要求和途徑。

第二次，師傅明確地告訴徒弟，到某間庫房的某個位置，拿一個多大尺碼的扳手。這回，沒過多久，小徒弟就拿著師傅想要的扳手回來了。

克勞士比講這個故事的目的在於告訴人們，要想把事情做對，就要讓別人知道什麼是對的，如何去做才是對的。在我們給出做某事的標準之前，我們沒有理由讓別人按照自己頭腦中所謂的「對」的標準去做。

沒缺陷才到位

在一標準大氣壓下，水溫升到 99℃，還不是開水，其價值有限；若再添一把火，在 99℃ 的基礎上再升高 1℃，就會使水沸騰，並產生大量水蒸氣，這樣就可以開動機器，從而獲得巨大的經濟效益。

100 件事情，如果 99 件做好了，一件未做好，而這一件事就有可能對

第一章　與公司共命運

某一公司、單位及個人產生百分之百的影響。

在數學上,「100－1」等於99,而在企業經營上,「100－1」卻等於0。

一百次決策,有一次失敗了,可能讓企業關門;一百件產品,有一件不合格,可能失去整個市場;一百個員工,有一個背叛公司,可能讓公司蒙受無法承受的損失;一百次經濟預測,有一次失誤,可能讓企業破產⋯⋯

巴林銀行是倫敦一家著名的金融企業。它成立於1763年,在其兩百多年歷史中,一批又一批業務員為它效力,它也經營過無數筆業務。然而,因為一個小職員在新加坡瘋狂投機,造成了公司8.6億英鎊損失,並直接導致巴林集團的歷史宣告結束。這是「100－1＝0」的真實寫照。

一位企業經營者說過:「如今的消費者是拿著『顯微鏡』來審視每一件產品和提供產品的企業的。在殘酷的市場競爭中,能夠獲得較寬鬆生存空間的企業,不是『合格』的企業,也不是『優秀』的企業,而是『非常優秀』的企業。」

「自己要求自己的標準,必須遠遠高於市場對你的要求標準,你才可能被市場認可。」

美國一家公司在韓國訂購了一批價格昂貴的玻璃杯,為此美國公司專門派了一位官員來監督生產。來到韓國以後,他發現,這家玻璃廠的技術水準和生產品質都是世界第一流的,生產的產品幾乎完美無缺,他很滿意,就沒有刻意去挑剔什麼,因為韓方自己的要求比美方還要嚴格。

一天,他無意當中來到生產工廠,發現工人正從生產線上挑出一部分杯子放在旁邊。他上去仔細看了一下,沒有發現兩種杯子有什麼差別,就奇怪地問:「挑出來的杯子是幹什麼用的?」

「那是不合格的次品。」工人一邊工作一邊回答。

「可是我並沒有發現它們和其他的杯子有什麼不同啊？」美方官員不解地問。

「你自己看，這裡多了一個小的氣泡，這說明杯子在製造的過程中漏進了空氣。」

「可是那並不影響使用啊？」

工人很自然地回答：「我們既然工作，就一定要做到最好。任何的缺點，哪怕是客戶看不出來，對於我們來說，也是不允許的。」

「那麼這些次品一般能賣多少錢？」

「10美分左右吧。」

當天晚上，這位美國官員寫信彙報給總部：「一個完全合乎我們的檢驗和使用標準、價值5美元的杯子，在這裡卻被在無人監督的情況下用幾乎苛刻的標準挑選出來，只賣10美分。這樣的員工堪稱典範，這樣的企業又有什麼可以不信任的？我建議公司馬上與該企業簽訂長期的供銷合約，我也沒有必要在這裡了。」

任何一家想在競爭中取勝的公司都必須設法先使每個員工將自己的工作做到最好，只有這樣才能生產出高品質的產品，為顧客提供優質服務。

同理，作為一名員工只有以高標準嚴格地要求自己，你才能贏得老闆的信任和器重，獲得獎勵和提升。

如果我們留心自己的生活，就會發現輕率和疏忽所造成的禍患是不相上下的。許多人之所以失敗，就是敗在做事不夠盡責、輕率馬虎這一點上。無數人因為養成了糊弄工作、敷衍了事的工作習慣，而導致自己一生不能出人頭地。

第一章　與公司共命運

很多人工作沒有做到位，甚至相當一部分人做到了 99%，就差 1%，但就是這點細微的區別使他們在事業上很難取得突破和成功。

一位管理專家一針見血地指出，從手中溜走 1% 的不合格，到使用者手中就是 100% 的不合格。為此，我們要贏得成功，就應當自覺改正糊弄工作的錯誤態度，為自己的工作樹立嚴格的標準。要自覺地由被動管理到主動工作，讓規章制度成為自己的自覺行為，把事故苗頭消滅在萌芽之中。

可見，一個人要想把事情做到最好，在他心目中必須有一個很高的標準，不能是一般的標準。在決定事情之前，要進行周密的調查論證，廣泛徵求意見，盡量把可能發生的情況考慮進去，以盡可能避免出現 1% 的漏洞，直至達到預期效果。

按標準做事是做好工作的最起碼要求，如果你不能堅持標準和品質，你就會自然而然地按照自己習慣的方式去做事，做得一般就自認為可以了。放鬆標準後，各式各樣的問題就會接踵而來，客戶就會感覺越來越不好，他們或者有怨言，或者離我們而去。失去了「衣食父母」，我們也就失去了事業的土壤，到最後損失最大的還是我們自己。

踏實地拒絕浮躁

一勤天下無難事。人們在年輕時，就應培養「勤勉努力」的習慣，並且戒驕戒躁、踏踏實實地做好每一件工作，那麼這種無形的財產和力量將會成為你受用終生的法寶。

曾有人問李嘉誠的成功祕訣，李嘉誠講了一則故事：

踏實地拒絕浮躁

日本「推銷之神」原一平在69歲時的一次演講會上，當有人問他推銷的祕訣時，他當場脫掉鞋襪，將提問者請上講臺，說：「請你摸摸我的腳板。」

提問者摸了摸，十分驚訝地說：「您腳底的繭好厚呀！」

原一平說：「因為我走的路比別人多，跑得比別人勤。」

提問者略一沉思，頓然醒悟。

李嘉誠講完故事後，微笑著說：「我沒有資格讓你來摸我的腳板，但可以告訴你，我腳底的繭也很厚。」

李嘉誠的故事給我們這樣的啟示：人生中任何一種成功的獲取，都始之於勤並且成之於勤。勤奮是成功的根本，既是基礎，也是祕訣。一個人要取得成功，唯一的捷徑就是踏實，擺脫浮躁的情緒，認真對待自己的工作。

絕大多數初入職場的年輕人，不管在哪個領域，從事什麼樣的工作，都會經歷一段或長或短的「蘑菇」期。在那段時間裡，年輕人就像蘑菇一樣被置於陰暗的角落（在不受重視的部門，做著打雜跑腿的工作），時常遭受指責（無端的批評、代人受過），處於自生自滅的狀態（得不到必要的指導和提攜）。無論多麼優秀的人才，在工作初期都有可能被派去做一些瑣碎的小事。在這種情況下，有一句重要的忠告需要年輕人銘記在心：與其渾渾噩噩浪費時間，不如踏踏實實、認認真真地做好每一件事，在你所經手的每一件瑣事、每一件小事中得到成長。

富蘭克林曾經說過，年輕人最寶貴的資源是時間，如果不充分利用時間來換取其他的資源，而是敷衍了事，那最後的結果只能是白白地浪費了自己的青春。這無疑是所有可悲事情中最可悲的一種，一年甚至幾年的時

第一章　與公司共命運

間流逝了，你卻依然揣著最初的資源，甚至更少。

臺灣傳奇人物王永慶，15歲小學畢業後被迫輟學，在臺灣南部一家米店當小工。他並沒有因為自己的工作卑微而敷衍了事，而是踏踏實實地做好自己手上的每一件事。除完成送米工作外，他悄悄觀察老闆怎樣經營，學習做生意的本領，因為他總想：假如我也能有一家米店……

第二年，王永慶請父親幫他借了200元臺幣，以此做本錢，在自己家鄉嘉義開了家小米店。王永慶踏實認真的做事風格又一次得到了體現。小店剛開始經營時困難重重，因為附近的居民都有固定的米店供應，王永慶只好一家一家登門送貨，好不容易才爭取到幾家住戶同意用他的米。他知道，如果服務品質比不上別人，自己的米店就要關門。於是，他特別在「勤」字上下工夫，甚至趴在地上把米裡的雜物一粒粒揀乾淨。

為了多爭取一個使用者，他還會深夜冒雨把米送到使用者家中。他的服務態度很快贏得了眾多使用者，業務逐漸開展起來了。

不久，王永慶又開設了一個小碾米廠，由於他處處留心，經營水準日漸高超。再加上他勤快能幹，每天工作十六七個小時，克勤克儉，業務範圍逐漸拓寬。此後，又創辦了一家製磚廠。

發跡的王永慶成為了臺灣傳奇式的人物。他成功的原因之一，正是王永慶本人常常提及的「一勤天下無難事」的道理。王永慶有一次在美國華盛頓企業學院演講時，談到了他一生的坎坷經歷。他說：「先天環境的好壞，並不足為奇，成功的關鍵完全在於一己之努力。」

因此，不管你正處於「蘑菇」時期，還是你做的工作很單調很瑣碎，你都應該全心全意做好，這樣才會使自己得到成長，才會有加薪和升遷的機會。一個業務員，如果希望自己有一天能當業務經理，首要條件是把業

務員的工作做得有聲有色，使業績超過所有的人，才有希望獲得經理職位。如果你是一個操作機器的工人，你就應當把時間全部用在機器上，認真地去了解它所具有的效能，了解它每一部分的功能。如果你使用了幾年的一部機器，除會操作之外，對它一點都不了解，甚至於什麼地方出了毛病也不知道，升遷和加薪就很難與你有緣。

第一章　與公司共命運

第二章
自發勤奮讓你更優秀

機會永遠都垂青於勤奮進取的人。在一個團隊裡，並非只有傑出才能的人才容易得到提升，那些有良好技能並勤奮刻苦的人有著更多的機會。

勤奮是成功的助推器。如果你智力平庸，能力一般，那麼，唯一屬於你的成功之路就是勤奮；如果你有著很高的才華，那麼勤奮會讓你的才華綻放更耀眼的光彩。你只要比別人再多做一點點，成功就會變得更加簡單。

第二章　自發勤奮讓你更優秀

勤奮是成功永恆的真理

　　人生中任何一種成功的獲取，都始之於勤並且成之於勤。「天道酬勤」，「一勤天下無難事」，「勤能創造一切」，這都是亙古不變的真理。勤奮是成功的根本，既是基礎，也是祕訣。朗費羅說：「如果把偉大的詩歌作品比喻成露出水面的橋梁的話，那麼作者靜靜地研究和學習，就是水面下的橋基，雖然我們看不見橋基，但它是不可或缺的。一個人要想取得成功，沒有捷徑，只有踏踏實實的努力。」

　　要想獲得事業上的成功，勤奮工作是最基本的功夫。只有在工作上比別人花費更多的時間和功夫，我們才能為自己爭取到更多機會，為將來的發展打下堅實的基礎，並最終成就一生的事業。

　　成功偏愛勤勤懇懇工作的人，即使你的經驗與能力一開始比別人稍微差些，你的實幹也會在日積月累中彌補這個弱勢。俄國文學家高爾基（Maxim Gorky）曾經說過這麼一句話：「天才出於勤奮！」科學家愛因斯坦（Hans Albert Einstein）也說過：「在天才和勤奮之間，我毫不遲疑地選擇勤奮，它幾乎是世界上一切成就的催生婆。」

　　許多人所掌握的知識多於張瑞敏、柳傳志、黃光裕，但很少有人像他們那樣勤勤懇懇、扎扎實實地工作，把自己的才能，與潛力充分發揮出來。太多的人缺乏的就是事業至上，勤奮努力的精神。那些在工作中付出辛苦努力的人常常能取得令人矚目的成就。

　　比爾·蓋茲（Bill Gates）說：「公司員工應該具備勤奮的美德，無論在什麼情況下，都不能丟掉勤勞苦幹去等待好運的降臨。勤奮並不僅僅指體力的投入，還包括腦力和感情的投入。」

機遇鍾情於勤奮進取的人

天下沒有免費的午餐，任何人都要經過不懈的努力才能有所收穫。只要努力工作，遲早都會得到回報。如果你想不付出卻能獲得優厚的待遇，那麼，在這個世界上恐怕沒有你的立足之地。任何的成功都沒有捷徑可走，任何成功都來自於勤奮者的努力。世界上沒有不勞而獲的事，只有勤奮苦幹才能有所獲得，勤奮就是成功永恆的真理。

機遇鍾情於勤奮進取的人

機會永遠都只會垂青於那些勤奮的人。在一個公司裡，並非具有傑出才能的人才容易得到提升，反而是那些有良好技能並勤奮刻苦的人有著更多成功的機會，公司的管理者總是願意把勤奮敬業作為對員工最好的教育。就像沃爾瑪創始人山姆‧沃爾頓（Sam Walton）所說的那樣：「一個人缺乏工作經驗及相關知識沒有多大關係，只要他肯學習並全力以赴，絕對能夠以勤補拙。」

在麥當勞剛剛打入澳洲餐飲市場時，其奠基人彼得‧林區（Peter Lynch）在雪梨東部開了一家麥當勞速食店。一開始他們就聘用了一名叫貝爾（Charlie Bell）的員工，當時貝爾的家就在這家店不遠處。貝爾的家境不好，學費都是東拼西湊來的，更沒有錢買文具和日用品。15歲的他來到麥當勞打工賺取零用錢，他在這裡的工作就是打掃廁所。

貝爾沒有嫌棄這份工作的髒和累，而是幹得勤懇。每天一上班，他就先清潔廁所，再擦拭地板，之後他還會去幫著其他員工做些零活。就這樣，在餐廳裡，每一件事他都細心學，認真做。這一切都被林區看在眼裡，林區看著這個勤奮的孩子暗自喜歡。不久他就說服貝爾簽署了員工培訓協議，

第二章　自發勤奮讓你更優秀

把貝爾引向了正規的職業培訓。培訓結束後，林區又把他放到店內各個職位。雖然只是做鐘點工，但因貝爾的勤奮努力和良好悟性，經過幾年鍛鍊，他很快就掌握了麥當勞的生產、服務、管理等一系列的工作。19歲時，貝爾被提升為澳洲最年輕的店面經理。這給了他更多的施展才華、累積經驗的大好機會。

透過貝爾的不斷努力，1980年，他被派往歐洲，此後，他先後擔任了麥當勞澳洲公司總經理，亞太、中東和非洲地區總裁，歐洲地區總裁及芝加哥總部負責人等。2003年，貝爾被任命為麥當勞（全球）董事長兼執行長。

你可能認為貝爾的成功是源於機遇，但是他的每一步成就都和他的勤奮分不開。不論在哪個工作地點，他都用心研究業務和顧客消費規律。他總在中午和傍晚馬路上車最多的時候、也就是顧客最需要麥當勞的時候和員工一道站臺服務，接待顧客。有人說，他是近年來餐飲業唯一親自站櫃檯的董事長。

其實不光麥當勞，任何一個企業都喜歡勤奮努力的員工。摩托羅拉人力資源總監說：「一個勤奮工作、喜歡工作的人，即使在能力方面有所欠缺，他也會逐步成長和完善起來的。我們更喜歡笨鳥先飛的示範效應。」很多時候，推動企業發展的並不是一些天資聰穎、才華橫溢的少數天才人物，而是那些無論在哪個部門、哪個職位都勤勤懇懇、踏實肯幹的大多數員工。

懶惰的人們常會抱怨自己竟然沒有能力讓自己和家人衣食無憂，但勤奮的人卻不這樣，他會這樣說：「我也許沒有什麼特別的才能，但我能夠拚命幹活以賺來麵包。」任何一個締造事業輝煌的人士，一定都有一個共同的特徵，那就是勤奮。

魯迅先生說：「偉大的事業同辛勤的勞動是成正比例的，有一份勞動就有一份收穫，日積月累，從少到多奇蹟就會出現。」閒散如酸醋，會軟化精神的鈣質；勤奮像火炬，能燃起智慧的火焰。

學術大家季羨林老先生曾經說過：「勤奮出靈感。」繆斯女神對那些勤奮的人總是格外青睞的，她會源源不斷地送靈感給勤奮的人。即使在沒有什麼可寫的情況下，季先生每天也要堅持寫五千字。這是他在早期寫作時，他的一位老師傳授給他的一條經驗，這使他終身受益。他說，我從沒有過沒有靈感的恐慌。

勤奮進取能讓你脫穎而出

現代社會是一個充滿壓力和競爭的社會，人才的較量、知識和能力的迅速發展，都遠遠超過歷史上任何一個時期。只有勤奮進取才能充分發揮一個人的才能和潛力，才能擁有更多的經驗累積，快速而圓滿地完成工作任務，並幫助你從普通員工中脫穎而出。事實上，保持勤奮進取的員工，他的上司和顧客才願意信賴他，並為他帶來更多的機會。

所以，從現在起，即使是一名最普通的員工，你也要馬上開始培養起勤奮進取的好習慣，爭取在以後的事業發展中擁有更多的成功資本。

■ 充分利用時間

時間是個常數，但也是個變數。勤奮者的時間無窮多，懶惰者的時間無窮少。有些人總是以「時間不夠」為藉口消極怠工，從而為自己埋下失敗的伏筆。魯迅先生告訴我們：「哪裡有天才，我是把別人喝咖啡的工夫，都

第二章　自發勤奮讓你更優秀

用在工作上的。」所以，要充分利用時間，向時間要效率，「早晨要撒你的種，晚上也不要歇你的手」（舊約全書·傳道書），這樣，你才能創造奇蹟。

▍革除懶散的工作惡習

泰勒（Frederick Taylor）說：「懶惰等於將一個人活埋。」貪圖安逸將會使人墮落，無所事事會令人退化，人一旦懶惰起來便會失去鬥志，在庸庸碌碌中度過一生。

為自己每天的工作做一個計劃，養成今日事今日畢的習慣，有意識地規避惰性，激發自己的積極性。時刻提醒自己：明日是為懶漢保留的工作日，你並不懶惰；明日是為失敗者藉口成功的日子，你並不是失敗者！

▍把勤奮落實到行動上

培根（Francis Bacon）說：「好的思想儘管得到上帝的讚賞，然而若不付諸行動，無異於痴人說夢。」只有付諸行動，才有可能取得成功，否則，你將在失敗、痛苦、悔恨的日子中失去工作或者走向生命的終點。

只有勤奮工作才是最高尚的，才能帶給人真正的幸福和快樂。歌德說：「只有每天戰鬥的人，才能享受自由和人生。」將勤奮落實到行動上，你才能說你努力過，你奮鬥過。當你獲得成就時，你就可以自豪地說：「我勤奮，所以我收穫。」

▍多做一點分外事

每天多做一點事，比別人期待的更多一點，如此，你才可以吸引老闆更多注意，創造更多自我提升的機會，同時，這也會為你贏得良好的聲

譽，增加別人對你的好感。

每天多做一點，可能並不意味著你能夠得到更多的報酬，但是透過你的付出，你會得到許多意想不到的財富，如信任、經驗、升遷等，你付出的越多，收穫的也就越多，這是——條永恆的成功規律。

替自己制定奮鬥目標

沒有明確的工作目標就沒有做事標準，也就沒有工作動力。有時候一個人看起來忙碌不堪，但當問他為何而忙時，他卻總是搖搖頭說：「瞎忙。」這樣，浪費了精力，虛度了光陰，到最後追悔莫及還不知何故。

所以，為自己制定一些奮鬥目標，不管長期的還是短期的，當你向一個個目標邁進時，不僅會強化你的自信心，提高工作的熱情，還會更加堅定你的上進心，攀登一個又一個成功的巔峰。

培養危機意識

現今的形勢是「能者上，平者讓，庸者下」，優勝劣汰，在職人員稍有懈怠，隨時都有失業的可能。「今天工作不努力，明天努力找工作」，這是一個看來非常殘酷的現實。然而非常遺憾的是，很多在職人員仍然缺乏憂患意識和危機感，不好好珍惜所擁有的一切，對工作不盡心盡力，敷衍了事，而且安於現狀，不思進取。

美國游泳名將曾說：「我不把新紀錄看得那麼重，它只能說明過去，剛剛問世就可能被人打破。競爭時時刻刻存在，我一點也不敢懈怠。」只有敏銳地警覺到自己的無知與不足，才能力圖突破這種限制，不斷地超越自我，一步又一步地邁向成功。

第二章　自發勤奮讓你更優秀

▌每天進步一點點

在一家企業擔任網路通訊設備銷售總監的馬克，突然有一天被他的一名下屬——三年前學歷比他低、能力沒他強、經驗幾乎為零的人，在公司最近的一次績效考評中取代了他的位置。留給馬克的，除了美好回憶和一個「將軍肚」外，還有一聲嘆息。問到這個現為銷售總監的下屬，三年的時間為何發生那麼大的變化。年輕人很自然地回答：每天進步一點點，僅此而已。

成功與失敗的距離並不遠，每天進步一點點，不斷地進步和自我超越，才能不被競爭無情地淘汰，並摘取成功的桂冠。

▌隨時隨地學習

歌德（Johann Wolfgang von Goethe）曾說：「人不是靠生下來時擁有的一切，而是靠從學習中得到的一切來造就自己。」未來的職場競爭將不僅僅是知識與專業技能的競爭，還有學習能力的競爭。你唯一持久的優勢，就是比你的競爭對手學習得更快。所以，要養成隨時隨地學習的好習慣，在工作中學習，對待工作要精益求精，抓住一切公司培訓的機會，從中不斷學到新知識。

孔子曰：「三人行，則必有我師焉，擇其善者而從之，擇其不善者而改之。」向優秀人物學習成功的經驗，哪怕是你的對手。阿爾伯特·哈伯德（Elbert Hubbard）有句名言：「觀察走在你前面的人，看看他為什麼領先，然後學習他的做法。」從失敗中學習，總結，才能少走彎路，更快地走向成功。

努力工作，優劣自有評說

滿腹牢騷和形形色色的藉口不能為你贏得更多的報酬和晉升機會，它只會得到別人的反感。看看那些勤勞的螞蟻吧，沒有任何動物比螞蟻更勤奮，然而它卻最沉默寡言。不要擔心你的努力別人看不見，領導的信任和尊重是每一個勤奮者自然而然的結果。努力工作，就能創造更多的價值，贏來累累碩果，並得到幸運女神的青睞。

要想出類拔萃，必須要勤奮進取，辛勤工作而又不安於現狀，在完成好自己本職工作的同時為自己訂立更高的目標。要時刻記住：不管在什麼地方，一個勤奮工作、追求進步的員工都是企業家和老闆們欣賞、提拔和重用的對象；而一個無所事事、不思進取的人，永遠不能得到幸運女神的垂青。

不要只做別人告訴你的事

任何一個員工，都不能只是被動地等待別人來告訴自己應該做什麼，而是應該主動去了解自己應該做什麼，還能做什麼，怎樣做到精益求精。

在企業裡，有很多的事情也許沒有人安排你去做。如果你主動地去行動起來，這不但鍛鍊了自己，同時也為自己積蓄了力量。其實，主動是為了替自己增加機會——增加鍛鍊自己的機會，增加實現自己價值的機會。

老闆欣賞那些富有智謀，能獨當一面的人，而不需要那些優柔寡斷的人。同樣一件工作，有的員工可以輕鬆地完成，而有的員工卻困難重重，

第二章　自發勤奮讓你更優秀

毫無頭緒。一個優秀的員工應能充分發揮自己的主觀能動性，調動一切可以調動的資源，在合理的時間內創造出良好的工作業績。

公司的大目標和員工的小目標都是為公司創造財富。任何老闆都需要那些主動尋找任務、主動完成任務、主動創造財富的員工。工作主動性強的員工，則勇於負責，有獨立思考的能力，在業務上追求盡善盡美，認真處理那些難度大、要求高的工作；而那些工作主動性差的員工，墨守成規，害怕犯錯，凡事只求忠誠於公司規則，老闆沒讓做的事，決不會插手。

年輕的洛克斐勒（John Davison Rockefeller）進入一家石油公司上班，他所做的工作就是巡視並確認石油罐蓋有沒有自動銲接好。石油罐在輸送帶上移動至旋轉臺上，銲接劑便自動滴下，沿著蓋子迴轉一週。這樣的銲接技術耗費的銲接劑很多，公司一直想改進，但又覺得太困難，幾次試驗都宣告失敗。而洛克斐勒並不認為真的找不到改進的辦法，他每天觀察罐子的旋轉，並思考改進的辦法。

經過觀察，他發現每次銲接劑滴落 39 滴，銲接工作便結束了。他突然想到：如果能將銲接劑減少一兩滴，是不是能節省一點成本？於是，他經過一番努力，研製出 37 滴型銲接機。但是，利用這種機器銲接出來的石油罐偶爾會漏油，並不理想。但他並不灰心，又繼續尋找新的辦法，後來，終於研製出 38 滴型銲接機。這次改進非常完美，公司對他的評價很高。也許你會說：節省一滴銲接劑有什麼了不起？但「一滴」卻帶給公司每年 5 億美元的新利潤。這位青年就是後來掌握全美製油業 95% 實權的石油大王──約翰・戴維森・洛克斐勒。

工作中遇到林林總總的問題時，不要幻想逃避，也不要猶豫不決，更

不要依賴他人，而要勇於面對和迎接，勇於做出自己的判斷。對於自己能夠判斷，而又是本職範圍內的事情，要大膽地拿出主意，讓問題在自己那兒解決。解決了問題，你才能迎向新的契機。

小莉過去一直有懷才不遇的感覺，進公司快一年了，她覺得自己一直在打雜。這天下午，上司把她叫了過去，讓她在兩個星期內完成一份當前整個城市各大商場基本情況的調查報告。雖然公司是做家電生產的，但她從未涉及過商業方面的事情，於是她對上司脫口就問：「到哪裡去找資料？」

上司淡淡地說：「你自己想辦法吧。」說完，就外出辦事去了。小莉有些愣住了。平時總想做點具體工作，但當具體工作真正到來時，又有些措手不及。

在新經濟時代，昔日那種「聽命行事」不再是「最優秀的員工」模式，時下老闆欣賞的是那種不必老闆交待，積極主動去做事的人。那些不論老闆是否安排任務、自己主動促成業務的員工，那些交給任務、遇到問題後不會提出任何愚笨的、囉嗦問題的員工，那些主動請纓、排除萬難、為公司創造巨大業績的員工，就是時下老闆要找的人。

機會空間來自主動工作

所謂主動工作，就是在沒有人要求你、驅使你的情況下，你能夠自覺並出色地做好需要做的事情。在競爭異常激烈的時代，被動意味著捱打，主動就可以占據優勢地位。世界上從來沒有什麼救世主，我們的事業、我們的人生不是上天安排的，而需要我們主動去爭取。

第二章　自發勤奮讓你更優秀

很多人對工作不滿意，抱怨薪水太低、沒有發展前途等，總覺得現有的工作不值得自己留戀。特別是工作不久的員工，在單位接觸的是一些平常的工作，就覺得這種平淡的生活對自己是一種折磨，而自己真是懷才不遇呀。再看看周圍比自己做得好的同學、朋友，跳槽的念頭就油然而生。其實，這種想法大可不必。很多時候，只要我們主動一點，就會發現自己的工作實際上是大有可為的。

還有的人認為，只要把自己的本職工作幹好就行了。對於老闆安排的額外工作，總是抱怨，從來不主動去做。其實，多做一些分外的工作，不僅可以讓你在工作中不斷地鍛鍊自己，充實自己，而且會讓你擁有更多的表現機會，讓自己的才華充分地表現出來。如果我們總是能讓上司領略到喜出望外的感覺，他將會對我們建立起更高的信任與依賴，產生賞識，從而在有限的資源分配中向我們傾斜。對於有積極心態和主動做事的人來說，「機會空間」的大門從來都是敞開的。

不管你現在所從事的是怎樣一種工作，無論你是建築工地上的一名工人，還是辦公室裡的一名普通職員，立即行動是必備的素養之一。只有立即動手的人，才能夠抓住轉瞬即逝的機會，也只有立即動手的人，才能夠很快地將自己的想法付諸行動。

積極主動的人都善於跳出工作合約上所界定的框架主動地去填補工作中的模糊空間。其實，你可以在行動中逐漸完善。只要做起來，哪怕很小的事，哪怕只做了 5 分鐘，也是一個好的開端，就能帶動我們著手做好更多的事情。

任何一家公司制定的規章制度即使再詳細、再完整，也不可能把每一個人應該做的每件事都規定得清清楚楚。公司裡總是有很多臨時的或意想

不到的事情，沒有什麼明確規定，說這些臨時的事情應該由誰負責，但這些事情又是一定要人去做的。如果被指派的人有這樣的想法：憑什麼要我去？我又不是專門負責這項工作的。那麼，可以肯定的是，這種斤斤計較、患得患失的人在任何一個組織裡都很難有出頭之日。

小李是一家外商的員工。這家企業一貫崇尚節儉的作風，甚至每頁影印紙都要充分利用──正反兩面都要使用。有一天，公司的行政人員請假沒有上班，而小李手頭的工作又不太多，於是，辦公室主任讓小李把一疊用過一面的影印紙按規格分類以備再用。小李對此很不以為然，認為這不是自己的分內事，再過兩天做也無所謂。可當第二天主任面帶不悅地抱走那疊紙自己整理時，小李才感到事情的嚴重性。果然，不久公司進行裁員時，小李正在其列。

只有當你主動、真誠地提供真正有用的服務時，成功才會伴隨而來。而每一個雇主也都在尋找能夠主動做事的人，並以他們的表現來給予他們相應的回報。所以，好員工都明白一個道理：與其被動地服從，不如主動地去完成。

在現實世界裡，有些受過良好教育、才華橫溢的年輕人，在公司裡卻長期得不到提升，主要是因為他們不願意自我反省，養成了一種嘲弄、吹毛求疵、抱怨和批評的惡習，他們根本無法獨立自發地做任何事，只有在一種被迫和監督的情況下才能工作。

所有的失敗者身上都有一種頑疾，那就是沒有限期的拖延──今天該做的事拖到明天完成，現在該打的電話等到一兩個小時後才打，這個月該完成的報表拖到下一月，這個季度該達到的進度要等到下一個季度……在我們的工作中，實在有太多的拖延。

第二章　自發勤奮讓你更優秀

拖延的習慣最能損害及減低人的做事能力，阻礙人的潛能發揮。你應該極力避免拖延的習慣，應該將「拖延」當作最可怕的敵人。因為它要竊取你的時間、能力、機會、品格與自由，從而使你成為它的「奴隸」。隨著時間的流逝，工作的壓力反而與日俱增，這會讓人覺得更加疲憊不堪。

有些剛剛走出大學校門的年輕人畢業伊始，面對自己從未接觸過的工作，一時有些手足無措，每當領導交給他們工作任務時，總是要問一句該怎麼辦，這種做事方法長此以往就會出現依賴心理，只會被動服從，不會主動開拓。

成功的人很早就明白，什麼事情都要自己主動爭取，並且要為自己的行為負責。沒有人能保證你成功，只有你自己；也沒有人能阻撓你成功，只有你自己。要想獲得成功，你就必須勇於對自己的行為負責，沒有人會給你成功的動力，同樣也沒有人可以阻撓你實現成功的願望。

養成了率先主動的工作習慣，就掌握了個人進取的精義。那些以無比的熱情看待自己工作和事業的人，總能發掘出無窮的機會。相反，那些被動的人只能永遠等著別人給他安排任務，而且還要推脫搪塞，在這同時，他也推掉了機會。

只有率先主動，才會讓雇主驚喜地發現你實際做的比你原來承諾的更多，你才有機會獲得加薪和升遷。如果你只是盡本分，或者唯唯諾諾，對公司的發展前景漠不關心，你就無法獲得額外的報酬，你只能得到屬於你應得的那一部分，當然，這比你想像的要少。

其實，公司是一個實現自我價值的平臺。你透過自己積極主動的工作，為企業做出貢獻，企業透過你的工作取得了效益，因此，它除了給你報酬，還給你提供了機會，讓你實現自己的理想。所以，如果你對工作總

機會空間來自主動工作

是採取一種應付的態度,能少做就少做,能躲避就躲避,敷衍了事,實際就是敷衍自己。

小萌現在對自己的工作幹得一點幹勁也沒有,她是公司祕書兼內勤,公司大大小小瑣碎的事情都要她管。她覺得自己在這份工作中找不到任何動力和熱情,學不到任何本領和技能,所以感到很鬱悶、很壓抑。她覺得老是這麼「打雜」沒有什麼意思,她希望讓自己的生命更有意義些,更加豐富多彩些。因此,她一直盤算著「另謀高就」。

不管你是做祕書,還是業務或客服,都是一樣的,事實上,所有具體的工作永遠都是繁雜瑣碎的。可以說,現代職場上的所有工作在你做了3個月之後都會變成簡單的重複勞動。所以,枯燥乏味的不是工作,而是要看你能不能找到自己的工作對整個公司運作的意義!

比如,你泡茶給客人,這事看起來很平常。但是,如果你知道自己這項工作的意義,你就會主動起來,希望給客人留下一個良好的印象。由於你給客人留下了良好印象,無形中就可能會為公司的發展帶來機會⋯⋯因此,即使是替客人泡茶這種小事,也是對公司的一份貢獻。

有時,你可能覺得老闆是將你隨便安排在一個職位上,是在浪費人才。其實,公司作為一個追求營利的組織,在調配人力資源的時候,一般不會讓職員去做他不擅長或不適合的工作。既然公司把你招進來了,就說明你是個人才,他們對分配給你的工作也寄予厚望。所以,如果分配給你的工作與你當初想像的不一樣,這也許是他們發現了你自己原來沒有意識到的特長,對你來說,這也許是個新的機會。

許多職場新人都覺得「打雜」很沒面子,不好意思對同學朋友講實話。其實,大可不必,「打雜」並不會有損於你的尊嚴。在那些成功人士的眼

第二章　自發勤奮讓你更優秀

中,「打雜」可能就是「機遇」的同義詞。

透過打雜,你可以慢慢熟悉公司業務的工作流程,並開始為自己將來從事具體業務收集基本資訊。比如,你在為上司打字的時候,你就可以思索上司是怎麼寫合約和協議的;你可以利用收發國內外來往傳真和整理檔案的時候,開始學習業務知識,掌握做合約和談判的流程與技巧。透過這樣的「打雜」,你自己就可以慢慢摸索出其中的門道,將來一旦讓你做具體業務,主動的你一定可以成為上司的得力助手。

機會空間來自於自己的主動,主動的人是最聰明的人,是團隊中最好的夥伴,是人人都想要有的朋友。永遠要記住,主動精神是你最好的老師。在面對困難的時候,可以幫助你的是你自己的主動精神,而不是運氣。

上進心讓你更優秀

競爭是時代發展的永恆主題,當我們選擇了發展,也就選擇了競爭。每天都有思維活躍、能力超強的新人或者經驗豐富的業內資深人士,不斷湧入你所在的風雲變幻的職場中,你其實每天都在與很多人競爭。因此,時刻擁有上進心,追尋更高的目標,不斷提升自己的價值,增進自己的競爭優勢,才能不被日益進步的社會和不斷更新的工作所淘汰。

在動物界有這樣一件有意思的事情:在美麗的非洲大草原上,生活著羚羊和獅子。羚羊每天一早醒來,就在思考,如何跑得更快一些,才能不被獅子吃掉;同樣,獅子每天一早醒來,也在思考,如何能比跑得最慢的羚羊更快一些,才不會被餓死。

羚羊和獅子的故事告訴我們,工作或生活就是這樣:不論你是羚羊還

是獅子，每當太陽昇起的時候，你都要毫不遲疑地迎著朝陽向前奔跑！

諾貝爾文學獎得主魯德亞德‧吉卜林（Rudyard Kipling）曾經說：「弱肉強食如同天空一樣古老而真實，信奉這個原理的狼就能生存，違背這個原理的狼就會死亡。這一原理就像纏繞在樹幹上的蔓草那樣環環相扣。」

人生如逆水行舟，不進則退，不求上進，你必然要被別人所替代。居安必須思危，在這個競爭異常激烈的年代，如果你沒有危機意識，是很難逃脫被淘汰的命運的。有遠見者，能在危機尚未產生時，就提前做好了準備。

在某個機械廠，有一位工作非常賣力的工人，他在這裡工作了十幾年，各項操作都很熟練，而且很少出差錯，幾乎每年的優秀員工獎名單裡都有他。

隨著科技的發展，廠裡的那一套設備已經完全落後於時代科技的發展，相對生產量也越來越低下。後來，廠裡上了一套完全由電腦操作的自動化生產線，許多工作都改由機器來完成，生產量大大提高了。可這卻讓他失去了工作。原來，他教育程度不高，在這十幾年中也沒掌握其他技術，對於電腦更是一竅不通，一下子，就變成了一個多餘的人。

他這才想起廠長在幾年前就告訴過他廠裡準備引進新設備的計畫，可能就是想讓他有個心理準備，有危機感，去認真學習一下新技術和新設備的操作方法，練習一下電腦操作。可是他一直沒在意，現在想想，心裡很是後悔呀！

在企業中對工作負責的員工也許可以說是一個稱職的員工，但還不是一個優秀的員工。滿足於現狀就意味退步，不斷進取才能達到成功。「百尺竿頭，更進一步」，即使你現在已經取得了不錯的成績，也不能自我滿足。只有不斷超越，才會精益求精，不斷進步，這也是新時代員工最起碼

第二章　自發勤奮讓你更優秀

的工作風格。一個人如果從來不為更高的目標做準備的話，那麼他永遠都不能超越自己，也必將被淹沒在競爭的浪潮裡。福特說：「一個人若自以為有很多的成就而止步不前的話，那麼他的失敗就在眼前。」

積極進取的員工，心中不僅裝著自己的工作職責，還裝著部門或公司的發展目標。為了達到這一目標，他們會做出遠超自身職責範圍之內的貢獻，並因此而獲得更多的個人成長機會。優秀的員工都有一顆上進心，從而推動自己不斷地完善自我，追求完美的人生。NBA 傳奇人物麥可‧喬丹總結自己的一生時曾說：「從『不錯』邁入『傑出』的境界，關鍵在於自己的心態。」這位歷史上偉大的籃球運動員結合自己的奮鬥歷程，一句話便表明了人生成功的最大祕訣。在工作和生活中，你是優秀還是平庸，關鍵在於你是否擁有一顆上進心。

當然，成功之後還要繼續努力。勤奮進取通向成功，而成功也很可能會帶來事業的悲劇。有一項調查表明，諾貝爾獎的得主們在獲獎之後的成就、論文篇數等遠不及其獲獎前的一半。有成就之後就不再努力的例子並不鮮見。很多人在憑藉著勤奮努力終於被上司所提拔和重用後，就覺得應該放鬆一下了──為自己前段時間的辛苦工作補償一下，結果，就不知不覺間進入到了好逸惡勞、不求上進的生活狀態中去了。

蕭伯納（George Bernard Shaw）有一句名言：「人生有兩齣悲劇，一是萬念俱灰，一是躊躇滿志。這兩種悲劇，都會導致勤奮努力的中止。」在取得了一個小目標的成功之後，要重申自己的大目標，告訴自己還有更加美好的前途在等著自己，使自己重新振作，繼續勤奮努力，衝向下一個目標。

傑出人物從不滿足於現有的目標狀況，隨著他們的進步，眼界的開闊，

他們的上進心會逐漸增長,標準也會越來越高;他們會以畢生的精力去追求更高的目標。對於比爾·蓋茲來說,如果說他僅僅希望開一個小公司賺點錢,那麼他20歲時就實現了這個目標;如果說成為世界上最有錢的人是他的最高理想的話,那麼在他32歲也已實現了這一目標。如果他沒有超越自我的志向,他在年輕的時候就可以醉心於自己的偉大成就而舉步不前了。

居禮夫人(Marie Curie)在獲得諾貝爾獎後,照樣鑽進實驗室裡埋頭苦幹,和許多科學家一樣,他們認為:人生最美妙的時刻在努力進取和艱苦探索之中,而不是在慶功宴席上的喧鬧恭維之中。

美國迪士尼樂園創始人華特·迪士尼(Walt Disney)說:「做人如果不繼續成長,就會開始走向死亡。人只有在不斷的進取中才會保持思維敏捷,行動矯健,思想開明,智慧不老,心靈不僵。人生如逆水行舟,不進則退,這是鐵的規律,任何人都不能倖免。我們又豈能懈怠。

昨天不等於今天,今天不等於未來,生命不息,進取不止,即使是奔向相同的生命終點,每個人的精采也各有不同。進取的人,將「人」字大寫於天地間;退縮的人,將「人」字埋藏在草叢中。

機會屬於跑在前面的人

唯有那些主動出擊、善於創造機會和把握機會的人,才有可能從最平淡無奇的生活中找到一絲機會,用積極的行動改變自己的處境,使自己的人生之船到達理想的彼岸。

一般人常常認為,只要準時上下班,不遲到,不早退就算完成工作

第二章　自發勤奮讓你更優秀

了，就可以心安理得地去領薪資了。其實，工作首先是一個態度問題，工作需要認真和盡力，需要踏實和勤懇，更需要積極主動的精神。對企業和老闆而言，他們需要的絕不是那種僅僅遵守紀律、循規蹈矩，且缺乏積極主動的員工。

許多公司都努力把自己的員工培養成對工作主動積極的人。因為只有這樣的員工才勇於負責，有獨立思考能力。他們往往會發揮創意，出色地完成任務。他們不墨守成規，不害怕犯錯，不會像機器一樣，別人吩咐做什麼就做什麼。

有一家兄弟三人，同時在一家公司上班，但他們的薪水並不相同：老大的週薪是 350 美元，老二的週薪是 250 美元，而老三的週薪只有 200 美元。做父親的感到迷惑不解，便向這家公司的老闆詢問原因。

老闆沒做過多地解釋，只是說：「我現在叫他們三個人做相同的事，你只要在旁邊看看他們的表現就可以得到答案了。」

老闆先把老三叫來，吩咐道：「現在請你去調查停泊在港口的 C 船，船上皮毛的數量、價格和品質，你都要詳細的記錄下來，並盡快給我答覆。」

老三將工作內容抄錄下來之後，就離開了。5 分鐘後，他告訴老闆，他已經用電話詢問過了，就這樣，一通電話就完成了他的任務。

老闆再把老二叫來，並吩咐他做同一件事情。在一個小時後，老二回到總經理辦公室，一邊擦汗一邊解釋說，他是坐公車往返的，並且將船上的貨物數量、品質等詳細報告出來。

老闆再把老大找來，先將老二報告的內容告訴他，然後吩咐他去做詳細調查。兩個小時後，老大回到公司，除了向總經理作了更為詳盡的報告

外,另外又彙報說他已經將船上最有商業價值的貨物詳細記錄下來,為了方便總經理和貨主訂契約,他已約貨主第二天早上10點到公司來一趟。回程中,他又到其他兩三家皮毛公司詢問了貨的品質、價格,並請可以做成買賣的公司負責人明天早上11點到公司來。

在暗地裡觀察了三兄弟的工作表現後,父親恍然大悟地說:「再沒有比他們的實際行動更能說明這一切的了。」

對於企業來說,一個善於思考的員工,要比一個只知幹活而不知動腦的人更重要。注意觀察市場、研究市場、分析市場、把握市場的人,才能成為不可替代的人。所以,不斷思考、改進是你必須要做的事。

我們提前提交工作成果,就能為主管留出更充裕的調整時間,增加了他指揮若定的資本,主管自然會對我們的工作讚賞有加。如果我們在重大工作上總能提前完成,逐漸讓老闆領略到我們是能擔大任之人,那麼何愁好運不來。

明白了這個道理,並重新審視我們的工作,工作就不再成為一種負擔,即使是最平凡的工作也會變得意義非凡。在各式各樣的工作中,當我們發現那些需要做的事情——哪怕不是分內的事的時候,也就意味著我們發現了超越他人的機會。但是在積極主動地工作背後,需要你付出的是比別人多得多的智慧、熱情、責任、想像和創造力。

那些一貫被動工作的人,不但不會主動爭取新的工作,甚至連老闆交代的工作也要一再督促才能勉強做好。這種被動的態度自然會導致工作效率下降,久而久之,即使是已經交代甚至一再交代的工作也未必能夠做好,因為這樣的人總是想方設法去拖延、敷衍。如此一來,他們又怎能指望公司會分派一些具有挑戰性的工作呢?自然也會失去晉職、加薪的機會。

第二章　自發勤奮讓你更優秀

　　沒有成功會自動送上門來，也沒有幸福會自動降臨到一個人身上。這個世界上所有美好的東西都需要我們主動去爭取。婚姻如此，財富如此，快樂如此，健康如此，友誼如此，學習如此，機會如此，工作如此。

　　要想把握住轉瞬即逝的機會，一個積極主動的人就必須學會說服他人，向別人推銷自己或自己的觀點。在說服他人之前，要先說服自己。激情加上才智往往折射出一個人的潛力。

　　某集團打算應徵一位技術主管，在眾多求職者中，其中甲先生、乙先生二人在個人的知識、技能和能力方面都很接近。兩天之後，正當公司猶豫錄用哪──個更合適時，乙先生主動打了一通電話給公司的人力資源部，並寄了一封信過來，信中表達了他對這集團的嚮往以及他為什麼認為自己是合適的人選，此外還有他已經發表的論文、老師的推薦信和他希望來公司作的課題等。儘管他畢業的學校不是最有名的學校，但他積極主動的自我推銷使他最終勝出。

　　積極主動是職場一種極其珍貴的素養，它能使你變得更加敏捷，更加能幹。作為職場新人，你每天多做一點，上司和同事就會更關照你和信賴你，從而給你更多的機會，你就能從競爭中脫穎而出。生活是公平的，你流了多少汗水，就會有多少收穫，當你斤斤計較，不肯做一點分外的事時，往往顆粒無收。

　　如果你想有好的人際關係，你就必須選擇主動問候；如果你想有機會升遷，你就必須主動爭取任務；如果你想提高自己的演講能力，你就必須主動發言。記住，除了你自己，沒有人可以阻擋你。當你主動的時候，一切將變得容易，世界將變得和諧，人生自然會變得美好。

勤奮是通往成功的起點

在這個世界上,投機取巧、不思進取是走不出成功之路的,投機、偷懶更是難有出頭之日。許多成功者,他們都有一個共同的特點——勤奮進取。

在一般人的眼裡,漢弗里‧戴維(Humphry Davy)肯定算不上命運的寵兒。由於出身貧寒,他接受教育和獲得科學知識的機會都很有限。然而,他是一個有著真正勤奮精神的小夥子。當他在藥店工作時,他甚至把舊的平底鍋、燒水壺和各式各樣的瓶子都用來做實驗,鍥而不捨地追求著科學和真理。後來,他以電化學創始人的身分出任英國皇家學會的會長。

年輕的約翰‧沃納梅克(John Wanamaker)每天都要徒步4公里到費城,他在那裡的一家書店打工,每週的報酬是1美元25美分,但他勤奮刻苦的精神讓人感動。後來,他又轉到一家製衣店工作,每週多加了25美分的薪資。從這樣的一個起點開始,他勤奮刻苦地工作,並且不斷地向上攀登,最終成為了美國最大的商人之一。1889年,他被哈里森總統(Benjamin Harrison)任命為郵政總局局長。

成功需要刻苦勤奮的工作,需要不斷地向上攀登。即使你是一名普通的員工,你也要相信,勤奮進取是通向成功的起點。即使你天資一般,只要你勤奮工作,你就能彌補自身的缺陷,走上成功之路。

凱斯是義大利著名的科學家。凱斯小時候因家境貧寒,沒有讀過多少書,而是直接進工廠當了一名車工。可是,對一個不滿15歲的小孩子來說,當車工並不是一件簡單的事情。剛開始的時候,雖然一竅不通,但他很勤奮,從不錯過任何學習的機會,逐漸地,凱斯成了一名技術嫻熟的車

第二章　自發勤奮讓你更優秀

工。但他並沒有滿足現狀,而是逐漸對生產機器產生了興趣,並發現了其中的諸多不足,他決定透過自己的努力改善這些不足。經過數十年如一日的艱苦奮鬥,凱斯不但成為一名非常有名的工程師,還成了擁有多項發明的科學家。凱斯在自我評價時說:「我天生條件很差,知識比較缺乏,我取得的成績完全是靠自己的勤奮和積極進取。但是,這也至少能說明我具有發明創造這方面的潛能。我透過積極地創造,將這些才能淋漓盡致地發揮出來了。」

勤奮使平凡變得偉大,使庸人變成豪傑,成功者的人生,無一不是勤奮創造、頑強進取的過程。日本松下公司的標語牌寫有這樣一段話:如果你有智慧,請你貢獻智慧;如果你沒有智慧,請你貢獻汗水;如果兩樣你都不貢獻,請你離開公司。

任何一家公司永遠都需要勤奮進取的員工,因為公司需要穩步持續地發展。你的勤奮進取帶給老闆的是業績的提升和利潤的增長,而帶給你的是寶貴的知識、技能、經驗和成長發展的機會,當然隨著機會到來的還有財富。實際上,在勤奮進取中你與老闆獲得了雙贏。

一位經理在描述自己心目中的理想員工時說:「我們所急需的人才,是那些意志堅定、勤奮努力、有奮鬥進取精神的人。我發現,最能幹的都是那些天資一般、沒有受過高深教育的人,他們擁有勤奮不懈的做事態度和永遠進取的工作精神。做事勤奮的人獲得成功的機率大約占到九成,大概只有剩下一成的成功者靠的是天資過人。」

勤奮刻苦是一所高貴的學校,所有想有所成就的人都必須進入其中,在那裡,人可以學到有用的知識、獨立的精神和堅韌的習慣等等。

對此,有人可能不以為然,勤奮,幹嘛要勤奮?老闆就給了我那麼一

勤奮是通往成功的起點

丁點兒薪資，我怎麼勤奮得起來？給多少錢，就做多少事！這代表了很大一部分人的觀點，那就是習慣用薪水衡量自己所做的工作是否值得。其實，相對於工作所帶給你的東西來說，薪水是微不足道的，至少可以說是有限的。勤奮進取是對工作和對自身的負責，只有全身心地投入到工作中去，才能把工作做得出色，也才能有資本談更多的薪水。

如果你希望一件事快速而圓滿地完成，那就勤奮一點，勤奮是保持高效率的前提，只有勤懇、扎實地工作，才能把自己的才能和潛力全部發揮出來，在短時間內創造出更多的價值。一個缺乏勤奮精神的人，只能觀望他人在事業上不斷取得成就，而自己卻只能在懶惰中消耗生命，甚至因為工作效率低下而失去了謀生之本。

日本「保險行銷之神」原一平，身材瘦小，相貌平平，這些，其實足以影響他在客戶心目中的形象，所以他起初的推銷業績並不理想。原一平後來想，既然我比別人的確存在一些劣勢，那只有靠勤奮一一彌補它們。為了實現力爭第一的夢想，原一平全力以赴地工作。早晨5點鐘睜開眼後，立刻開始一天的活動：6點半鐘往客戶家中打電話，最後確定訪問時間；7點鐘吃早飯，與妻子商談工作；8點鐘到公司去上班；9點鐘出去行銷；下午6點鐘下班回家；晚上8點鐘開始讀書、反省，安排新方案；11點鐘準時就寢。這就是他最典型的一天生活，從早到晚一刻不閒地工作，把該做的事及時做完。他最後也因此摘取了日本保險史上「銷售之王」的桂冠。

要想成為優秀員工，你首先就要比別人付出更多，一個人獲得的任何東西都是他事先付出的回報。你在付出時越是慷慨，你得到的回報就越豐厚，這是公平的遊戲規則。身為公司的一員，你只有捨得多下工夫，比別人付出更多的辛苦勞動，為自己所在的企業或部門，做出成績，出大成

第二章　自發勤奮讓你更優秀

績，才能得到上司的嘉獎和讚揚，才能得到更多的提升機會，才能更進一步實現自己的夢想。

職場不歡迎「守株待兔」的人

要想抓住機會，就需要自己主動去爭取。機會不會從天而降，需要自己去創造。那個守株待兔的人獲得的只是一隻兔子。只有積極的行動，才能獲得成百上千隻兔子。

在今天這個充滿機遇和挑戰的時代，任何時候，公司與個人都不能滿足於現狀，否則，就如「逆水行舟，不進則退」。每個企業都必須時刻以增長為目標才能生存，要達到這個目標，公司員工必須與公司制定的長期規劃保持步調一致，而真正能做到一致的，只有那些主動進取的員工。

主動性在工作中是非常重要的。有的人像算盤珠，撥一撥，動一動，從來不願動腦筋，更沒有創新意識。有的人卻主動找事做，還會主動處理困難的或別人不願做的工作，並且發現問題，提出解決問題的方法。主動性強的員工在工作過程中其業績不斷得到提升，實力也不斷增強，隨著工作經驗的不斷累積，對各種問題的處理也變得越來越得心應手。

微軟公司在應徵員工時，頗為青睞一種「聰明人」。這類「聰明人」並非在應徵時就已是某一方面的專家，而是一個積極進取的「學習快手」；一個不單純依賴公司進行培訓，而是自己主動提高自身技能的人；一個會在短時間內主動去學習更多的有關工作範圍知識的人。具有這種主動進取精神的員工，乃是企業進步不可或缺的支柱。

許多職場新人進了公司後，往往幾個月過去了，他們還像做客，缺乏

工作的主動性。在企業的基層，部門分工往往不是很細，而一些重要的工作又不能馬上交給新人，所以一般都是先做內勤，也就是處理考勤、收發電子郵件這類日常工作。在一些滿懷熱情的職場新人看來，這就是打雜，在他們眼裡打雜有什麼好學的。許多職場新人也想找事做，但他們不知道自己該做些什麼，他們總是期望老員工來手把手地教自己，就像上學時數學老師講解習題一樣。

商場如戰場，作為一個職場新人，你進入職場就如同進入戰場，了解本公司和本行業的基本情況，就如同進入戰壕先熟悉地形一樣。

職場新人在自己的工作還不是非常繁忙的情況下，最好先用這段時間了解本公司的一些基本情況，如本公司的歷史、發展的過程、具體的業務內容、具體產品或服務的價格、各部門的大致分工、各地的分支、經營方針等等。

作為職場新人，你一定要積極主動，要利用這段時間多學點東西，不懂的地方要虛心地向資歷深的同事請教。這樣，一旦當主管有具體業務交給你，你就能很快進入狀態。

整體而言，自動自發型員工的積極主動主要體現在以下幾個方面：

1. 認真全面地了解公司。認真全面地了解公司是做好工作的基礎。它主要包括公司目標、經營方針、組織結構、銷售方式等等。像老闆一樣了解所在的公司，可使你在今後的工作中採取的行動更準確，效果更佳。

2. 主動找事情做。優秀的員工每當完成一項工作時，總會對自己做一番檢查：是否都已達到所有的目標？有什麼專案需要加上去？還需要向別人學習什麼？等等，這些能使自己的工作能力得到提高。

不讓自己閒下來，主動找點事做，你就能更加完善自己，在工作中提

第二章　自發勤奮讓你更優秀

高自己的工作能力。

3. 不要等待上司下命令。如果你習慣於「等待命令」，那麼你首先就會從思想上缺乏工作積極性而降低工作效率。一個人一旦被這些消極思想左右，任何時候他都很難要求自己主動去做事。事實表明，「等待命令」是對自己潛能的「禁錮」，從一開始就注定了平庸的結局。

4. 承擔自己工作以外的責任。許多著名的大公司認為，一個優秀的員工所表現出來的主動性，不僅僅是能堅持自己的想法或專案，並主動完成它，還應該主動承擔自己工作以外的責任。

要想成為一名優秀的員工，就必須具有積極主動的特質，這種積極主動不能僅僅局限於一時一事，你還必須把它變成自己的思維方式和行為習慣。只有時時處處表現出你的主動性，才能獲得機會的眷顧，並最終成就卓越。

李默——現就任於美國一家大公司的副總裁，但他到美國的第一份工作卻只是一個倉庫管理員。儘管出國以前學的是企業管理，可是他並沒有輕視這樣一份在常人看來難以有所作為的工作。因為在他看來，自己即便是看管倉庫，也要看出企業管理的水準。

於是，他以貨物的流通為切入點，透過對各種貨物的流通速度來評判公司的各項業務，找出周轉緩慢需要調整的業務，並不斷上交分析報告，以此作為公司管理層做出未來決策的參考依據。他這麼做完全出於主動，他把公司的問題當作自己的問題。所以，10 年間他從管理員一步——步做到了副總裁，並掌管著 100 億美元的資金運作。

作為一名普通員工，如果安於原來的「水準」，不去主動進取的話，那就永遠只能是一個業績平平者。好員工要學會主動，關鍵是不要給自己

職場不歡迎「守株待兔」的人

設限。這個「限」就是指你覺得自己已經做的足夠多、足夠好。主動工作的過程中，你不必在意老闆有沒有注意到，也不必計較你多做的事情會不會得到報酬。如果你能達到這種境界，你最終的價值必然決定了你不可替代的「身分」。

「主動性」是企業評價一個員工是否合格的重要標準，其核心就是看他是否主動地去工作，是否主動地去思考。

有一家公司，為了鼓勵員工積極參與企業經營，設立了一個總經理特別獎，專門用於獎勵那些業績突出或提出對公司運作有明顯改善的方案的員工。你可以帶著改善你所在機構運作的主意或方案去找你的直接上級或總經理。公司還鼓勵大家提出節省費用的主意，並對那些提出有效節省開支主意的員工給予獎勵。

企業強調員工要發揮主動性，就是希望每個員工不要凡事都依靠上司，不要等上司有了指示才去工作。每人都負責著部分工作，員工就是自己管著的這部分工作的負責人。公司提倡大家要有一種主角的姿態，主動地去考慮自己負責的工作，提出有益的建議，想出各種辦法，把自己負責的工作做好。

有一位公司的總裁說道：「曾經有人問我，什麼樣的員工是稱職的，我說，如果這位員工在休息的時候還會經常想著工作，想著如何把工作做得更好，那麼這個員工就是主動的，就是稱職的。現在的企業實在是太需要這樣的員工了。」

任何人的成功都是來自於發揮主動性和創造力，積極地去尋找機會。如果你只會坐井觀天，守株待兔，那麼你永遠只能是井底之蛙，永遠逮不著只有千萬分之一出現機率的兔子。

第二章　自發勤奮讓你更優秀

站在老闆的角度想問題

我們主張員工要像老闆那樣思考，並不是讓你不顧實際、一心只想著當老闆，對現在的工作不予重視，而是強調要樹立一種主角意識，以老闆的態度來對待公司，這將使你受益匪淺。

英特爾總裁安迪‧葛洛夫（Andrew Grove）應邀到加州大學柏克萊分校作演講，他對畢業生發表演講的時候提出了以下的建議：「不管你在哪裡工作，都別把自己只是當成員工——應該把公司看做是自己開的一樣。」當然，這番話的真正用意並非建議你對公司的事務指手畫腳，橫加干涉，而是希望你提高自己工作的主動性，換一種積極的思路考慮問題。

有的人認為，公司是老闆的，我只是替別人工作。工作得再多、再出色，得好處的還是老闆，於我何益？有的員工天天按部就班地工作，一到下班時間連一秒鐘也不願耽擱，率先衝出辦公室或工廠。有的甚至趁老闆不在時沒完沒了地打私人電話或無所事事地遐想。

這種想法和做法其實無異於在浪費自己的生命和自毀前程。一個在事業上獲得成功的經理說：「除了那些含著金鑰匙出生的富翁第二代，絕大多數老闆都是從基層做起的，而一個人上班時的心態是決定這個人日後是否會成為老闆的一個關鍵。」

如果你認為老闆整天只是打打電話，趕趕飯局而已，那就大錯特錯了。實際上，他們頭腦中時時在思考著公司的行動方向和遠景。有時，我們不妨來一下換位思考，也就是要員工站在老闆的角度去思考問題。在工作中，我們應該具有一種老闆心態。經常問一問自己：「假如我是老闆，我會怎麼想，怎麼做？」

站在老闆的角度想問題

假如你是老闆，手下有兩個員工，一個只有在工作任務交代得很詳細的狀況下才去做，還經常會把事情搞砸；而另外一個除了把布置的任務完成得非常圓滿，還喜歡幫助別人。兩者之中，你更願意人用哪一個？答案不言而喻。

作為老闆，肯定希望的是，當自己不在的時候，公司的員工還能夠一如既往地勤奮努力，踏實工作，每個人都能認真做好自己的分內之事，時刻注意維護公司的利益，這樣自己才能一心一意處理好外面的事情。

所有的老闆都一樣，他們都不會青睞那些只是每天8小時在公司得過且過的員工，他們渴望的是那些能夠真正把公司的事情當作自己的事情來做的員工，因為這樣的職工任何時候都敢作敢當，而且能夠為公司積極地出謀劃策。

著名的IBM公司要求每一名員工都樹立起一種態度——我就是公司的主人。在這種激勵下，員工們主動接觸高階管理人員，與上級保持有效的溝通，對所從事的工作更是積極主動地完成，並能保持著高度的工作熱情。

一旦有了這種心態，你就會對自己的工作態度、工作方法以及工作業績提出更高的要求與標準。只要你能深入思考，積極行動，很快就會成為公司中的傑出人物。

站在老闆的角度上思考，可以讓你受益匪淺。老闆之所以稱為老闆，自然有其過人之處，也自然是優秀之人。向優秀的人學習，揣摩優秀的人是怎麼想的，以老闆的心態對待工作，你就會去考慮企業的成長，就會知道什麼是自己應該去做的，什麼是自己不應該去做的，就會像老闆一樣去思考、去行動。

第二章　自發勤奮讓你更優秀

　　成功的老闆所具備的素養大致有一些共同點，如：他們有著積極主動的工作習慣，不是事事被人推著走，而是自己決定前進的方向和路線；他們從不消沉，從不輕易言敗，而是充滿熱情地迎接每一天。這些特質無疑是值得我們學習，值得我們敬佩的。正是這些優秀的特質造就了老闆們的成功。

　　老闆與員工最大的區別就是：老闆把公司的事情當作自己的事情，員工則喜歡把公司的事情當作老闆的事情。在這兩種不同心態的驅使下，他們工作的方式不可同日而語。老闆，不用說，任何關於公司利益的事情他都會去做。但是有些員工在公司裡卻往往只做那些分配給他們的事情，對於其他的事情，他們往往用「那不是我的工作」、「我不負責這方面的事情」來推託。

　　我們無法一一列舉出老闆應該思考的所有問題，但毫無疑問的是，當你以老闆的角度思期司題時，你就能逐漸地像老闆那樣積極主動地工作，忠於自己的事業，並對自己所作所為的結果負起責任。

　　李政從一所知名的管理學院畢業時，有幾家大公司都有接納他的意向，最後他卻決定去一家規模較小的公司做總經理助理。對這樣的選擇，他的有些同學表示不解：在實力堅強的公司工作，起點不是更高嗎？幹嘛自討苦吃？再說，助理的工作不就是打雜嗎？說好聽點兒，就是收發檔案、做做記錄。

　　幾年過去了，李政從一個初出茅廬的毛頭小夥成長為一家年營利過百萬元的公司老闆。有一次，當別人稱讚他的能力非凡時，他謙虛地說：「其實，我剛工作時所做的總經理助理工作使我受益匪淺。正是由於每天接觸公司的各種檔案、資料，才使我了解了作為一個領導者的管理思路；正是

站在老闆的角度想問題

記錄一場場的會議過程，讓我清楚了企業是如何經營、如何決策的。我做的雖然是一件件小事，但是，如果從老闆的角度來看待，就能看出價值的所在。」

正所謂：讀萬卷書，不如行萬里路；行萬里路，不如閱人無數。李政的這番「取經」經歷對我們很有啟示。

向老闆學管理，老闆認為管理就是增加收入和降低成本。在老闆看來，管理不過就兩件事情。一件事情是擴大業務範圍，增加業務收入；另外一件就是降低管理成本，控制運作費用。其實這兩件事最終是一件事，那就是為了提高利潤，所以歸根到底老闆是看利潤的，利潤要從管理中來。

你給老闆的任何提案都需要在這兩個方面下工夫，或者是擴大收入，或者是降低成本。否則不論你浪費多少口舌，老闆也不會重視你的意見。擴大收入和降低成本這兩個主題是你和老闆溝通的基礎。你自己看管理問題時，也要學習老闆的辦法，只有這樣才能提高公司的效率，增強企業的競爭力。

當以老闆的心態來自我要求時，你就不會只以達到公司的目標為滿足，反而會自我要求一個更高的目標來實現自我滿足，這等於是在挑戰自己，而不是在做給老闆看。

剛到一家公司時，吳明只是一名普通的出納。起初向老闆彙報工作時，只是簡單地彙報一些數字。時間久了，吳明覺得自己的工作還有很多需要改進的地方。於是他想：假如我是老闆，我會希望財務人員更多地給我提供些什麼資訊。他想到不應該僅僅是完成每個月的損益表，而且應該有更多的分析，分析企業經營的狀況、得失和可能存在的風險所在。於

是，吳明在以後的彙報中向老闆呈上了自己精心準備的這方面的資料，老闆對他的主動精神和工作業績很是滿意。時間久了，老闆覺得他這個人不錯，便調他到自己身邊做祕書，而且大事小情都和他商量。

總之，老闆看的是全局，看問題直達核心；而一般員工往往被表面的現象迷惑，或被自己的職位限制，不知道準確的定位。

一個有準備的上班族，肯定會在平時以老闆的心態要求自己，將自己在工作中遇到的事情當作經驗與知識累積下來，久而久之，他就具備了當老闆的條件。

從我做起，從現在做起，讓自己像老闆那樣去思考公司的事情，想一想怎樣才能發揮最大的能量，做好自己的事業。要像關愛自己的家一樣去關心公司的經營和發展。

當你以老闆的心態去對待工作的時候，你會完全改變你的工作態度。你會時刻站在老闆的角度思考問題，你的業績會得到提高，你的價值會得到體現，企業會因為有你的努力而變得不一樣，你也可以透過你的帶動作用改變你身邊的人。

成功不是等來的

現代社會中，成功的機會是無限的。每個行業、每個領域都有無數的機會等著你。但是，每個機會都是稍縱即逝的，除非你緊緊地抓住它，並且加以利用。

成功有時需要冒險，你必須花費你的時間和金錢為它冒險。如果你不敢放手一搏，機會是不會光臨的。只有當你樂於付出時間、金錢去承擔風

成功不是等來的

險之時,機會才會出現在你面前。

　　成功需要果斷。當機會來臨時,必須快速地做出決斷,並採取行動。優柔寡斷可能喪失時機,機會也永遠不會光顧你了。

　　成功屬於勤勉的人。機會不會光顧那些浪費時間、偷懶又閒散的人。機會更多地留意那些忙碌的人。他們為了自己的理想和渴望而拚命工作,而他們的努力使他們離成功更近了。

　　成功屬於那些善於把握時間的人。在現實生活中,機會是屬於那些善於運用時間,追求目標,並且以踏實的工作實踐每一天的人。那些浪費時間的人,過著悠閒懶惰的日子,還妄想走向成功。

　　成功屬於那些持之以恆、堅韌不拔的人。當你的目標一旦確定,你就以持續的動力去追擊目標,直到成功為止。機會不會降臨到我們經常說的「三天打魚,兩天晒網」的人。

　　成功屬於那些意志堅強的人。通往成功的路徑,處處是荊棘,雜草叢生,充滿了艱鉅與辛酸。很多人往往因為成功之路太艱辛,犧牲太大而放棄了。但決心獲得成功的人,必須付出這巨大的代價。堅毅的人,絕不輕言退卻。競爭只會刺激他們,阻力與困難只能堅定他們成功的信念。你如果沒有到達人生的最高目標,是因為你對眼前的成功滿足了。

　　要想達到成功的頂點,踏實做好眼前的工作,對於每一項工作都竭盡所能全力以赴。你的工作就是你成功的基石。充滿熱情、友善地對待它,那麼你就無需再為生活而擔憂了。從工作中走向成功是最有效的一種途徑。

　　機會也屬於在失敗和逆境中苦苦掙扎、不懈奮鬥的人。在面對逆境時,我們的思維變得更為敏銳,我們的行動變得更加的果敢,我們義無反顧,勇往直前。這樣一來,我們發現失敗在漸漸地離開我們,我們擺脫了

第二章　自發勤奮讓你更優秀

困境,已向成功之路走去。機會永遠不會光顧那些在困境面前不知所措,只有抱怨而沒有行動的人。

要想獲得成功,千萬不要忽略了小細節。如果能把小事辦好,大事自然也會順利地發展。要知道,每一項工作都是由許多細小的事情構成的。事情的一小部分被忽略了,都會帶來今後的大問題。前不久,聞名世界的東芝筆記型電腦出現瑕疵問題,差一點斷送了這個日本著名公司的命運。正是由於設計時的小小的瑕疵被老闆認為是無關緊要的,才爆發了東芝的信譽問題和眾多消費者的指責,它為美國消費者賠付了數以億計的美元。

研究一下那些成功者,我們就會發現他們並不是處在事業的頂峰,他們一生都在頂峰與谷底之間徘徊著,但他們一直在努力,而伴隨著這種努力的是他們的能力。如果沒有這種能力很難想像靠著美好的品格,他們會走向成功。你的能力永遠屬於你,任何人都無法剝奪,這種能力能幫你攀登勝利的頂峰。

如果你在等待成功的機會,那你錯了。它只能帶給你失望與懊惱。如果你渴望成功,那麼去主動尋找機會吧,因為機會永遠不會光顧那些等它上門的人。

成功和機會往往就在你的眼前,去努力吧!抓住機會,抓住成功,只要你努力了,那麼成功早晚會降臨到你的頭上。

惰性讓人失去一切

所謂惰性,就是你不願意或者無法按照自己的意願進行活動的一種精神狀態,是人對生活中的一些消極情緒的反應。當一個人對著你破口大罵

時，你難道應該對之開心一笑嗎？因此，你不願放棄自己的這些不良情緒。但是，如果這些情緒會使你產生惰性，你就應當摒棄他們。

惰性的表現形式多種多樣，包括極端的懶散狀態以及輕微的猶豫不決。在日常生活中，你是否：

(1) 一生氣就不想說話、沒有感覺或不能做事？

(2) 由於羞怯而不去見你想結識的人？

(3) 因心情不好而整天悶悶不樂？

(4) 有時因事情不順連飯都不想去吃？

(5) 你的憎惡感和嫉妒心是不是使你患上潰瘍或血壓升高？是否妨礙你有效地工作？

(6) 你會不會由於一時消極情緒而無法入睡？

(7) 你是否讓自己辦公桌上的檔案越堆越高？

如果這樣，那說明你已經染上了一種惰性，並失去了你本應體驗到的一些經歷。如果你的情緒使你陷入了這種精神狀態，那你就應該立即努力擺脫這種情緒。

下面簡單列舉一些可能使你產生惰性的情況，並按其輕重程度排列如下；

(1) 不能親切地同愛人或孩子交談，儘管你希望這樣做；

(2) 不能從事自己喜愛的某個工作；

(3) 整天悶在屋裡冥思苦想；

(4) 不去打高爾夫球或網球，也不進行其他有趣的活動，因為你心情不愉快；

第二章　自發勤奮讓你更優秀

(5) 不能主動去結識一個你所喜歡的人；

(6) 避而不同某人談話，實際上你知道只要做一個很小的表示便可改善你們之間的關係；

(7) 由於焦慮而不能人睡；

(8) 由於生氣而無法保持思路清晰；

(9) 辱罵自己所愛的人；

(10) 臉部抽搐，或者由於精神過於緊張而不能按自己的意願行事。

　　克服惰性的方法之一是學會在現時中生活。請注意，這裡使用的不是「現實」而是「現時」一詞，它更加強調的是「現在」這一時間概念，現實生活是你真正生活的關鍵所在。細想一下，除了「現在」，我們永遠不能生活在任何其他時刻，你所能把握的只有現在的時光，其實未來也只不過是一種即將到來的「現在」。有一點可以肯定：在未來到來之前，你是無法生活於未來之中的。

　　我們不難想像，一個沒有什麼動力的人將會是一個什麼樣子。當你將一塊石頭放在顯微鏡下仔細觀察，你會注意到它不會有任何變化。然而，如果放上一個珊瑚蟲，就會發現珊瑚蟲在慢慢生長變化。其中的道理很簡單：珊瑚蟲是活的，石頭是死的。生命的唯一標誌是生長發展，這一標準也同樣適用於人的精神世界。如果一個人在發展，他就具有生命力；如果停止發展，他就會失去了生命力。

　　人的生活動力應當是積極向上，要求發展的迫切願望，而不應總是出於彌補不足而產生一種被動需要。只要你認識到自己應該不斷發展與進步，並不斷充實自己的生活，這就足夠了。一旦你決定讓自己陷入惰性，或產生一些不健康的情感時，那意味著你已經決定讓自己停止發展。以發

展為動力,就意味著要充分體現自己強大的生命力,讓生命煥發出應有的光彩。獲取人生最大的幸福,而不是時時想到自己的某些缺點和失誤,感到自己有必要改正與提高。

只要選擇以發展為動力,你最終一定能夠支配自己現實生活的每時每刻。有了這種支配能力,你便可以主宰自己的命運,既不會感到力不從心,也不會人云亦云,毫無主見。有了這種支配能力,你便能夠決定自己的外界環境。蕭伯納在他的──個劇本中寫道:「人們通常將自己的一切歸咎於環境,而我卻不迷信環境的作用。在這個世界上,有所作為的人總是奮力尋求他們所需要的環境;如果他們未能找到這種環境,他們也會自己創造環境⋯⋯」

如果你確實希望擺脫各種病態行為,在生活中有所作為,並作出自己的選擇,如果你確實希望精神愉快,你就必須像完成任何一項艱鉅任務一樣,對自己嚴格要求,摒棄迄今為止所養成的自我挫敗的思維方式。

要做到這一點,你必須反覆地告誡自己:你的大腦確實屬於自己,你能夠控制自己的情感,你可以做出選擇,而且只要你決定主宰自己,你就可以享受自己現在的時光。

走出萎靡不振的狀態

世間有一種最難治也是最普遍的毛病就是「萎靡不振」,「萎靡不振」往往使人完全陷於絕望的境地。

一個年輕人如果萎靡不振,那麼他的行動必然緩慢,臉上必定毫無生氣,做起事來也會弄得一塌糊塗、不可收拾。他的身體看上去就像沒有骨

第二章　自發勤奮讓你更優秀

頭一樣，渾身軟弱無力，彷彿一碰就倒，整個人看起來總是糊里糊塗、呆頭呆腦、無精打采。

年輕人一定要注意，千萬不要與那些頹廢不堪、沒有志氣的人來往。一個人一旦有了這種壞習慣，即使後來幡然悔悟，他的生活和事業也必然要受到很大的打擊。

遲疑不決、優柔寡斷無論對成功還是對人格修養都有很大的傷害。優柔寡斷的人一遇到問題往往東猜西想，左右思量，不到逼上梁山之日決不做出決定。久而久之，他就養成了遇事不能當機立斷的習慣，他也不再相信自己。由於這一習慣，他原本所具有的各種能力也會跟著退化。

──個萎靡不振、沒有主見的人，一遇到事情就習慣性的「先放在一邊」，說起話來也是吞吞吐吐、毫無力量；更為可悲的是，他不大相信自己會做成好的事業。反之，那些意志堅強的人習慣「說幹就幹」，凡事都有他的定見，並且有很強的自信心，能堅持自己的意見和信仰。如果你遇見這種人，一定會感受到他精力的充沛、處事的果斷、為人的勇敢。這種人認為自己是對的，就大聲地說出來；遇到確信應該做的事，就盡力去做。

對於世界上的任何事業來說，不肯專心、沒有決心、不願吃苦，就決不會有成功的希望。獲得成功的唯一道路就是下定決心、全力以赴地去做。

遇到事情猶豫不決、優柔寡斷，見人無精打采的人，從來無法給別人留下好的印象，也就無法獲得別人的信任和幫助。只有那些精神振奮、踏實肯幹、意志堅決、富有魄力的人，才能在他人心目中樹立起信用。不能獲得他人信任的人是無法成功的。

對於手頭的任何工作，我們都應該集中全副精神和所有力量。即使是

寫信、打雜等微不足道的小事，也應集中精力去做。與此同時，一旦作出決策，就要立刻行動；否則，一旦養成拖延的不良習慣，人的一生大概也不會有太大希望了。

世界上有很多人都埋怨自己的命不好，別人為什麼容易成功，而自己卻一點成就都沒有呢？其實，他們不知道，失敗的原因只能是他們自己，比如他們不肯在工作上集中全部心思和智力；比如做起事來，他們無精打采、萎靡不振；比如他們沒有遠大的抱負，在事業發展過程中也沒有去排除障礙的決心；比如他們沒有使全身的力量集中起來，匯成滔滔洪流。

以無精打采的精神、拖泥帶水的做事方法、隨便的態度去做事，不可能有成功的希望。只有那些意志堅定、勤勉努力、決策果斷、做事敏捷、反應迅速的人，只有為人誠懇、充滿熱忱、血氣如潮、富有思想的人，才能把自己的事業帶人成功的軌道。

我們在城市裡的街頭巷尾，經常可以看到一些到處漂泊、沒有固定住處、甚至吃了上頓沒下頓的人，他們都是生存競爭賽場上的失敗者，敗在那些有魄力、有決心的人手下。主要原因就是他們沒有堅定的主意，提不起振奮的精神，所以，他們的前途必然是一片慘淡，這又使他們失去了再度奮鬥的勇氣。如今，彷彿他們唯一的出路就是到處漂泊、四處流浪。

青年人最易感染又是最可怕的疾病就是沒有明確的目標和沒有自己的見地，就是因為這一點，他們的境況常常越來越差，甚至到了不可收拾的地步。他們苟安於平庸、無聊、枯燥、乏味的生活，得過且過的想法支配著他們的頭腦。他們從來想不到要振奮精神，拿出勇氣，奮力向前，結果淪落到自暴自棄的境地。之所以如此，都是因為他們缺乏遠大的目標和正確的思想。隨後，自暴自棄的態度竟然成為了他們的習慣。他們從此不再

有計畫、不再有目標、不再有希望，勸服他們，要他們重新做人，實在是一件萬難的事。要對一個剛從學校跨入社會、熱血沸騰、雄心勃勃的青年人指出一條正確的道路，是一件比較容易的事，但要想改變一個屢次失敗、意志消沉、精神頹廢者的命運，似乎是難上加難。對這些人來說，彷彿所有的力量都已消失殆盡，所有的希望都已全部死亡，他們的身體看上去也如同行屍走肉一般，再也沒有重新振作的精神和力量了。

其實，世界上不少失敗者的一生都沒有大的過錯，但由於本身弱點太多，懦弱而無能，結果做事情容易半途而廢，一遇挫折便不求上進。沒有堅強的意志，沒有持久的忍耐力，更沒有敢做敢為的決斷力，使他們陷於失敗的境地。這些可憐的人啊！其實，如果他們能徹底反省，再尋得一個切實的目標，立下決心，並能持之以恆，他們的前途仍是大有希望的。

立即從現在開始起步

「現在」這個詞對成功而言妙用無窮，現在就做不僅體現出行為人的充分自信，也體現了重視行動的處事原則，奉行了這一原則的人，沒有幾個是不成功的。而「明天」、「下個禮拜」、「以後」、「將來某個時候」或「有一天」，往往就是「永遠做不到」的同義詞。有很多好計畫沒有實現，只是因為應該說「我現在就去做，馬上開始」的時候，卻說「我將來有一天會開始去做」。

我們用儲蓄的例子來說明好了。人人都認為儲蓄是件好事。雖然它很好，卻不表示人人都會依據有系統的儲蓄計畫去做。許多人都想要儲蓄，但只有少數人真正做到了。

如果你時時想到「現在」，就會完成許多事情；如果常想「將來一天」或「將來什麼時候」，那就一事無成。

　　如果要走的路程有一萬步的話，一般人就都認為這段路程只是一萬步相加，然而這是錯誤的。一步一步慢慢走的人，會在心靈深處慢慢播下好種子，因此不久就會得到好的作用，不必等到一萬步，在半途中就會有好的變化。同時，若能領悟到潛能的話，就可以得到更大的力量，而提早到達目標。縱使路程看起來似乎很遙遠，走起來似乎很艱苦，可是也應該忍耐，盡量正確而明朗地懷抱著希望繼續走下去。

　　人都是很軟弱的，遇到新的問題時，總是在想「今天實在太累太苦太疲太倦了，明天再來做吧！」這種想法的人很多。把事情拖延到明天，這是不行的，因為可能明天也是做不到的，而且明天還有明天的新工作，所以這樣累積下來的工作就會越來越多了。

　　今天該做的事拖延到明天，然而明天也無法做好的人，占了大約一半以上。應該今日事今日畢，否則可能無法做大事，也不太可能成功。所以應該經常抱著「必須把握今日去做完它，一點也不可懶惰」的想法去努力才行。

　　歌德說：「把握住現在的瞬間，把你想要完成的事務或理想從現在開始做起。只有勇敢的人身上才會賦有天才、能力和魅力。因此，只要做下去就好，在做的過程當中，你的心態就會越來越成熟。能夠有開始的話，那麼，不久之後你的工作就可以順利完成了。」

　　有些人在要開始工作時會產生不高興的情緒，如果能把不高興的心情壓抑起來，心態就會愈來愈成熟。而當情況好轉時，就會認真地去做，這時候就已經沒有什麼好怕的了，而工作完成的日子也就會愈來愈近。總之

第二章　自發勤奮讓你更優秀

一句話，必須現在就馬上開始去工作才是最好的方法。

雖然只是一天的時間，也不可白白浪費。「少壯不努力，老大徒傷悲」，再後悔也是來不及了。不從今天而從明天才開始，好像也不錯，然而還是要有「就從今天開始」的精神才是最重要的。

你知道嗎，工作中失敗的唯一可能是你渴望某種成就卻不採取行動去爭取它——對於夢想，你需要採取步驟去發現、去把握、去爭取、甚至去創造。

明確了方向，確定了目標，就應該用實際行動去追求你的理想。

史東充當美國全國國際銷售執行委員會七個執行委員之一時，曾作為該會的代表走訪了亞洲和太平洋地區。在某個星期二，史東給澳洲東南部墨爾本城的一些商業工作人員做了一次鼓勵立志的談話。到下星期四的晚上，斯通接到一個電話，是一家出售金屬櫃公司的經理伊斯特打來的。伊斯特很激動地說：

「發生了一件令人吃驚的事！你會跟我現在一樣感到振奮的！」

「把這件事告訴我吧！發生了什麼事？」

「我的主要確定目標是把今年的銷售額翻一番。令人吃驚的是：我竟在 48 小時之內達到了這個目標。」

「你是怎樣達到這個目標的呢？」史東問伊斯特，「你怎樣把你的收入翻一番的呢？」

伊斯特答道：

「你在談話中講到你的業務員亞蘭在同一個街區兜售保險單失敗而又成功的故事。記得你說過：有些人可能認為這是做不到的。我相信你的話，我也做了準備。我記住你給我們的自我激勵警句：『立刻行動！』我就

去看我的卡片記錄，分析了 10 筆壞帳。我準備提前兌現這些帳，這在先前可能是一件相當棘手的事。我重複了『立即行動！』這句話達好幾次，並用積極的心態去訪問這 10 個客戶，結果做成了 8 筆大買賣。發揚積極心態的力量所做出的事是很驚人的 —— 真正驚人的！」

我們的目的與這個特殊的故事有關，你也許沒讀過關於亞蘭的故事，但是你現在就要學會從現在開始立刻行動。這聽起來很簡單，但成千上萬的人都沒能做到這一點。

鍾愛你的事業

全身心地投入到你所鍾愛的事業，激發你全部的熱情，這是成功的關鍵。

一位教授指出：我們每個人都可以是生活的藝術家。活出熱情的意義就是找出你愛做的事，然後全力以赴。不管你是否能得到金錢上的回報，你都堅持到底，這便是真實生活的最好方法。當你從事自己喜愛的事時，自然會精力充沛、信心十足。每個人都在用自己的方式活出熱情，有些人等著自然的召喚；有些人已經承擔著「大任」；有些人沒什麼熱情，只希望生活中別出現波浪起伏的事就夠了，那麼他的生命將只是一個逐漸衰退的過程；另一些人則喜歡無限的狂熱激情，當他們完成一個目標時，覺得自己全身都被熱情進裂了。

就像快樂生活有多種方式的一樣，活出自己的熱情也可以從不同的方法開始，激發自己的熱情與興趣是你一生的工作。

無論你的目標是什麼，你喜歡的事物會使你全神貫注熱情投入。你的

第二章　自發勤奮讓你更優秀

熱情會如流水般擴散出去。當你全神貫注在自己的興趣上時，你會忘記周圍的一切，沉浸在幻境中。等工作完成時，你會感到心靈的寧靜與安詳。當你專注於工作時就像是在冥想一樣，你忘了自己是誰，關於所做的事的創意會像潮水般四處湧來。為什麼不是每個人都能活出熱情來呢？為什麼許多人活在半夢半醒之中，總是埋怨著生活的無趣？這是因為有兩個主要因素在作怪：一是人們並不知道擁有熱情是非常重要的；另一項是人們不會因為熱情而受到讚美和鼓勵。結果許多人都不知道他們真正的熱情所在。

在尋找自己的興趣之前，我們首先需要知道發揮熱情的重要性，否則就難以堅持到底。如果不培養自己勝人一籌的能力，你的生活就會充滿挫折，你永遠也不會感到激動和歡樂。那些一味追求金錢和地位的人永遠也不可能使自己心平氣和，他們是永遠無法滿足的人。一旦他們實現了目標就會發現其中的空虛，因此便努力向更高處爬，去獲取更多的金錢。當人們對自己的工作並不真正感興趣的時候，他們會變得野心勃勃。野心是一種偽裝的動機，它假裝有熱情在其中。一些人將力量放在控制別人身上，便是因為他們沒有做自己最感興趣的事，所以試著找些替代品來自我滿足。你可以輕易地分出野心與熱情的區別，只要你問他這個工作沒有金錢的回報他還做不做就可以了。如果對一項工作有熱情自然會全力以赴，不管是否有回報。

追求熱情使人變得善良並且更富有愛心。

當你做你願意做的事情時，你會感覺自己更高尚，更仁慈，很少產生憎恨和嫉妒心理。當你憎恨少一些時，你會更加關心別人。想想那些工作中忙忙碌碌的人們，那些年復一年做著同樣的事而不願去冒險的人們，想想那些總在貶損別人、總在挑剔、總在憎恨別人的人們，他們從來沒有嘗

鍾愛你的事業

試過做自己真正想做的事的愜意滋味。

當你感覺到關心別人和更積極主動地看待人生時,你的人際關係也上升了一個層次。當你熱情奔放時,你會更具有吸引力,別人因此也願意和你相處。你的熱情使你擁有高貴的品格和精神,這會感染同類型的人——你們就會有更多可談的話題,而不至於相識無語或話不投機。

當你覺得心力交瘁時,追隨熱情能使你頭腦保持清醒、神智清晰。當我們生病或做錯事時,我們都有一段難熬的時光。萊格曾經說過:「生命中所有最大與最困難的問題,其實基本上都是解決不了的。而有些人在苦悶當中能保持相當的樂觀,並不是他們解決了問題,而是他們找到更強的、更新的生命目的,來取代了那種苦悶。」

在艱難中,你更需要發揮你的熱情,建立一個與你有共鳴的人際群體。你最要好的朋友應當能和你一起在關懷中工作。當你計劃中的會議完成,問題解決完之後,大家一起坐下來閒聊或談笑著剛剛發生的錯誤,彼此都覺得更加親近。

跟著熱情走對你的健康也非常有利。因為積極主動的情緒能使你的身體和精神都保持最佳狀態。這不是你看了一場好電影或球賽之後興之所至的膚淺樂趣,而是一種深深的來自你所關心的人們的樂趣。活出你的熱情,保持創造性,發現人生真諦。

發揮熱情能帶給你真正的自信。因為當你的注意力於你所熱愛的事情,而不是專注於你的形象,你就會產生自信。你失去了自我意識,不再擔憂你的印象如何,而是熱衷於表達你的熱情。我們都看過指揮家指揮一個樂隊,他們的頭髮零亂,隨著音樂來回起伏。但是有誰會留意這些呢?他們生命的激情正在音符上流動、跳躍。

第二章　自發勤奮讓你更優秀

為什麼我們不能如此呢？當我們以全身心地投入到我們所鍾愛的事業時，我們身上所出發出來的熱情會迷倒一切人。

其實在這裡，我只想給在未來10年裡的成功的人們一個忠告：鍾愛你的事業，讓你的熱情燃燒起來！

決斷是力量中的力量

一個人易犯的大錯，就是怕犯錯。希望做到至善至美的人，特別懼怕犯錯；他從沒犯過錯，一切事情都做得很完善，如果他對不起這幅完善的圖畫，強勁的自我就會被擊得粉碎，因此，他認為做決定是生死攸關的事情。

這種人有兩個「方法」。一個方法是：盡量不要做太多的決定，而且盡量拖延決定。另一個方法是：找一個現成的代罪羔羊。使用第二種方法的人會倉促地做決定，但他所做的決定大都不成熟，而且一定會半途而廢。這種人所做的決定不會帶給他困擾，因為他是完美的，任何情況下他都不會出紕漏，因此，何必考慮事實與結果？只要自己相信那是別人的錯。要是他的決定出了錯，他還是能同樣保有他原來的假想。

顯而易見，這兩種類型的人都錯了。第一種類型的人根本做不了事情，因為他一點行動也沒有。第二種類型的人時常在衝動與考慮欠周的行動之間自尋麻煩。總而言之，採用「猶豫不決」的方法是毀滅自我的原凶。

該作決定的時候怎麼辦？要決定的事，簡單的如今天該穿什麼衣服，到哪兒吃午飯。慎重的，譬如要不要辭職等，你是不是既作了決定，就按部就班接著下去？還是過分擔憂會有什麼後果？

決斷是力量中的力量

由於恐懼自主，恐懼批評，恐懼改變，遲遲不能決定，而愈是猶豫就愈恐懼。人產生猶豫的緣故十之八九是因為有某種恐懼感。

因為怕別人笑，最最單純的事也可以反覆思索數小時。能買那條紅色的床罩嗎？下班後要不要去喝一杯？請人家吃飯該做牛肉還是茄子？要是做了牛肉，絕不會說我小氣。茄子好像太小家子氣，而且……

再者是恐懼別人把你定型為某一類的人。這種情形大致算是一種自我封閉的恐懼：自以為決定做一件事就表示其他的事你都不能做，一輩子只限於一個範圍之內。例如，體育好的頭腦，也可能語文好或數學好，不可能兩者都好；或不可能同時喜歡古典音樂和搖滾樂。

頭腦好有才氣的人多半有這種困擾。如有位書讀得不錯的女孩，不知道該學醫還是學聲樂。為了考慮好，就暫時做些雜工作，一做就是 5 年，仍決定不了。最後還是讀了醫，但是，白白浪費了 5 年時間，如果早點讀醫或學聲樂，都該有點規模了。

恐懼、後悔、效率差都和缺乏決斷力有連帶關係。先耗了時間和精神去想該不該去這麼做，又要耗時間和精神去想要不要那樣做，心情整日被這些事壓得沉重了，人也變得鬱悶無趣。可能因為拿不定主意而愛聽別人的意見，依賴別人，久而久之，覺得別人都在找你的彆扭，隨時等著挑你的毛病，以至於仇視他人。

主意不定，對於一個人品格的鍛鍊，是致命的打擊。有這種弱點的人，從來不會是有毅力的人。這種弱點，可以破壞一個人對自己的信賴，可以破壞他的判斷力，並有害於他的精神能力。

要成就事業，必須學會成竹在胸，使你的正確決斷，堅定、穩固得像山岳一樣。情感意氣的波浪不能震盪它，別人的反對意見以及種種外界的

093

第二章　自發勤奮讓你更優秀

侵襲,都不能打動它。

敏捷、堅毅、決斷的力量,是一切力量中的力量。假使你一生沒有養成敏捷堅毅的決斷的能力,那你的一生,將如一葉漂盪海中的孤舟。你的生命之舟,將永遠漂泊,永遠不能靠岸;你的生命之舟,將時時刻刻,都在暴風猛浪的襲擊中。

決心的價值取決於下定決心所需的勇氣,而決定重大的決策,往往要背負著生死存亡的風險,才做得成最後的決定。

第三章
懷著忠誠的心去工作

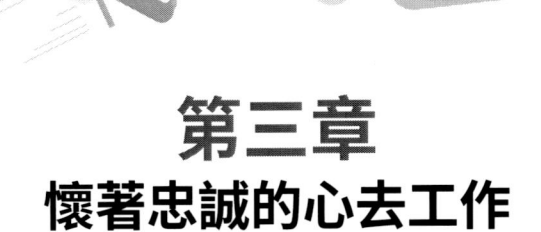

忠誠是團隊持續發展的動力。每個成員都要對團隊忠誠,為團隊做出貢獻,這樣的團隊力量是強大的,是不可戰勝的。也只有忠誠於團隊的員工,才是一個好員工。

第三章　懷著忠誠的心去工作

團隊的力量來自忠誠

一天，一頭北極熊向狼的洞穴發動了進攻，這頭北極熊可能是因為餓了想要吃狼的幼崽，也有可能是想占領洞穴過冬。在和北極熊戰鬥的時候，群狼前仆後繼，奮不顧身，真正地表現出猛獸的精神。對它們在戰鬥中所表現出的進攻精神和獻身精神，怎麼形容都不過分。經過大約20多分鐘的艱苦較量，這位熊大叔猜想到自己不是對手，僵持下去對自己不會有任何好處，於是棄戰而去。

這就是狼的忠誠！

細細體會一下狼的這種特性，我們就可以意識到，群體忠誠是一種多麼優秀的特質！在最困難的時候，正是這種精神使得團隊保存了下來。

今天的企業界已經達成一種共識：團隊精神是各企業成長、發展的核心，一個一流的企業，不但要求有完美的個人，更要有完美的團隊。只有無數的個人精神，凝聚成一種團隊精神，企業才能興旺發達，永遠傲視群雄。團隊精神的核心——協同合作；團隊精神的境界——凝聚力；團隊精神的基礎——揮灑個性。團隊精神是看不見的堡壘；團隊精神就是企業中各員工之間互相溝通、交流，真誠合作，為實現企業的整體目標而奮鬥的精神。團隊意識是同心合力、團結共進、群策群力、眾志成城。

一個優秀團隊應該是一個有機整體，它們有著一個共同的目標，並為這個目標努力奮鬥。其成員之間的行為相互依存，相互影響，相互促進，並且能很好合作，追求團隊的成功。團隊中的每個成員都要習慣改變以適應環境不斷發展變化的要求。俗話說：「人心齊，泰山移」，「團結就是力量」。團隊精神可以使團隊永保青春活力，煥發青春光彩，不斷創新，積

極進取。

忠誠是一個團隊持續發展的動力。中國人自古以來便信奉「德才兼備，以德為先」的道理，而最大的德則莫過於「忠誠」。忠誠是我們的做人之本，忠誠而不媚俗，忠誠於自己的公司，忠誠於自己的老闆，跟公司的同事和老闆和睦相處，與公司同舟共濟、榮辱與共，全心全意為公司工作，把公司當成自己的公司，公司成功了、發展了，你自然也就贏得了成功。

如果一個團隊中，每一個人都優秀到了無可替代的地步，那麼，這個團隊就是世界最優秀的團隊了。

在一個企業中，如果每一個員工都優秀到了無可替代的地步，那麼，這個企業不想做世界第一流企業都難。

科學家曾經做過一個實驗，發現當雁群成倒「V」字形飛行時，要比孤雁單飛節省70%的力氣，相對地也就等於增加了70%的飛行距離。雁群的確夠聰明，它們選擇擁有相同目標的夥伴同行，這樣可彼此互動，更快速、更容易地到達目的地。一個團隊就應該像步調一致的雁群一樣，齊心協力，互幫互助，並在心中產生一種力量，激勵自己前進，一起飛向燦爛美好的明天。

通常情況下，成千上萬的螞蟻聚居在一個蟻穴裡，過著有組織的群居生活，從而形成一個高度秩序化、分工精細的螞蟻社會。這一點和人類的文明最為接近。

螞蟻社會，如同進步的人類社會，對於獲取食物的主要方法都已非常精通。它們把工作分成若干等級，每個等級的螞蟻只做一樣工作，如採集、看護、建設、作戰、儲糧和生育等。分工使螞蟻進行某種特定工作的

第三章　懷著忠誠的心去工作

能力大為增長。人類的體型和器官都差不多，螞蟻則不然，不同等級的螞蟻會長得完全不同。兵蟻的體型比其他螞蟻大，有巨大的螯合口器，可以把來犯的敵人撕得粉碎。蟻后的任務是繁殖，它的腹部要比別的螞蟻大許多倍，那樣才能容納大量蟻卵。還有一種專門藏蜜的螞蟻，腹部能夠鼓脹，好讓工蟻把蜜灌到裡面，以備日後食用。

每個這樣專業化的螞蟻，做它相應等級應做的工作。沒有一個獨居的雌性昆蟲能像三個分工合作的專業螞蟻那樣有效地產卵、護卵並儲糧。不過，集體之所得也是個體之所失。有些兵蟻因為戰鬥器官過於發達，自己不能吃東西，必須依靠工蟻把養分注入它們嘴裡。專司繁殖的蟻后，無法照顧自己，有些品種的蟻后幾乎不會動，要靠工蟻抬著它移動。蜜鍋蟻就是為了團體的利益而放棄了行動自由。除了蟻后，所有螞蟻都沒有生殖能力，看護蟻一天能給小蟻準備幾萬頓飯，可是它本身不能生育一個兒女。它終身勞碌奔波，卻注定了不能傳宗接代，這樣的分工使螞蟻不能不過群居生活，一隻離群螞蟻最多只能生存幾天。

由於把許多具有專長的個體集合成群體，群居昆蟲就能完成傳宗接代的三種基本工作：繁殖、飼育、自衛，這使得它們成為地球上數量最大、分布最廣的生物種群之一。

企業也是如此。在現代的企業競爭環境中，我們根本就不可能只憑個人力量來提升企業的競爭力，而團隊力量的發揮已成為贏得競爭勝利的必要條件，競爭的優勢就在於你比別人更能發揮團隊的整體力量。一個優秀的團隊，可以把企業帶到永續經營的至高境界；一個優秀團隊，可以更好地達到企業的經營和品質方針的目標；一個優秀的團隊，是企業戰無不勝、走向成功的關鍵因素。

團隊的力量來自忠誠

　　天龍公司就是一個講究團隊合作的電腦銷售代理公司,總經理齊先生是這家公司負責人,也是這個團隊的最高協調人。在這個團隊中,每一名員工都有著明確的分工。例如,銷售經理負責公司銷售業務的發展,商務經理負責與分公司協調,同時,也負責與各地代理商之間的合作;客戶經理則負責完成客戶服務方面的工作。而齊先生本人的工作是走訪客戶,了解客戶對產品的需求和看法,以及作為總協調人,協調團體內部的溝通和最終決策。由於公司內各個團隊之間的行動配合默契,在公司上下逐漸形成了嚴謹的工作作風,工作效率因此提高很快。每天下班後,每個小團隊之間的成員總是要集體開一個討論會,討論當天的工作,制定新的策略計劃,分配第二天的工作任務,並加深互相了解,使每個成員都清楚各個部門的合作狀況。現在的天龍公司因為團隊合作精神,已成為同行業中的佼佼者,員工的收入自然也是最高的。

　　一個企業就是一個團隊,企業需要團結,需要團隊成員之間相互配合、忠誠和奉獻。一個團隊有完整而長遠的策略規劃和發展方向,而團隊的各個部分、各個成員都要圍繞這個整體的策略和發展方向,互相配合,並在需要時做出某些個人利益上的犧牲。每個成員都要對團隊忠誠,為團隊做出貢獻,這樣的團隊力量是強大的,是不可戰勝的。也只有忠誠於團隊的員工,才是一個好員工。

　　團結就是力量,這是一條永不過時的真理。誰不重視團隊的力量,誰就將在一意孤行中敗下陣來,甚至身敗名裂。任何一名員工,都應該以團隊為重,都應該重視和熱愛自己所屬的團隊。要想成為一個優秀的員工,就應該團結一致,把自己融入企業中。只有每一員工把自己融入企業中,才會發揮最大的力量。

第三章　懷著忠誠的心去工作

不可缺少的團隊合作精神

一個重視合作精神的企業才有可能在激烈的市場競爭中立於不敗之地。對於今天的企業而言，員工是否具有團隊意識，直接關係到企業的生存和發展。

一個忠誠於企業的員工，要想使自己的職業生涯一帆風順，就要培養自己與同事、下屬、上司之間和諧的合作關係，這將成為衡量你優秀與否的一項重要標準。

作為一個企業中的員工，每天上班與之打交道最多的理所當然是其所在的團隊，而不是龐大的企業整體。相對於整個企業來說，團隊內員工的技能互補性更強，任務的完成更需要彼此之間的密切合作。因此，員工在團隊內的重要性更為明顯，其團隊意識也就更強烈；所以一個優秀的員工，首先是一個善於交流溝通，懂得合作的員工。

無論是哪一個企業，在應徵員工時，都把能否「崇尚團隊合作」當作一個重要的衡量指標。不能與同事友好合作，沒有團隊意識的人，即使有很好的能力，也難以把自己的優勢在工作中淋漓盡致地發揮出來，不但難以引起老闆的關注，也難以在職場立足。所以，要想成為一個好員工，就必須有合作的意識，要像「狼」那樣忠誠於團隊才能成為最優秀的員工。

加拿大多倫多市一家有影響的公司應徵中層管理人員，9 名優秀應徵者經過初試，從上百人中脫穎而出，闖進了由公司老闆親自把關的複試。

老闆看過這 9 個人詳細的資料和初試成績後，相當滿意。但是，此次應徵最後只能錄取 3 個人，所以，老闆給大家出了最後一道題。老闆把這 9 個人隨機分成一、二、三組，指定第一組的 3 個人去調查本市婦女用品

不可缺少的團隊合作精神

市場，第二組的 3 個人調查嬰兒用品市場，第三組的 3 個人調查老年人用品市場。

老闆解釋說：「我們錄取的人是用來開發市場的，所以，你們必須對市場有敏銳的觀察力；讓大家調查這些行業，是想看看大家對一個新行業的適應能力。每個小組的成員務必全力以赴！不過，為避免大家盲目開展調查，我已經叫祕書準備了一份相關行業的資料，走的時候你們帶回去。」

第三天，9 個人都把自己的市場分析報告送到了老闆那裡。老闆看完後，站起身來，走向第三組的 3 個人，與他們一一握手，並說道：「你們 3 位已經被本公司錄取了！」然後，老闆看著大家疑惑的表情，解釋道：「請大家打開我叫祕書給你們的資料，互相看看。」

原來，每個人得到的資料都不一樣，第一組的 3 個人得到的分別是本市婦女用品市場過去、現在和將來的分析，其他兩組的也類似。

老闆說：「第三組的 3 個人，互相借用了對方的資料，補全了自己的分析報告。而第一、第二兩組的 6 個人卻拋開隊友，分別行事，自己做自己的。我出這樣一個題目，其實最主要的目的，是想看看大家的團隊合作意識。前兩個小組失敗的原因在於，他們沒有合作，忽視了隊友的存在！要知道，團隊合作精神才是現代企業成功的保障！」

所謂「三個臭皮匠，頂個諸葛亮」。個人的力量畢竟是渺小的，沒有整個團隊的共同努力，個人就很難取得成功。在工作中，只有齊心協力，眾志成城，才能戰勝許多困難，獲得最大的成功。

如今的企業，比起以往的任何時候都需要團隊合作精神，資源共享、信息共享才能夠創造出高品質的產品、高品質的服務。特別是團隊成員之

第三章　懷著忠誠的心去工作

間,每一個成員都具有自己獨特的一面,取長補短,互相合作所產生的合力,要大於兩個成員之間的力量總和,這就是「1＋1>2」的道理。只有重視合作精神的企業才有可能在激烈的市場競爭中立於不敗之地。對於今天的企業而言,員工是否具有團隊意識,直接關係到企業的生存和發展。

同樣的道理,在工作中,只有大家同心協力地發揮團隊的力量,才能使大家共同進步,個人也才能發揮最大的力量以實現自己的理想和抱負。正如一位成功學家所言:「這個世界是瞎子背跛子共同前進的時代。」

對生存在團隊環境中的職業人而言,一個人的成功不是真正的成功,團隊的成功才是最大的成功。個人主義在職場上是根本行不通的,作為職場中的個體,你可能會憑藉自己的才能取得一定的成績,但你絕不會取得更大的成功。而如果你能善於合作,把自己融入整個團隊當中,依靠集體的力量,你就能把自己所不能完成的工作任務解決好,老闆也會因此對你另眼相看,從而提拔你。所以,一個人在工作中最明智且能成為搶手的人的捷徑,就是善於同別人合作。

胡兵和呂達都在一家 IT 公司任程式設計員職位。一次,老闆讓他倆共同完成一個新的軟體程式的設計工作,並告訴他倆,為了加快工作進度,同時安排另外兩人為一組,也進行這個程式的設計。

接到任務後,胡兵和呂達不是立即埋頭工作,而是在一起相互交流自己的想法,並交換各自手中掌握的一些資料,還詳細討論了一些具體工作的細節。一個月後,他們的程式設計便完成了。老闆對他倆的合作十分滿意,便同時提拔他倆到不同的部門擔任了主管。

而另一組呢,他們的設計還沒有眉目。老闆只好暫停了他們手頭的工作,讓他們從普通人員重新做起。做同一件事,兩組人之所以有不同的結

果,就是因為胡兵那一組善於交流、溝通,而另一組接受任務後,兩人互不「交流」,便自顧自地埋頭苦幹起來。由於沒有進行有效的溝通,他們有時重複著相同的工作,或在工作中犯了相同的錯誤,以至於胡兵他們出色地完成任務時,而另一組還在摸索階段。

因此,在工作中,千萬不要忽略了與同事溝通、交流,正如安東尼‧羅賓(Anthony Robbins)所說:「溝通是一門藝術。你不擁有這項基本技巧,就不可能獲得事業上的成功,這項基本技巧就是溝通能力。」

對一個優秀的員工來說,要想使自己的職業生涯一帆風順,就要培養自己與同事、下屬、上司之間和諧的合作關係,這將成為衡量他優秀與否的一項重要標準。

去過寺廟的人都知道,一進廟門,首先看到的是紅光滿面、笑容可掬的彌勒佛,給遊客一種輕鬆舒暢的感覺,而在他背後則是臉如黑炭、面無表情的韋陀。相傳在很久以前,他們並不在同一個寺廟裡,而是分別掌管不同的寺廟。彌勒佛整天樂呵呵的,所以來的人非常多,但他什麼都不在乎,丟三落四,不會理財,所以依然入不敷出。而韋陀雖然管帳是一把好手,但整天陰著個臉,像所有的人都「欠了他的穀子還了他糠」似的,搞得人越來越少,最後香火斷絕。佛祖在查香火的時候發現了這個問題,就將他倆放在同一個廟裡,由彌勒佛負責公關,笑迎八方客;而鐵面無私、錙銖必較的韋陀則負責財務,一絲不苟。於是在兩人的分工合作下,廟裡香火大旺,一派欣欣向榮的景象。

所以在職場,也要學會合作,充分發揮每個人的長處,互相取長補短,資源共享,形成合力,才能取得「1＋1>2」的效果。

每個人都有缺點,也有長處和優點。正確的心態應該是利用別人的優

第三章　懷著忠誠的心去工作

點，改進自己的缺點，擴大自己的視野。正如一位偉大的企業家說：「看人應該看到他的優點，盡量發掘他人的優點。當然，發現了缺點之後，也應該馬上糾正，以七分精力去發掘優點，用三分心思去挑剔缺點。」

合作是聰明人交叉激勵的方法，一個企業有沒有發展的動力，就要看他的員工有沒有團隊精神和合作能力。

以團隊利益為重

客誠的員工往往知道自己在團從中的位置和角色，具有「舍小利益，顧全大局」的全域性思想，在工作過程中處處以團隊利益為重，為了企業的長遠發展總是加倍付出和奉獻。

「以團隊利益為重」的精神，是員工忠誠品格的一種集中體現。在世界知名企業的企業文化中，普遍強調：一名忠誠的員工，必須要能捨棄個人的私念，個人的小利益服從於團隊和企業的大利益，以團隊的利益為重，以企業的長遠發展為己任。多數企業認為，員工只有具備了這種「以團隊利益為重」的品格時，才能有效地融入團隊，始終忠於團隊，以使團隊的效力發揮至極致，從而促進企業的持續發展。

實際上，個人利益與團隊利益從根本上說是一致的：一方面，個人利益是團隊利益的基礎，沒有個人利益的實現，就沒有員工個人對團隊利益的忠誠維護；另一方面，團隊利益是滿足個人利益的保障和前提，是個人利益的集中表現。

因此，作為一名忠誠的員工，你需要認清自己在團隊中的位置和角色，當個人利益與團隊利益、企業利益發生衝突時，你應毫不猶豫地放棄

自己的利益,以團隊及企業的利益為重。與此同時,企業一定會發現你的忠心,並更加深入地發現、了解你的能力和潛力,也會同樣用忠誠來回報你——為你提供提升自我的各種機會以及優厚的待遇,使你能夠更加迅速地成長起來,早日在事業上有所成就。

微軟公司的高級工程師麥克爾,在微軟與金瑞德公司的一次市場爭奪戰中,就曾經歷了一次面對「個人利益與團隊利益發生衝突」的嚴峻考驗。

金瑞德公司根據市場需求,經過潛心研製,推出了一套旨在為那些不能使用電子表格的客戶提供幫助的「先驅」軟體。這是一個巨大的市場空白。毫無疑問,如果金瑞德公司成功,那麼微軟不僅白白讓出一塊陣地,而且還有其他陣地被占領的危險。

面對這種情況,微軟面臨的形勢十分嚴峻,為了擊敗對手,微軟迅速作出了反應。比爾・蓋茲在經過反覆的衡量之後,決定由年輕的工程師麥克爾掛帥組建一個技術突破瓶頸小組,盡快開發出世界上最高速的電子表格軟體,以趕在金瑞德公司之前占領市場的大部分資源。

作為這次開發專案的負責人,麥克爾深知自己肩上擔子的分量,因此他和程式設計師們加班加點、拚盡全力地忘我工作。

然而,就在「卓越」電子表格軟體初見雛形的時候,蘋果公司正式推出了首臺個人電腦。這臺被命名為「麥金塔」的陌生來客,是以獨有的圖形「視窗」為使用者介面的個人電腦。比爾・蓋茲聞風而動,立即制定相應的對策:經過再三考慮,他正式通知麥克爾放棄「卓越」軟體的開發,轉向為蘋果公司「麥金塔」開發同樣的軟體。

麥克爾得知這一消息後,百思不得其解,他急匆匆地衝進比爾・蓋茲的辦公室:「我真不明白你的決定!我們沒日沒夜地幹,為的是什麼?金

第三章　懷著忠誠的心去工作

瑞德是在軟體開發上打敗我們的！微軟只能在這裡奪回失去的一切！」

比爾・蓋茲耐心地向他解釋事情的緣由：「從長遠來看，『麥金塔』代表了電腦的未來，它是目前最好的使用者介面電腦，只有它才能夠充分發揮我們『卓越』的功能，這是 IDM 個人電腦不能比擬的。從大局著眼，先在『麥金塔』上取得成功和經驗，正是為了微軟今後的發展。」

看到自己負責開發研究的專案半路夭亡，麥克爾不顧比爾・蓋茲的解釋，惱火地嚷道：「這是對我的侮辱，我決不接受！」

年輕氣盛的麥克爾在一氣之下向公司遞交了辭呈。無論比爾・蓋茲怎麼挽留，他也毫不鬆口。不過設計師的職業道德驅使著他盡心盡力地做完善後工作：將已設計好的部分程式向「麥金塔」電腦移植，並將如何操作「卓越」製作成了錄影帶。之後，麥克爾便悄悄地離開了微軟。

愛才如命的比爾・蓋茲，在聽說麥克爾離開微軟後，在第一時間裡立即動身親自到他家中做挽留工作，麥克爾欲言又止，始終不肯痛快答應。蓋茲只好懷著矛盾的心情離開了麥克爾的家。麥克爾雖然嘴上說不回微軟，但他的內心是十分留戀微軟的。第二天，當麥克爾出現在微軟大門時，緊張的比爾・蓋茲才算徹底鬆了一口氣：「上帝，你可總算回來了！」感激之情溢於言表的麥克爾緊緊擁抱住了早已等候在門前的比爾・蓋茲。

此後，麥克爾專心致志地繼續「卓越」軟體的收尾工作，還為這套軟體加進了一個非常實用的功能 —— 模擬顯示，比其他同行領先了一步。

然而，微軟公司的競爭對手 —— 金瑞德公司也絕非無能之輩，它們也意識到了「麥金塔」的重要意義，也為它開發名為「天使」的專用軟體，而這才是最讓蓋茲擔心的事情。

於是，微軟決心加快「卓越」的研製步伐，搶在「天使」之前，成功推

出「卓越」系列產品。半個月後,「卓越」正式研製成功,這一產品在多方面都遠遠超越了「天使」軟體,而且功能更加齊全,效果也更完美。產品一經問世,立即獲得巨大的成功,各地的銷售商紛紛上門訂貨,一時間出現了供不應求的局面。

此後,蘋果公司的「麥金塔」電腦開始大量配置「卓越」軟體。許多人把這次聯姻看成是「天作之合」。而金瑞德公司的「天使」比「卓越」幾乎慢了3周,這3周就決定了兩個企業不同的命運——隨後的市場調查報告表明:「卓越」的市場占有率遠遠超過了「天使」。

透過這件事,麥克爾更加敬佩比爾‧蓋茲的為人和他天才的創造力和高瞻遠矚的眼光;而比爾‧蓋茲也為擁有麥克爾這樣優秀而又忠誠的員工感到自豪和驕傲,在後來的工作中更加器重和信任他。

在這個著名的案例中,忠於職責、忠於團隊、忠於企業的麥克爾和比爾‧蓋茲,都是由於正確地處理了小利益與大利益的關係,才使開發專案順利進行,以至搶占了先機,最終打敗競爭對手,使團隊利益和企業發展得以充分地實現;而麥克爾和比爾‧蓋茲個人也因此獲得了榮譽、成就和個人人生價值的實現。

員工的素養培養一直是企業發展的重中之重,員工的忠誠度和團隊精神,都是企業文化的內涵,也是企業制度的要求,以及形成企業凝聚力的根本。所以,對於企業中所有的員工來說,最高目標應該是企業的利益、團隊的利益,而不是個人的利益。

團結就是力量,員工的團隊精神是做好一切工作的根本保障。因此,作為員工,一定要具有「捨小利益,顧全大局」的思想,充分發揮自己忠誠的品格,處處以企業利益為重,在工作中加倍付出和奉獻。

第三章　懷著忠誠的心去工作

忠誠為你贏得榮譽

榮譽來自忠誠,當一個人聽從內心職責的召喚並付諸行動時,才會發揮出他自己最大的效率,而且也能更迅速、更容易地獲得成功。

忠誠是人類崇高的美德之一。它推動了人類一次又一次前進步伐。因此忠誠的人,得到人們的尊重和衷心的喜愛。忠誠是一種特質,能帶來自我滿足、自我尊重,是一天二十四小時都伴隨我們的精神力量。忠誠是一種信仰,它可以引導無形的自我,在不斷地付出中獲得財富、名聲和榮譽。

在美國西點軍校,榮譽教育始終處於首要位置。西點人將榮譽看得至高無上。在西點,要求每一位學員都必須了解所有的軍隊、徽章、肩章、獎章的樣式和彼此之間的區別,記住它們代表的是何種意義和獎勵,同時還必須記住皮革等軍用物資的定義,甚至西點會議廳有多少盞燈,校園蓄水池的蓄水量有多大等諸如此類的內容。這樣的訓練和要求,目的就是要在無形中培養學員的這種榮譽感。這種方法似乎很值得企業去借鑑,因為作為一個企業的員工必須對自己的工作、對自己所效力的企業有一個全面清楚的了解。

軍人視榮譽為生命,為榮譽而打拚而戰鬥,並由此煥發出高昂的鬥志與熱情。作為一名員工,當你不再僅僅為金錢,也為榮譽而工作時,其內心的感受和你的行動都將會產生巨大的變化。有沒有榮譽感,榮譽感的大小,直接決定了工作的執行效果和最終結果。努力工作,忠誠於企業,在捍衛企業榮譽的同時,也樹立了你自己的榮譽。你會受到人們的尊敬,人們會把最高的榮譽給你。下面這個故事正說明了這個道理。

忠誠為你贏得榮譽

在日本,有一項極高的榮譽——「終生成就獎」,是許多社會菁英終生夢寐以求的獎項,有無數的博學俊彥,一輩子努力的最大目標,就是為了能夠獲得這項大獎。

有一年,「終生成就獎」在全國殷切的矚目當中,頒給了一個極為平凡的人物,他的名字叫做清水龜之助。

清水龜之助是一名郵差,他每天的工作,就是將各式各樣的郵件,分送到每一個家庭。這樣的工作平淡無奇,比起許多從事對於人類生活及生命改善,有著深入研究的學者專家們,清水龜之助的工作,真可說是微不足道。

而清水龜之助之所以獲得「終生成就獎」,主要的原因在於,他從事郵差工作前後25年的這一段期間內,從未有過請假、遲到、早退等任何缺勤狀況。

在25年當中,清水龜之助的工作態度,始終和他第一天到職時的做法一致。不管狂風暴雨、天寒地凍,甚至在數次日本大地震災難當中,清水龜之助總是能夠準確及時地將信件交到收件人的手上。

是什麼樣的力量,讓清水龜之助得以不屈不撓、持之以恆地將一件極為平凡的工作,變成無比的成就?我們從清水龜之助受獎時的感言中,可以看出一些端倪。

他在得獎感言中用極簡單的陳述告訴了所有人:他之所以能夠25年如一日地做好郵差的工作,主要是他喜歡看到人們收到遠方親友的來信時,臉上那種喜悅無比的表情。

清水龜之助說:「只要一想起那種令他感動的神情,即使再惡劣的天氣、再危險的狀況,也無法阻止我一定要將信件送達的強大決心。」這正

第三章　懷著忠誠的心去工作

是清水龜之助完成這項偉大成就的真正動力。

世上郵差成千上萬，對於大多數人來說，它只是「一份工作」；對於少數人來說，它可能是一個讓人喜歡的職業；但對於像清水龜之助這樣的人來說，送信是一件使命，更是一種榮譽，這種榮譽，來自於對工作的責任感。

商場如戰場，企業就如同一個部隊。人們喜歡從自身所在的組織獲得榮譽感，而榮譽感正是從公司的發展、規模、利潤、領導者、產品、服務等方面獲得的。要在商場上取得勝利，要讓企業生存下去，就需要每一個員工來捍衛企業的榮譽。

榮譽感和自豪感是一個團隊戰鬥力的真正來源，一個沒有榮譽感的團隊是一支沒有希望的團隊，一個沒有榮譽感的員工也不會成為一名優秀的員工。榮譽感是團隊的靈魂，對企業的意義非比尋常。

如果一個員工對自己的工作有足夠的榮譽感，對自己的工作引以為榮，對自己的公司引以為榮，他必定會煥發出無比的工作熱情。每一個企業都應該對自己的員工進行榮譽感教育，每一個員工都應該喚起對自己的職位和公司的榮譽感。

曾經讀到過這樣一個故事，說一個工人在飯店吃飯時，聽到旁邊的人在議論他所在的公司，說三道四。為此他很生氣，站起來和那些人理論，直到爭得臉紅脖子粗，最後動起手來。身單力薄的他自然不是那些人的對手，最後被打傷後送到醫院。其所在公司經理知道後非常生氣，要對他在外打架這件事進行處理。老闆得知事情的原委後，對經理說：「這樣的員工不但不能處罰，反而應該給予獎賞，他打架固然不對，可是在公司中又有幾人像他這樣為維護公司的榮譽而戰呢？你不覺得他這樣做應該表揚嗎？」

講這個故事的目的當然不是讓我們學這位員工以打架的方式去解決爭端，但是他熱愛企業，努力維護公司榮譽的精神確實是值得我們學習的。只有最優秀的企業，才有存在的價值；只有服務於社會，才會獲得社會給予的榮譽。榮譽來自於忠誠，就是在平凡的工作職位上做出最出色的成績，讓企業優秀起來，讓企業更好地為社會服務。

　　只有服務於社會，才能獲得社會給予的榮譽。為榮譽而工作，我們不再將工作僅僅看做一種謀生的工具，看做被動無奈地從事某種職業，賺一點辛苦錢，我們將滿懷激情地過一種負責盡職的生活，在自己的工作中找到樂趣與幸福。

　　為榮譽而工作，是我們精神世界的最高境界。當我們達到這一境界時，我們每天上班就不會感到只是為老闆打工而變得無精打采，會感到在過一種自己選擇的生活而情緒飽滿；我們生產一個產品時不會感到這與我無關而敷衍了事，會感到將一個產品做得最好是自己的責任、智慧、才能和毅力的見證，從而全心全意地投入。

　　如果一個員工對自己的工作有足夠的榮譽感，對自己的工作引以為榮，對自己的公司引以為榮，他必定會煥發工作熱情。在爭取榮譽、創造榮譽、捍衛榮譽、保持榮譽的過程中，我們個人也不知不覺地融入集體之中，獲得了更好的發展。

　　西點軍校的《榮譽準則》：「每個學員不說謊、欺騙或者偷竊，也絕不容許其他人這樣做。」西點軍校賦予西點人的榮譽意識，讓西點人在任何一個團隊中都大受歡迎。正是榮譽感，讓西點人與那些沒有做出什麼成績的人迅速區別開來。

　　如果一個員工沒有這種榮譽感，即便有千萬種規章制度或要求強行他

第三章　懷著忠誠的心去工作

這麼做，他可能也不會把自己的工作做到完美，他可能會對某些要求不理解，甚至認為這些是多餘的從而產生牴觸情緒。

日本東京貿易公司的一位專門負責為客商訂票的小姐，給德國一家公司的商務經理購買往來於東京、大阪之間的火車票。不久，這位經理發現了一件趣事：每次去大阪時，他的座位總是在列車右邊的窗戶；返回東京時又總是靠左邊的窗戶。經理問小姐其中緣故，小姐笑答：「車去大阪時，富士山在你右邊，返回東京時，山又出現在你的左邊。我想，外國人都喜歡日本富士山的景色，所以我替你買了不同位置的車票。」就這麼一樁不起眼的小事使這位德國經理深受感動，促使他把與這家公司的貿易額由 400 萬馬克提高到 1200 萬馬克。

「一葉綠而知春」，一些看起來是很小的事情，卻體現出很深刻的道理。如果一個員工沒有以企業為榮的榮譽感，他能表現得這樣盡職盡責嗎？成績可以創造榮譽，榮譽可以讓你獲得更大的成績。一個沒有榮譽感的員工，能成為一個積極進取、自動自發的員工嗎？如果不能認識到榮譽的積極性，不能認識到榮譽對你自己、對你的工作、對你的公司意味著什麼，又怎麼能指望這樣的員工去爭取榮譽、創造榮譽呢？

榮譽來自忠誠，當一個人聽從內心中職責的召喚並付諸行動時，才會發揮出他自己最大的效率，而且也能更迅速、更容易地獲得成功。

只要你能時刻把職責視為一種天賦的使命，時刻在工作中盡心盡責，你就能在工作中忘記辛勞，得到歡愉，就能獲得企業回報的最高榮譽。

忠誠讓你與團隊雙贏

忠誠於團隊，最大的受益者還是你自己。為團從作奉獻，也是為自己作奉獻，為團隊付出，即是得到。

當你在一個企業或團隊中工作時，這個企業或團隊就已經和你的人生緊緊地連繫在一起了。團隊的成功，就意味著你個人的成功；團隊的失敗，自然也就是你個人的失敗。在一個成功的團隊中，即使你不是那個萬人矚目的英雄，但也是個成功者。在失敗的團隊中，沒有成功者，更談不上有什麼英雄。

團隊和個人有著共同的利益。員工必須了解公司的發展目標，能夠為公司實現這個宏偉的目標去努力；同時，公司應該把職工的各種權益，包括民主權益和他們應該得到的各種利益維護好。這樣公司才會興旺發達，職工利益也能夠得到保障。這就叫做「雙愛、雙贏」，公司與員工相互關愛，相互得益。

這也就告訴我們：沒有團隊的贏，就沒有員工的自我價值的實現；沒有團隊的贏，也就沒有員工的發展。但是如果沒有雙贏，企業的長盛不衰也只是空想而已。員工成長是團隊發展的動力，團隊發展是員工的成長的根基，只有二者共同成長才能實現雙贏。

在科學技術高度發達的今天，任何一項事物的發展都是迅速的。就拿行動通訊行業來說，它的發展用「飛速」這個詞來形容一點兒都不過分。手機不過只有 10 年左右的歷史，然而它的產品更新換代幾乎每 18 個月就發生一次。不僅產品更新快，員工也呈現「年輕化」。

作為企業的一分子，一個優秀的員工應該能自覺地找到自己在團體中

第三章　懷著忠誠的心去工作

的位置，能自覺地服從團體運作的需要，他應該把團體的成功看做發揮個人才能的目標。他應該不是一個自以為是、好出風頭的孤膽英雄，而是一個充滿合作熱情、能夠克制自我、與同事共創輝煌的人。因為他明白離開了團隊，他將一事無成，而有了團隊合作，他可以與別人一起創造奇蹟。

我們生活在一個崇尚個人創業的時代。但是，並不是所有的人都能夠成為老闆或者是大企業家，大多數人的成功都要建立在團隊成功的基礎之上。對公司職員來說，只有公司發達，你才能夠發達，只有公司營利，你的薪資才能得到提高，你個人才能有更大的發展空間。如果沒有公司的快速發展和利潤的增加，你又怎麼會得到豐厚的薪酬呢？

這就要求員工在工作中，善於與每個團體成員進行有效的溝通，並保持密切的合作。這樣，才能夠保證團隊工作的精神不被破壞，也不會對自己的職業生涯造成致命的傷害，從而讓你得到更多的物質及精神獎勵；否則，將會帶給團隊和個人不可估量的損失。

彼特是一家行銷公司優秀的行銷員。他所在的部門，曾經因為團隊工作的精神十分出眾，而使每一個人的業務成績都特別突出。後來，這種和諧而又融洽的合作氛圍被彼特破壞了。前一段時間，公司的高層把一項重要的專案安排給彼特所在的部門，彼特的主管反覆斟酌考慮，猶豫不決，最終沒有拿出一個可行的工作方案，而彼特則認為自己對這個專案有了十分周詳而又容易操作的方案。為了表現自己，他沒有與主管磋商，更沒有向他說出自己的方案，而是越過他，直接向總經理說明自己願意承擔這項任務，並提出了可行性方案。他的這種做法，嚴重地傷害了部門經理的感情，破壞了團隊精神。結果，當總經理安排他與部門經理共同操作這個專案時，兩個人在工作上不能達成一致意見，產生了重大的分歧，導致了團隊內部出現了分裂，團隊精神渙散了。專案最終也在他們手中流產了。

所以說，一個人只有從團隊的角度出發考慮問題，才能獲得團隊與個人的雙贏結果。

有一個著名的希臘神話，講一位英雄安泰俄斯的故事，這個英雄力大無比，無人能敵，甚至天神也懼他三分。為了戰勝他，很多人絞盡了腦汁，但都不能奏效，直到後來有人發現了他的祕密，他才被打敗。原來他的力量來自於大地，一旦離開大地他就會失去力量，因此，有人趁他熟睡的時候將他舉了起來，使他脫離大地，然後將他摔死。

一個人如果脫離了團體，就像安泰俄斯脫離了大地，等待他的將是失敗的命運。

一個由相互連繫、相互制約的若干部分組成的合作整體，經過優化設計後，整體功能能夠大於部分之和，產生「1 ＋ 1>2」的效果，這已成了人們的共識。這個道理不僅被很多企業的管理者所重視，也被每一位優秀的員工所認同。

不要成為「跳跳糖」

腳下的土地未必不肥沃，現在張口就能吃到的膏草可能不會比對面山坡上的更多、更新鮮。但卻是實在的收穫。

在知識經濟的背景下，對於一個社會來說，生產要素之一的人才流動，如同人體的新陳代謝、血液循環一樣，有助於保持肌體的活力。在競爭日益激烈，人才流動逐漸增大的現代職場，跳槽對每個公司員工來說都是難免的，沒有人會在一個公司裡待一輩子。「人往高處走，水往低處流」，每個人都希望踏上更高的臺階，選擇一份最適合自己的能力、興趣

第三章　懷著忠誠的心去工作

愛好和個性特徵的工作，這是人之常情。

社會學家指出，現代人一生當中平均要換五到六次工作。俗話說：「樹挪死，人挪活。」適度跳槽有好處。不過，在一個人的職場生涯中，換工作畢竟是一件大事，它是檢驗一個人忠誠度的根據。跳槽不是對忠誠的背叛，但頻繁跳槽就是對忠誠的背叛了。所以說作為一名員工，最好不要隨便跳槽。從表面上看，頻繁地跳槽直接受到損害的是企業，但從更深層次的角度上看，跳槽對員工個人的傷害更深一些。因為無論是個人資源的累積，還是從其他各方面來看，這都會使員工的個人價值有所降低。頻繁跳槽，不利於自己的經驗累積和進步，最重要的一點是，如果你連續、頻繁地跳槽，老闆會認為你很浮躁，不會重用你，難以取得老闆的信任，老闆肯定會想：「這人的忠誠度恐怕有問題……」。畢竟誰都不願意看到自己的員工三天兩頭地打辭職報告。對於那些頻繁跳槽的人，自然得出一個不利的結論：要麼工作能力不強、業績不佳；要麼缺乏團隊合作精神、包容性差；要麼不能適應工作……如此一來，那你日後的麻煩可就大了。

朗格‧林區是哈佛大學電腦系的高材生，畢業前就有好幾家國內外大公司想聘請他。畢業後，他直接進入了一家英國企業做策劃工作。該公司給他的薪水讓他的同學都很羨慕，而且工作量也不大。

但是，剛過試用期，他就提出辭職。上司和同事們都極力挽留，跟他分析這份工作的前景和市場行情。然而，他還是離開了，讓同事們深感惋惜。

非常幸運，他又進入了一家美國企業，擔任軟體設計師。他做了不到三個月，又離開了那家公司。因為，他認為該公司的老闆太傲慢了，不尊重下屬。

之後的三年裡，朗格‧林區換了十幾份工作，沒有找到一家他認為合

適的公司。在他眼中，每一家公司都有各式各樣的缺點。後來工作換得多了，連他自己都懷疑那些公司真的像自己想像的那麼糟糕嗎？最近他後悔了。

原來，過去的同事和大學同學都過得非常好，有的甚至還有了自己的公司，最差的同學也做了部門經理。接下來發生的事情更讓他覺得頭痛。在人才市場上應徵的時候，一家公司負責應徵的人員非常明確地告訴他：「我們公司絕對不會要那些頻繁跳槽的人，雖然他們可能有豐富的經驗，可能有比較多的銷售管道，但是頻繁跳槽本身就是不誠信的表現。我們不想自己的員工動不動就打辭職報告，這種人我們受不了。」

他到另一家公司應徵，負責人說：「作為軟體開發公司，我們不想總接辭職報告，也不想經常應徵新人。我們一個專案至少要研發半年以上，而對一個新人的培訓需要花費我們大量的資金和精力。我們公司希望自己培養出來的人才踏實並且誠信，能夠為公司的進一步發展做出應有的貢獻。」

更有一家企業對朗格・林區說：「對於那些畢業時間不長，工作還沒有做出成績，卻已經換了好幾個公司的年輕人，我們公司是不歡迎的。頻繁跳槽的人太缺乏穩定性了，我們不喜歡這種缺乏誠信和抗壓性極差的人。」

最後，這位名校高材生只好把自己「降價處理」了，進了一家三流公司，在不大理想的工作環境裡工作，拿著遠遠不如當初所在公司的薪水。

如果真想改變自己的境遇，那麼你就尋找一個最適合自己的職位，在這個職位上勤懇工作，努力提高自己各方面的能力，積極進取，這樣才能更好更快地接近成功。

第三章　懷著忠誠的心去工作

一個紐約的百萬富翁說，當年，他在一家紡織品公司的薪水最初只有每週 7.5 美元，後來漲到了每年 10,000 美元，而這之間竟然沒有任何的過渡，沒過多久，他還成為這家紡織品公司的合夥人。

剛去公司的時候，他和公司簽訂了 5 年的工作合約，約定這 5 年內薪水保持不變。但他暗下決心：決不滿足於這每週 7.5 美元的低微薪水，絕不能就此不思進取。他一定要讓老闆們知道，他絕不比公司中的任何一個人遜色，他是最優秀的人。

他工作的品質，很快引起了周圍人的注意。3 年之後，他已經如魚得水遊刃有餘，以至於另一家公司願意以 3,000 美元的年薪，聘用他為海外採購員。但他並沒有向老闆們提及此事，在 5 年的期限結束之前，他甚至從未向他們暗示過要終止工作合約，儘管那只是一個口頭的約定。也許有很多人會說，不接受如此優厚的條件，他實在是太愚蠢了。但是，在 5 年的合約到期之後，他所在的公司給予了他每年 10,000 美元的高薪，後來他還成為該公司的合夥人。老闆們都很清楚，這 5 年來他所付出的勞動，要數倍於他所領的薪水，理所當然，他成為一個獲利者。

假如他當時對自己說：「每週 7.5 美元，他們只給我這麼多，而我也就只拿這麼多好了，既然我只領著每週 7.5 美元，那麼我何必去考慮每週 50 美元的業績呢！」如果那樣，你說結局會怎樣？實際上，這些話正是很多年輕人的想法，他們一邊以玩世不恭的態度對待職責，對公司報以冷嘲熱諷，頻繁跳槽，蔑視敬業精神，消極懶惰，卻一邊怨天尤人，埋怨自己懷才不遇生不逢時。因為老闆所付不多就敷衍自己的工作，正是這種想法和做法，令成千上萬的年輕人與成功絕緣。對於一個員工來說，還有比薪水更重要的東西，那就是工作後面的機會，工作後面的學習環境，工作後面的成長過程。工作固然也是為了生計，但比生計更重要的是品格的塑

造，能力的提高。如果一個人的工作目的僅是為了薪資的話，那麼，可以肯定，他注定是一個平庸的人，也無法走出平庸的生活模式。

一個頻繁跳槽的人，在多次更換工作後，就會發現自己於不知不覺中形成了一種習慣，工作上一有壓力就想跳槽，老闆沒有滿足自己加薪的願望時想跳槽，同事升職而自己「原地踏步」時想跳槽……他們總覺得下一個工作才是最好的工作，下一位老闆才是最有人情味的老闆，似乎所有的問題都會隨著這一跳而得到徹底的解決。這種習慣常使人在工作中產生消極的念頭，而不再有信心去克服困難，而是在一些冠冕堂皇的跳槽理由下，迴避、退縮，繼而對工作徹底喪失興趣，喪失了最基本的責任。跳槽浪費時間和人力，並不利於個人發展。頻繁跳槽，其弊端是顯而易見的。

(1) 對工作不利。一個人到一個公司工作後，從接受任務到熟悉業務，總要有一個過程。想在工作中做出成績，有所建樹，需要的時間更長。如果頻繁跳槽，對業務剛有點熟悉，又去了新的公司，有的還變換了職務、專業，又要重起爐灶重開張。跳來跳去，始終處在陌生的工作環境之中，不斷需要從頭開始、重新學習，這對工作是極為不利的。

(2) 對自己的進步不利。要做好一件事，就要全身心地投入。要十年、幾十年如一日地刻苦鑽研、埋頭工作，才能使自己不斷提高、進步。如果終日見異思遷，這山望著那山高，心思不定，坐凳始終坐不熱，怎麼能提高自己的學術水準和業務能力呢？如果一味為了個人的利益而不安心工作，頻繁跳槽，還會影響自己的形象和聲譽，使用人單位對你側目而視。跳槽到一個新環境，我們需要付出的更多。離開一個熟悉的環境，融入新環境是需要付出很多心血和時間的。有一句諺語說得好：「常挪的樹長不大。」而「下一份工作會更好」在很多情況下只是美好的願望而已。

第三章　懷著忠誠的心去工作

(3) 對用人單位不利。用人單位把任務交給你，就是指望你能挑起大梁，擔起這份重擔，而你卻半途而廢，棄之不管，豈不要帶給用人單位麻煩？有時還會造成損失呢。

所有的成績是你做出來的，不是「跳」出來的。頻繁跳槽，實在不是什麼可取的經驗。更主要的是頻繁的跳槽，會使人失去成就事業最寶貴的忠誠、敬業、守業和愛業的精神，使他們變得好高騖遠，空有遠大的理想，卻無心追求；幻想著換一個行業或一個工作就能前途輝煌，結果卻在頻繁的跳槽中，忘卻了好好規劃自己，僅為了眼前的蠅頭小利而荒廢了美好的時光。

由於總是抱著「下一份工作會更好」的心態，所以一旦遭遇挫折，閃現出來的第一個念頭就是另謀高就。但是如果不找出問題的癥結所在，僅離開公司其實是無濟於事的。正確的態度應該是，立足於現實，調整好自己的心態，將現有的工作做得更好。雖然眼下在心理上可能會感覺到有一些屈辱，但是，如果有足夠的耐力及實力，就能東山再起、再展雄風。因此，與其頻繁跳槽，還不如忠誠於公司，忠誠於自己的工作，這樣的前途肯定比頻繁跳槽更美好。

腳下的土地未必不肥沃，現在張口就能吃到的青草可能不會比對面山坡上的更多、更新鮮，但卻是實在的收穫。

你為誰忠誠

忠誠的人無論走到哪裡都會得到別人的信賴，無論從事什麼樣的工作，都會有成功的機會。

一位成功學家說：「在這個世界上，有一樣東西比金子還珍貴，那就是忠誠。」忠誠並不是從一而終，也不是媚上，而是一種職業的責任感，是承擔某一責任或從事某一職業所表現出來的敬業精神。生活中我們為人父母，為人子女，為人朋友，需要忠誠；工作中為人下屬，為人上司，為人同事，也需要忠誠。李嘉誠先生曾經說過：「做事先做人，一個人無論成就多大的事業，人品永遠是第一位的，而人品的第一要素就是忠誠。」

的確，忠誠是每個人在自己的職業生涯中最值得培養的美德之一，因為每個公司的發展壯大，都是靠員工的忠誠和敬業來維持的。作為企業的員工，我們需要依靠公司的業務平臺才能發揮自己的才智。對公司忠誠，實際上是對自己職業的忠誠，是個人前途的保證，也是對自己負責。

如果沒有忠誠，那麼我們的社會將變得非常可怕：你縱有再多委屈也不敢跟自己的好朋友傾訴，因為你的朋友就等著聽完你的話再去四處傳播你的隱私。你再想努力學習也沒有誰和你配合，因為老師總是在打麻將。你工作再努力也沒有任何保障，因為你的周圍都是皮包公司。你會發現你無論怎麼提防你的同事都沒有用，他還是拿你的成果去老闆那裡邀功。你會發現你的實驗總結剛才還在你的桌子上，過一陣子就被別人交到主管那裡，並說那是他的新成果……

人們如果不再對自己、對他人忠誠，那麼這個世界將變得一塌糊塗，暗無天日。世界將變得沒有了秩序，沒有了規則，也沒有了保障。如果我們不想深受其害，那麼我們就應該喚起內心的良知，用理性的力量把這種珍貴的品格支撐起來。親愛的讀者，儘管我們要付出一定的代價，但我們還是要把目光放長遠些！

對於老闆而言，公司的發展需要員工的忠誠和奉獻；對於員工來說，

第三章　懷著忠誠的心去工作

需要的是職位的升遷和豐厚的回報。從表面上看起來，彼此之間存在著對立性，但從更高的層面看，兩者實際上又是統一的。老闆需要忠誠和有能力的員工，業務才能進行，目標才能達到；員工必須依賴公司這個平臺才能發揮自己的才智，最終獲得成功。

因此作為一名員工，你應該認識到員工與老闆之間統一的一面——為老闆的目標去努力，常常也是在為自己的目標而努力。有了這樣的心態，消除了對老闆的敵意，工作起來就會更努力。這樣，你遲早能脫穎而出，受到重用。

如果員工對企業不忠誠，不僅對企業的負面影響是相當大的，同時也會影響到他個人的道德信譽，沒有哪個公司的老闆會用一個對自己公司不忠誠的人。有的企業老闆可能會用一些利益誘惑一些人背叛自己的企業來進行非正常的競爭，然而當你對他的價值實現了之後，他對待你肯定不會像當初許諾的那樣，因為他永遠都懷疑你是否也會為了更多的利益出賣自己的公司。你以為你會得到很多，其實你失去的會比你得到的更多，而且你失去的將永遠找不回來。

在一次用地招標會上，西蒙代表公司進行投標。在會議的休息時間，西蒙被另外一家公司的負責人拉去喝咖啡。席間，那位負責人對西蒙說：「貴公司實力雄厚，這次得標的很有可能是你們，但我非常希望得到這塊地皮。如果明著競爭，我們公司肯定會失敗，但只要你能告訴我貴公司的標底，我就能想出策略，轉敗為勝。」

「什麼？你的意思是讓我洩漏公司的機密？」西蒙冷冷地說。

「是的，就是這樣，但我絕不會讓你吃虧的。再說這事只有我們兩人知道。退一萬步說，即使將來貴公司出了問題，你也可以到我的公司來任

職，我們公司正需要你這樣技術全面的人才。」說完，那位負責人塞給了西蒙一張10萬美元的支票。

面對那張鉅額支票，西蒙動心了，他偷偷地給了對方自己公司的一份標書。

在後來的招標大會上，西蒙的公司理所當然敗北了。但紙包不住火，西蒙出賣公司的行為，很快被老闆調查出來了。老闆辭退了西蒙，同時那10萬美元也被公司追回以賠償損失。對此，西蒙並不在乎，因為他想到自己還有一條退路。

被公司炒了魷魚後的西蒙找到了當初許諾的那位負責人，表達了自己願意去他公司工作的意願。然而，出乎西蒙意料的是，那位負責人輕蔑地對他說：「先生，很對不起，儘管我們公司非常需要你這樣技術全面的人才，但我們不能錄用一個曾出賣自己公司，背叛自己老闆的人，因為一個不忠誠於自己公司的人，是不值得信任的。」

西蒙失業了，他為自己的背叛行為付出了慘重的代價。

「我們需要忠誠的員工。」這是老闆們共同的心聲。因為老闆知道，員工的不忠誠會帶給企業什麼影響。

面對種種誘惑，忠誠在今天顯得更加可貴。這種自下而上的忠誠，做到了，就可以壯大一個企業；做不到，就可能毀了一個企業。

有這樣一個真實的故事：

1933年的美國正處在經濟危機的風潮之中。哈里遜紡織公司本來就受到了經濟危機的巨大衝擊，很不景氣，偏偏在此時哈里遜紡織公司又遭遇了一場火災。這場無情的火災讓廠房頃刻之間化為灰燼。3,000名員工只好回家等待著董事長宣布破產，這無疑讓所有的員工都相當絕望。他們面

第三章　懷著忠誠的心去工作

臨的不只是今天的失業,更是漫長的失業和可怕的貧困。

一個月以後他們收到了一封信,這封信來自於公司,公司說繼續支付一個月的薪水。員工紛紛向公司表示感謝。接著又一個月過去了,他們又收到一封公司的信,公司決定再支付他們一個月的薪水。員工們終於再也坐不住了。第二天,員工們都自發來到公司,他們有的人自發清理廢墟,有的人擦拭機器,人們開始熱火朝天地工作。原來一些負責銷售的員工還主動去南方一些州連繫被中斷的資源……

3個月後,哈里遜紡織公司開始正常運轉。

其實,想想看,他們領到的薪水肯定比不上原來多。但是這卻激發了員工的忠誠。他們就這樣把哈里遜紡織公司從廢墟中拯救出來,他們日夜加班,執著付出。哈里遜紡織公司就這樣從廢墟中走了出來。現在哈里遜紡織公司已成為美國最大的紡織公司,它的分公司已經遍布了五大洲。

忠誠的品格就是如此重要。忠誠對於朋友、對於家庭、對於公司、對於一切都是非常必需的。不忠誠的人當然也能生存,但是他們的精神永遠沒有找不到歸宿。他們就好像飄蕩在曠野中的遊魂,他們沒有辦法真正地融入一個家庭、一個團體……現今社會中已經充斥了太多爾虞我詐,越是這樣,人們就越珍惜忠誠的支持者。沒有什麼比得到超越功利的支持更讓人難以忘懷的了!

總而言之,如果你忠誠地對待你的老闆,他也會真誠地對待你;當你的敬業精神增加一分,別人對你的尊敬也會增加一分,物質上的報酬也會隨之而來。忠誠敬業的目標就是受到重用和獲得無處不在的發展機會。看似愚蠢的忠誠行為,短期內好像是吃虧的,但從長遠來看卻有極大的收益。因此,忠誠的結果是員工和企業的雙贏。

忠誠就好像是人生的一支小小的槓桿，儘管有人嘲笑其渺小，儘管有人嘲笑這執著，但是只要擁有了它，你就會撬起你的生命。

自己是忠誠的最大受益者

忠誠當然不只是付出，而潑有任何回報。或許從某個層面上看，你忠誠的工作有益於公司、有益於老闆，企業、老闆甚至同事都能夠從你的工作中獲取更多的價值，最終的受益者是自己。

近年來，忠誠受到了前所未有的推崇，它已經成為和知識、學歷、技能、資源一樣的個人競爭力，而且在一定程度上忠誠高於其他要素成為最核心的價值要素。

然而當公司要求員工必須忠誠時，員工卻在想：「這要看對我有什麼好處了。這只不過是老闆的需要罷了。」忠誠只是付出嗎？忠誠只是老闆的需要嗎？

忠誠當然不只是付出，而沒有任何回報。或許從某個層面上看，你忠誠的工作有益於公司、有益於老闆，企業、老闆甚至同事都能夠從你的工作中獲取更多的價值。最終的受益者是你自己。

忠誠是競爭力，員工的忠誠必然在工作上表現出高效率、高效益。只有忠誠的人才會在工作中踏實，而不會站在這山望著那山。心穩定下來，人才會有創造力，才會有生產力。在一個組織中，人們需要相互合作，而信任是合作的前提條件，沒有信任的合作是不可能成功的。信任的基礎是什麼？那就是彼此之間的忠誠。只有忠誠於同一個目標，忠誠於同一個主體，信任才不會輕易破裂，才可能更穩固。

第三章　懷著忠誠的心去工作

公司需要員工的忠誠，越是在困難的時候才能越顯出員工的忠誠度。

有家營運非常困難的公司，甚至連薪資都無法按時發放。公司的員工表現出明顯的精神離職，上班時間正常工作的沒有幾個，大多是在做自己的事情，有的甚至在公開討論自己的退路。公司的老闆沒有辦法，只好宣布裁員。結果馬上就有一大批人，包括那些精神離職的人提出辭職申請，而那些依然認真做著自己本職工作的人，沒有一個提出辭職的。在經歷了這次磨難之後，公司總結經驗，慢慢走出困境，那些留下來的員工都受到了嘉獎。

如果一個健康的人長期因為無職業而食無定餐、居無定所，惶惶不可終日，那麼他在得到了一份穩定工作後一定會忠誠地對待這份工作。失業的日子是痛苦的，當失業的人聽到別人下班後連連抱怨：「太累了！」他們一定會說：「別身在福中不知福！」人往往好了傷疤忘了疼。那些抱怨工作辛苦的人也曾失業，也曾希望盡快得到一份工作，哪怕只給吃、喝、住。但一旦千辛萬苦找到一份工作，時日不長，又嫌吃得不好、睡得不舒服、薪資太少了，並且大有抬腳開溜之意。其實，工作著才是幸福的。要想生活得快樂，最重要的是要知足。忠誠還會讓你受到老闆的重視，有機會成為老闆重點培養的對象，從而獲得晉升。

某公司設計部新來了一個叫魯威的男孩，是剛畢業的大學生，他像每個新人一樣勤勤懇懇地工作著。早上，「元老」們還沒到，魯威就開始打掃辦公室，在同事們辦公桌上，他不是加了一杯香氣四溢的咖啡，就是一杯麥片。「元老」們都相視無語，心安理得地享受起這麼愜意的生活來。設計部有很多需要跑腿的工作，以前人們總是以猜拳的方式來選舉那個「倒楣蛋」。現在，不用別人說，魯威早就揣起檔案，送往了有關部門。當魯威跑前跑後的時候，「元老」們又將話題扯到美國占領伊拉克的熱點新聞上去了。下班了，「元老」們都迫不及待地奔出公司，魯威則毫無怨言

地收拾著辦公室。沒多久，老闆開會說設計部是公司的重心，要適當擴充，還要選出一個設計部部長。由於涉及各自的前途，幾個老職員都想在老闆面前留個好印象，以贏得升遷的機會。然而人選已經張貼在辦公室外的公布欄了，結果出乎他們的意料，原來是魯威後來者居上了。

忠誠帶給你的回報是讓你分享公司的榮譽，並從內心深處體會到這份榮譽帶來的快樂，而不忠誠的人根本不可能體會到它。

忠誠會讓你的能力、品格隨著企業的發展而成長，讓你的個人品牌更具價值。

忠誠會讓你在工作中精益求精，成為專家級人物，讓你的事業達到巔峰。

史蒂芬‧霍金（Stephen Hawking）是我們都很熟悉的科學家。其實，人們認可霍金並不僅僅是因為他的科學成就，從某種程度上來講，所有的理論都是一種推斷假設。讓人們更難忘的是霍金偉大的意志和對科學持久的追求。

當我們看到霍金的成功歷程，我們就不得不相信忠誠的魔力。

霍金在牛津大學畢業後就到劍橋大學讀研究生，就在人生中最張狂的年齡，他被診斷患了「肌萎縮側索硬化症」！不久，霍金就完全癱瘓了！1985年，霍金又患肺炎，穿氣管手術後，他完全不能說話，只能依靠安裝在輪椅上的一個小對話機和語言合成器與人進行交談；看書時必須依賴一種能夠翻書頁的機器，讀文獻時需要請人將每一頁都攤在大桌子上，然後他驅動輪椅如蠶吃桑葉般地逐頁閱讀……

醫生曾診斷身患絕症的霍金只能活兩年。但是，霍金卻與病魔抗爭了30多年，還成為世界公認的引力物理科學巨擘。

是對事業的執著讓他創造了奇蹟。霍金的目標是解決從牛頓以來一直

第三章　懷著忠誠的心去工作

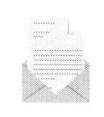

困擾人類的「第一推力」問題。霍金雖然只剩三個手指供自己支配，但霍金的大腦卻從沒停止過對這一問題的思考。霍金的思考撼動了自然科學界，甚至還對哲學和宗教也有巨大的影響。就連梵蒂岡教廷都對他表示了敬意。教廷承認了他們對伽利略審判的錯誤，教廷科學院還選舉霍金為該院院士。霍金的《新時間簡史》已譯成 33 種文字發行。

　　他對事業的忠誠已經變為一種神聖的使命感和磐石般的意志力。所以，病魔都奪不走他的生命和他的成功。正如馬克‧吐溫（Mark Twain）所說：「人的思想是了不起的，只需專注於某一項事業，那就一定會做出自己都感到吃驚的成績來。」

　　在任何一家公司，只要你努力工作，認真、負責任地對待每一件事情，你就會受到尊重，從而獲得更多的自尊心和自信心。不論你的薪資多麼低，不論你的老闆多麼不器重你，只要你能忠於職守，毫不吝惜地投入自己的精力和熱情，你就會為自己的工作感到和自豪，最終會贏得他人的尊重。以主人和勝利者的心態去對待工作，工作自然而然就能做得更好。

　　那些忠誠的員工往往會在工作中受益匪淺。在精神上，他們獲得了快樂和自信；在物質上，他們也獲得了豐厚的報酬。相反，一個對工作不負責任的人，往往是一個缺乏忠誠的人，也是一個無法體會快樂真諦的人。

為自己而工作

　　一個人所做的工作是他人生態度的表現，一生的職業就是他志向的表示、理想的所在。所以，了解一個人的工作態度，在某種程度上就是了解了那個人。

為自己而工作

人的一生不過幾十年，然而在這短暫的一生中，工作卻占據了我們生命１／３的時間，它就如同伴侶一般與你形影不離。那麼工作到底是為誰呢？我們工作到底是為了什麼？我們又該如何看待工作呢？

不要只為薪水工作

一些年輕人，當他們走出校園時，總對自己抱有很高的期望值，認為自己一開始工作就應該得到重用，就應該得到相當豐厚的報酬。他們在薪資上喜歡相互比較，似乎薪資的多少成了他們衡量一切的標準。但事實上，剛剛踏入社會的年輕人缺乏工作經驗，是無法委以重任的，薪水自然也不可能很高，於是他們就有了許多怨言。

也許是親眼目睹或者耳聞父輩和他人被老闆解僱的事實，現在的年輕人往往將社會看得比上一代人更冷酷、更嚴峻，因而他們也就更加現實。在他們看來，我為公司幹活，公司付我一份報酬，等價交換，僅此而已。他們看不到薪資以外的東西，曾經在校園中編織的美麗夢想也逐漸破滅了。沒有了信心，沒有了熱情，工作時總是採取一種應付的態度，能少做就少做，能躲避就躲避，敷衍了事，以報復他們的雇主。他們只想對得起自己賺的薪資，從未想過是否對得起自己的前途，是否對得起家人和朋友的期待。

年輕人對於薪水往往缺乏更深入的認識和理解，認為薪水只是工作的一種報酬方式。這雖然是最直接的一種看法，但也是最短視的。剛剛踏入社會的年輕人更應該珍惜工作本身帶給自己的報酬。公司是我們生活中的另一所學校，工作能夠豐富我們的思想，增長我們的智慧。與在工作中獲得的技能與經驗相比，微薄的薪水對於年輕人來說不應該被看得過分重要。應該知道，公司支付給你的是金錢，你的努力賦予你的是可以令你終

第三章　懷著忠誠的心去工作

身受益的能力。

　　一個人如果總是為自己到底能拿多少薪資而大傷腦筋的話，他又怎麼能看到薪資背後可能獲得的成長機會呢？他又怎麼能意識到從工作中獲得的技能和經驗，對自己的未來將會產生多麼大的影響呢？這樣的人只會無形中將自己困在裝著薪資的信封裡，永遠也不懂自己真正需要什麼。

　　一個以薪水為個人奮鬥目標的人是無法走出平庸的生活模式的，也從來不會有真正的成就感。雖然薪資應該成為工作目的之一，但是從工作中能真正獲得的更多的東西卻不是裝在信封中的鈔票。

　　很多人因為不滿足於自己目前的薪水，而將比薪水更重要的東西也放棄了，到頭來連本應得到的薪水都沒有得到。這就是只為薪水而工作的可悲之處。

　　炎熱的夏天，一群人正在鐵路的路基上工作。這時，一列緩緩開來的火車打斷了他們的工作。火車停下來，最後一節車廂的窗戶——順便說一下，這節車廂是特製的並且帶有冷氣——被人打開了，一個很低沉、友好的聲音響了起來：「大衛，是你嗎？」大衛·安德森——這群工人的負責人回答說：「是我，吉姆，見到你很高興。」於是，大衛·安德森和吉姆·墨菲——鐵路的總裁，進行了愉快的交談。

　　在長達 1 個多小時的愉快交談後，兩人熱情地握手道別。大衛·安德森的下屬立刻包圍了他，他們對於他是墨菲鐵路總裁的朋友這一點感到非常震驚。大衛解釋說，20 多年前他和吉姆·墨菲是同一天開始為這條鐵路工作的。其中一個人半認真半開玩笑地問大衛，為什麼你仍在驕陽下工作，而吉姆·墨菲卻成了總裁呢？大衛非常惆悵地說：「23 年前我為每小時 1.75 美元的薪水而工作，而吉姆卻是為這條鐵路而工作。」

為自己而工作

　　當年的這位年輕人只在為薪水工作，讓學習機會與晉升空間遠離自己而去，這成為他以後成長的障礙，也成了他終身的遺憾。

　　不要為了薪水而工作，要為了自己的未來而行動起來，成為公司真正需要和老闆器重的人。這樣不管到了什麼時候，到了任何一家公司，都會有你的立足之地。為金錢工作，工作只能無味，但為自己工作，工作能給你輕鬆愉快的心情，而且人們也會更加重視、仰慕你。因為你的付出帶給別人快樂，使別人從中獲得利益，也實現了你自己的人生價值。如果你只是為了薪水而工作，而沒有其他更高遠的目標，你將會成為一個不幸的人，因為這麼做對你的人生來說，絕對不是一種好的選擇。

　　一位年輕朋友說：「取得博士學位的時候，我與能力相當的一位同學一起來到某一跨國公司，那時我的薪水是 10,000 元，但我那同學的薪水卻比我多 5,000 元。這確實不公平。工作的時候，我總是漫不經心，小錯誤常常發生，工作效率低。總覺得如果努力工作自己就像吃了大虧。」

　　那些不滿於薪水低而敷衍了事工作的人，固然對老闆是一種損害，但是長此以往，無異於使自己的生命枯萎，將自己的希望斷送，一生只能做一個庸庸碌碌、心胸狹隘的懦夫。他們埋沒了自己的才能，湮滅了自己的創造力。世界上大多數人都在為薪水而工作，如果你能不為薪水而工作，你就超越了芸芸眾生，也就邁出了成功的第一步。

　　因此，面對微薄的薪水，你應當懂得，雇主支付給你的工作報酬固然是金錢，但你在工作中給予自己的報酬，乃是珍貴的經驗、良好的訓練、才能的表現和品格的建立。這些東西與金錢相比，其價值要高出幾百倍。

　　人們都羨慕那些傑出人士所具有的創造能力、決策能力以及敏銳的洞察力，但是他們也並非一開始就擁有這種卓越的能力，而是在長期工作中

第三章　懷著忠誠的心去工作

累積和學習到的。在工作中他們學會了了解自我，發現自我，使自己的潛力得到充分的發揮。

工作所給你的，要比你為它付出的更多。如果你將工作視為一種積極的學習途徑，那麼，每一項工作中就包含了許多個人成長的機會。

不為薪水而工作，工作所給予你的要比你為它付出的更多。如果你一直努力工作，一直在進步，你就會有一個良好的、沒有汙點的人生記錄，使你在公司甚至整個行業擁有一個好名聲，良好的聲譽將陪伴你一生。

為金錢工作，工作只能無味，但為自己工作，工作能給你輕鬆愉快的心情，而且人們也會更加重視你、仰慕你。因為你的付出帶給別人快樂，使別人從中獲得利益，也實現了你自己的人生價值。

工作是為自己，不在乎別人的說法；積極工作，從工作中獲取快樂與尊嚴；這就是一個非常有意義的工作，也能實現你人生的價值。不要擔心自己的努力會被忽視。應該相信大多數的老闆是有判斷力和明智的。為了實現公司利潤最大化，他們會盡力按照工作業績和努力程度來晉升積極進取的員工，那些在工作中能盡職盡責、堅持不懈的人，終會有獲得晉升的一天，薪水自然會隨之高漲。這樣，你的人生會更輝煌，生命會更有價值。

總之，不論你的老闆有多吝嗇多苛刻，你都不能以此為由放棄努力。因為，我們不僅是為了目前的薪水而工作，我們還要為將來的薪水而工作，為自己的未來而工作。一句話，薪水算什麼？我們要為自己而工作。

要有強烈的工作使命感

什麼是使命感？使命感是一種促使人們採取行動、實現自我理想和信仰的心理狀態；是決定人們行為取向和行為能力的關鍵因素。

為自己而工作

工作是一個施展自己能力的舞臺。我們寒窗苦讀來的知識，我們的應變力，我們的決斷力，我們的適應力以及我們的協調能力都將在這樣的一個舞臺上得到展示。除了工作，沒有哪項活動能提供如此高度的充實感、表現自我的機會、個人使命感以及一種活著的理由。工作的品質往往決定生活的品質。

將工作本身看成一種神聖的使命，會極大地調動人的積極性，並且能驅使自己自動自發地幹好自己的每一項工作。面對你的職業、你的工作職位，請時刻記住，這就是你的工作！不要忘記工作是你的榮譽，不要忘記你的責任，不要忘記你的使命。你選擇了這個職業，選擇了這個職位，就必須接受它的全部，而不是僅僅只享受它給你帶來的收益和快樂。

具有強烈使命感的員工，一心撲在工作上，不需要他人的督促，就能出色地完成任務。最光榮的工作是在祕而不宣無人知曉的情況下完成的。那些不使自己的行為和工作成果在他人面前像發廣告一樣宣傳的人，是真正將工作當作使命的員工，他們只求內心完成使命的欣慰和滿足。

具有強烈使命感的人，不但具有堅強的意志和堅韌不拔、埋首工作的決心，還具備極強的探索精神，肯在自己的工作領域刻苦鑽研。他不是被動地等待著新使命的來臨，而是積極主動地尋找目標和任務。他不是被動地適應工作使命的要求，而是積極、主動地去研究、變革所處的環境，盡力做出一些有意義的貢獻，並從中汲取走向成功的力量。

一個人所做的工作是他人生態度的表現，一生的職業，就是他志向的表示、理想的所在。所以，了解一個人的工作態度，在某種程度上就是了解了那個人。

因此，美國前教育部部長、著名教育家威廉·貝內特說：工作是我們

第三章　懷著忠誠的心去工作

要用生命去做的事。

美國德魯克基金會主席弗朗西絲‧海瑟班（Frances Hesselbein）強調：「一切工作都源於使命，並與使命密切相關。」「你所做的一切工作，無非是儘自己最大的努力，把工作做到最好，然後團結帶領其他員工，朝著這個方向前進。」

把自己喜歡的並且樂在其中的事情當成使命來做，就能發掘出自己特有的能力。其中最重要的是能保持一種積極的心態，即使是辛苦枯燥的工作，也能從中感受到價值，在你完成使命的同時，會發現成功之芽正在萌發。

敬業是你成功的保障

敬業則勤業，勤業而業乃成；嬉業則荒業，荒業而業必敗。從古至今，職業道德一直是人類工作的行為準則，在世界飛速發展的今天，職業道德成為成就大事所不可或缺的重要條件。而敬業，就是一種職業道德。敬業就是敬重自己的工作，將工作當成自己的事，並對此付出全身心的努力，抱著認真負責的態度，即使付出更多的代價也心甘情願，並能夠克服各種困難，做到善始善終。如果一個人能這樣對待自己的工作，那麼他便做到了敬業。

世界上只有平凡的人，沒有平凡的工作。做任何一項工作，重要的不在於幹什麼，而在於怎麼幹。當我們頭腦中深深具備了敬業精神之後，做起事來就會積極主動，兢兢業業、踏實地埋頭苦幹，並從中體會到快樂，從而獲得更多的經驗和取得更大的成就。當然，要取得成功需要長期的努力，不會迅速見效。如果缺乏敬業精神，整天懶懶散散、拖拖拉拉，這隻

會加深老闆對你的不滿,有百害而無一利,那也就不會有成功的可能了。工作上的馬虎失職,也許對公司並不會造成嚴重的影響,但長此以往,會葬送你自己的前程。

難怪一位成功者在談到敬業精神時說:「有許多非常優秀的大學生,當學業有成步入職場後,對工作缺乏敬業精神,往往抓不住成功的機會,真是讓人覺得遺憾啊!」

他的話令人深思。

做任何工作,只有全心全意、盡職盡責地工作,才能有所成就,這就是敬業精神的直接體現。

為什麼要敬業?想來原因無非有兩個:一是為了提高自己的工作能力,放眼於未來的發展,二是為了把工作做得更好,對公司和老闆負責,得到老闆的青睞。

各行各業都需要全心全意、盡職盡責的員工,因為盡職盡責正是培養敬業精神的土壤。如果在你的工作中沒有了敬業和勤奮,你的生活就會變得毫無意義。所以,不管你從事什麼樣的工作,平凡的也好,令人羨慕的也好,都應該盡心盡責,求得不斷的進步。

任何一家公司、任何一個老闆,都想自己的事業能興旺發達。這樣,他就自然而然地需要一個、幾個乃至一批兢兢業業、埋頭苦幹的員工,需要一些具有強烈敬業精神的和強烈責任心的員工。

如果老闆的周圍缺乏實幹敬業者,你如果具有強烈的敬業精神,就自然能得到重視,受到重用,得到提拔。

事實也證明,敬業的人能夠獲得比別人更多的經驗,而這些經驗便是你向上發展的踏腳石,就算你以後換了地方,從事不同的行業,豐富的好

第三章　懷著忠誠的心去工作

的工作方法也必會為你帶來成功，你的敬業精神也會為你的成功帶來幫助。因此，把敬業變成習慣的人，從事任何行業都容易成功。

工作是為自己，不要在乎別人的說法，積極工作，從工作中獲取快樂與尊嚴，這就是一個非常有意義的工作，也能實現你人生的價值。這樣，我們的人生會更輝煌，生命會更有價值。

熱愛你的工作

生命的價值在於工作，而工作的價值不只在於薪水。只有熱愛你的工作，你才能實現人生的價值。

珍視眼前的工作

你可能很不喜歡你眼下的工作，你從工作中得不到絲毫的樂趣，也毫無創造性可言。「簡直煩透了！」你覺得百無聊賴。

但你要記住，這樣的結果並不是老闆或部門主管的錯。

老闆沒有逼著你來他的公司上班，主管也沒有強迫你在他的手下吃飯。當初，是你主動應徵到了這家公司；或者，是你好不容易才擠進了這家單位。你的歷史，是你自己寫成的。

老闆待你很刻薄，主管壓根就沒把你當人才看。那麼，你就炒他們的魷魚好啦！如果你不想炒他們的魷魚，就說明他們可能還沒你說得那麼可怕，那麼，需要改變的是你自己。

具體的做法很簡單：調整好自己的心態，愛你眼下的工作！

熱愛你的工作

在現實生活中，很多人當幸福逝去的時候，才百般懊悔自己當初沒有好好珍惜。正如自己被炒掉或者失業後才懊悔當初沒有好好把握那份工作一樣，要珍惜眼前的工作而不是沉醉於往事的回憶，重要的是把握此刻所擁有的機遇與工作。有一句話說得好：「離開了誰，地球都會照常轉動。」所以每一個人都應拋棄自以為是、高傲自負的觀念，要清晰地認識到：「不是工作需要你，而是你需要這份工作。」假如沒有了工作，你就失去了生活的幸福之源；假如沒有了工作，你就失去了實現自身價值的舞臺；假如沒有了工作，你的人生將會變得索然無味。

前紐約中央鐵路公司總裁弗里德利‧威爾森，被問及該如何對待工作和事業時說：「一個人，不論是在挖土，或者是在經營大公司，他都認為自己的工作是一項神聖的使命。不論工作條件有多麼困難，或需要多麼艱難的訓練，始終用積極負責的態度去進行。抱著這種態度，任何人都會成功，也一定能達到目的，實現目標。」

一個人的工作態度折射著人生態度，而人生態度決定一個人一生的成就。你的工作，就是你生命的投影。它的美與醜、可愛與可憎，全操縱於你之手。所以，無論你從事何種職業，都應該珍惜它，竭盡全力地工作，積極進取，儘自己最大的努力，追求不斷的進步。這不僅是工作原則，也是人生原則。能處處以竭盡全力積極進取的態度工作，就算是從事最平庸的職業也能增添個人的榮耀。

一個人在一帆風順時要珍惜工作，身處逆境或遇到困難時更要珍惜工作。只有珍惜工作，才能對工作、對事業產生一種愛的情愫，才能釋放出對工作的積極性和創造性，才能百分之百地投入到工作中去，把工作視為自己的美好追求。要想豐富自己的人生，就要好好珍惜工作，這樣才能掌握自己的命運。

第三章　懷著忠誠的心去工作

對工作心存感激

感恩已經成為一種普遍的社會道德。人們常常為來自一個陌路人的點滴幫助而感激不盡，然而，卻無視朝夕相處的老闆的種種恩惠和工作中的種種機遇。這種心態總是讓他們輕視工作，並把公司、同事對自己的幫助視為理所當然，還時常牢騷滿腹、抱怨不止，也就更談不上恪守職責了。

感激批評，它使你懂得錯誤；感激教誨，它使你日漸成熟；感激朋友，他給了你無限的幫助；感激同事，他使你有了進步；感激成功，因為它譜寫了你的業績；感激失敗，因為它使你成為一個成熟的人；感激掌聲和鼓勵，因為它給你更大的勇氣和信心。需要感激的有很多很多，最需要感激的就是工作。沒有這份工作，人們不知自己的價值在哪裡，不知道自己應該落腳何方。

工作為你提供了生活的保障，工作為你展示了廣闊的發展空間，工作為你提供了施展才華的平臺。對工作所帶來的一切，你都要心存感激，並力圖透過努力工作以回報社會來表達自己的感激之情。失去對工作的感激之情，人們會馬上陷入一種糟糕的境地，對許多客觀存在的現象日益挑剔和不滿。如果你的頭腦被那些令你不滿的現象所占據，你就失去了平和寧靜的心態，並開始習慣於注意並指責那些瑣碎、消極、猥瑣、骯髒甚至卑鄙的事情。放任自己的思想關注陰暗的事情，你自己也將變得陰暗，並且從心理上，你會感覺陰暗的事情越來越多地圍繞在你身邊，讓你難以擺脫。相反，把你的注意力全部集中在光明的事情上，你也將變成一個積極向上的人。

對工作存有感激之情，可以改變一個人的一生。當我們清楚地意識到無任何權利要求別人時，就會對周圍的點滴關懷或任何工作機遇都懷抱強

熱愛你的工作

烈的感恩之情。因為要竭力回報這個美好的世界，我們會竭力做好手中的工作，努力與周圍的人快樂相處。結果，我們不僅工作得更加愉快，所獲幫助也更多，工作也更出色。

對工作心存感激，才能努力工作。每天能帶著一顆感恩的心去工作，相信工作時的心情自然是愉快而積極的。知道自己工作的意義和責任，並永遠保持一種主動的工作態度，為自己的行為負責，是那些成就大業之人和凡事得過且過之人的最根本區別。明白了這個道理，並以這樣的眼光來重新審視我們的工作，工作就不再成為一種負擔，即使是最平凡的工作也會變得意義非凡。

有位父親告誡兒子這樣三句話：「遇到一位好老闆，要忠心為他工作；假如第一份工作就有很好的薪水，那算你的運氣好，要努力工作以感恩惜福；萬一薪水不理想，就要懂得在工作中磨練自己的技藝。」

這位父親是睿智的，所有的年輕人都應將這三句話深深地記在心裡，始終秉持這個原則做事。即使起初位居他人之下，也不要計較。在工作中不管做任何事，都要把自己的心態回歸到零：把自己放空，抱著學習的態度，將每一次都視為一個新的開始，是一次新的經驗，不要計較一時的待遇得失。

對工作心懷感激並不僅僅有利於公司和老闆。「感激能帶來更多值得感激的事情」，這是宇宙中一條永恆的法則。請相信，努力工作一定會帶來更多更好的工作機會和成功機會。除此之外，對於個人來說，感恩是富裕的人生。它是一種深刻的感受，能夠增強個人的魅力，開啟神奇的力量之門，發掘出無窮的智慧。感恩也像其他受人歡迎的特質一樣，是一種習慣和態度。

第三章　懷著忠誠的心去工作

　　假如你對工作心存感激,那你的生活就是天堂;假如你非常討厭工作,你的生活就是地獄。因為你的生活當中,有大部分的時間是和工作連繫在一起。對工作的態度決定了工作的好壞,也決定了生活的品質。

　　一旦擁有良好的、健康的心態之後,不論做任何事都能心甘情願、全力以赴,當機會來臨時才能及時把握住。千萬不要覺得工作像雞肋一樣食之無味,棄之可惜,心不甘情不願,心存怨憤。

　　對工作心懷感恩的心情基於一種深刻的認識:工作為你展示了廣闊的發展空間,工作為你提供了施展才華的平臺,所以你對工作為你所帶來的一切,都要心存感激,並力圖透過努力工作以回報社會來表達自己的感激之情。

　　感恩既是一種良好的心態,又是一種奉獻精神,當你以一種感恩圖報的心情工作時,你會工作得更愉快,你會工作得更出色。

　　真正的感恩應該是真誠的,是發自內心的感激,而不是為了某種目的,迎合他人而表現出的虛情假意。與溜鬚拍馬不同,感恩是最自然的情感流露,是不求回報的。如果時常懷有感恩的心情,你會變得更謙和、可敬且高尚。每天都拿出幾分鐘的時間,為自己能有幸擁有眼前的這份工作而感恩,為自己進入這樣一家公司而感恩。所有的事情都是相對的,沒有絕對的事情,不論你遭遇多麼惡劣的情況,都要心懷感激之情。

　　不要浪費時間去分析和抨擊高高在上的公司官僚,不要無休止地指責和厭惡在某些方面不如自己的部門主管。指責別人不能提高自己,相反,抨擊和指責他人只能破壞自己的上進心,徒增莫名的驕傲和自大情緒。請相信市場永遠是公平的,它會以自己的方式去實現公平,一切降低公司效益的行為和個人終將被清除,那些風光一時的不稱職者終將被社會無情淘汰。

熱愛你的工作

　　奉勸那些牢騷滿腹的年輕人，將目光從別人的身上轉移到自己手中的工作上，心懷對工作的感激之情，多花一些時間，想想自己還有哪些需要提高和進步的地方，看看自己的工作是否已經做得很完美了。如果你每天能帶著一顆感恩的心而不是挑剔的眼光去工作，相信工作時的心情自然是愉快而積極的，工作的結果也將大不相同。

　　帶著一種從容坦然、喜悅的感恩心情工作吧，你會獲取最大的成功的。每一份工作或每一個工作環境都無法盡善盡美，但每一份工作中都有許多寶貴的經驗和資源，如失敗的沮喪、自我成長的喜悅、溫馨的工作夥伴、值得感謝的客戶等，這些都是工作成功必須學習的感受和必須具備的財富。如果你能每天懷著感恩的心情去工作，在工作中始終牢記「擁有一份工作，就要懂得感恩」的道理，你一定會收穫很多。

對待工作要有熱忱

　　工作不代表你整個人，但你對工作的態度卻會決定你會成為怎樣的一個人。工作是人的天職，是人類共同擁有和崇尚的一種精神。當我們把工作當成一項使命時，就能從中學到更多的知識，累積更多的經驗，就能從全身心投入工作的過程中找到快樂，實現人生的價值。一個人在工作時，如果能以精益求精的態度、火焰般的熱忱，充分發揮自己的特長，那麼不論做什麼樣的工作，都不會覺得辛勞。如果我們能滿腔熱忱地去做最平凡的工作，也能成為最成功的人士；如果以冷淡的態度去做最不平凡的工作，也絕不可能成功。

　　成功者與其他人有一個最明顯的區別，那就是成功者無論何時都保持著積極的心態，熱愛自己的工作，並帶著熱情去工作。

第三章　懷著忠誠的心去工作

「偉大的創造，」博伊爾說，「離開了熱忱是無法做出的。」這也是一切偉大事物激勵人心之處。離開了熱忱，你永遠不可能成功；而有了熱忱，任何人都有可能創造歷史。那些偉大的人，他們哪怕是從事著最卑微的工作，也對前途充滿著希望，對自己的事業有著遠大的抱負。因此，在工作中，他們時時保持心懷愉快與豁達。

鋼鐵大王卡內基（Dale Carnegie）也把熱忱作為自己最基本的東西。原本只是移民而且還住在貧民窟裡的卡內基，正是因為憑藉熱忱的魔力，成為鋼鐵大王。卡內基有這樣一句名言：「我愈老愈能感覺到熱忱的感染力，成大事者和失敗的人在能力上差別並不大，但正是由於各方面條件相近，熱忱就顯得尤為重要了。熱忱的人有信心和勇氣去克服困難。」

如果一個人厭惡自己的工作，那麼他肯定不會成功。引導成功者的磁石，不是對工作的鄙視與厭惡，而是始終對工作保持永恆的熱忱。

美國作家威萊‧菲爾普斯一次走進一家襪子專賣店。一個看上去有十七八歲的員工迎上來，問道：「先生，你要什麼？您是否知道您來到的地方是世界上最好的襪店？」

說著，那少年從一個個貨架上拿下一個個盒子，把裡面的襪子展現在作家的面前，讓他一一鑑賞。

「小夥子，別麻煩了，我只要一雙！」作家有意提醒他。

「這我知道，」少年說，「不過，我想讓您看看這些襪子有多漂亮，它們真是太美了！」少年的臉上洋溢著莊嚴和一種說不出的喜悅。

作家立刻從心底升起了一股對這個少年的興趣，把買襪子的事情拋在了腦後，他略微猶豫了一下，然後對那少年說：「小夥子，如果你能天天如此，把這種熱忱和熱情保持下去，不出十年，你就會成為美國的短襪大王。」

熱愛你的工作

正如作家所言，不到 10 年，這位少年就已成了美國家喻戶曉的短襪大王。而成就他事業的關鍵，就是那份熱忱。

對你所做的工作，要充分認識到它的價值和重要性，它對這個世界來說是不可或缺的。全身心地投入到你的工作中去，把它當作你特殊的使命，把這種信念深深植根於你的頭腦之中，就算工作不盡如人意，你也不要愁眉不展、無所事事，要學會掌控自己的情緒，激發自己的熱忱，讓一切都變得積極起來。現在開始發掘你的熱情吧！其實這並不是一件很難做的事，關鍵是你要行動。

工作要有創新

人類和動物最大的區別就在於我們能夠不斷創新。創新能力，是人類所具有的自然屬性與內在潛能，所以動物世世代代都過著同一種生活，而人類的生活卻越來越美好。正是人們不停地創新，才讓我們今天的生活更便捷、更愉快。

我們的工作也和生活一樣。生活不僅僅是吃飯、睡覺；工作也不僅是做事、賺錢。如果你認為吃飯、睡覺就是生活，那麼你就輕視了生活；如果你認為做事、賺錢就是工作，那麼你就褻瀆了工作！

有人可能這樣想：在職場中的每個人都要承擔責任。如果我沿老路走雖然可能不是那麼精采，但是起碼不會犯錯。然而，如果我創新，那麼我必然要多想很多、多做很多，更關鍵的是：我不敢保證，我總是會成功……

這樣的想法是很普遍的，很多人在工作中因為有這樣的想法而停滯不前。這樣想是人失去勇氣、失去銳氣的前兆。它一定會帶來嚴重的損失。

第三章　懷著忠誠的心去工作

當人們都墨守成規時，創造力便會窒息，而最後的結局就是事業的死亡。

歌德說：「要成長，你總要獨創才行。」

一個只會用一種熟悉的方法工作的人是不會得到社會承認的。他雖然也能夠完成任務，但是他很難應付在不斷變化的形勢。如果我們注意到了這些變化但沒有調整自己的行為，那麼我們的工作就是一派毫無生機的局面。一個在工作中有創意的人，總是比別人更具有活力、更富有智慧，他的工作也更值得人稱道。當然工作中的創新，很多往往是在反覆思考中形成的。因此我們要善於在工作中，針對問題、針對難點、針對重點工作反覆醞釀、反覆思考、勤於思考，新思路、新方法、新東西往往就容易產生。

索尼公司成功的祕訣之一就是：鼓勵所有人尋求創新。

索尼公司曾對電晶體收音機的生產工藝進行了大量的實驗。技術總監發現磷是一種更有效的替代品。他決定調整生產線，後來生產了數以千計的電晶體收音機。但是因為這種電晶體不好用，索尼公司不得不停止發售所有的收音機。這個生產過程幾乎毀了索尼公司。在長達幾個月的深入研究之後，索尼的研究員發現問題在於磷中錫的含量，錫是另一種必須加入的元素，它是保證這種化合物性質穩定的金屬。後來，該研究員憑著這個結論贏得了諾貝爾獎。整個團隊也拿出了解決方案。這一次索尼終於找到了期盼已久的突破。正是在這種不斷探索的過程中他們找到了正確的配方。該總監沒有被開除，他後來成就卓著，並曾擔任索尼公司的總裁。

可見，不論創新的結果如何，創新都是一件非常有意義的事。雖然，我們在創新的過程中會遇到無數麻煩，但是只要我們不被錯誤和困難嚇倒、善於在錯誤中找到原因並堅持不懈地探索，那麼我們一定會取得傲人

的成績。任何公司的成功都依賴於我們的創新。

或許我們並不是在索尼這種競爭異常激烈的公司中工作，但是我們卻不能沒有這種視創新為生命的緊迫意識。對此，我們不能有絲毫的怠慢，因為我們無論做什麼工作都有創新的餘地！

我們的工作是充滿活力的，如果我們總是毫無創意地對待它，那麼原本可以很精采的工作在我們的折磨之下會越來越索然無味。但是如果我們有創新呢？無論大小，別人都能看得出來，因為創新會帶給我們一筆巨大的財富。人的思想總有一種惰性，遇事習慣從自己的僵化思維出發去思考問題，用現成的熟悉的答案去解答形形色色、層出不窮的問題。但是現今的情況瞬息萬變，再好的寶典也不可能總是給你現成的答案。在未來的人生路上，讓我們再勇敢些，去大膽創新吧！你會驚奇地發現，辛辛苦苦工作那麼多年沒有人稱讚，而當你丟棄了一點點陳舊的思考模式以後，取得的業績會如此卓著！

第三章　懷著忠誠的心去工作

第四章
熱情是工作的靈魂

　　熱情是不斷鞭策和激勵我們向前奮進的動力,對工作充滿高度的熱情,可以使我們不畏懼現實中所遇到的重重困難和阻礙。可以這麼說,熱情是工作的靈魂,甚至就是工作本身。

第四章　熱情是工作的靈魂

將熱情注入工作

不少人並不喜歡自己的工作，僅僅是為了生計而需要它，可又沒什麼機會可以選擇新的工作，這時候許多人的態度是：混。

不要畏懼熱情，如果有人願意以半憐憫半輕視的語調稱你為狂熱分子，那麼就讓他這麼說吧。一件事情如果在你看來值得為它付出，如果那是對你的能力的一種挑戰，那麼，就把你能夠發揮的全部熱情都投入到其中去吧，至於那些指手畫腳的議論，則大可不必理會。

相信大多數的員工在進入一家公司後，剛開始時一定是全力以赴，靠著年輕體力好，再加上一腔熱情，什麼辛苦都不以為然。但是，慢慢地，時間久了，自己也有了一些成就之後，謙虛和熱情漸漸都拋諸腦後，越是一帆風順、春風得意，就可能越是傲慢自大而不自知。

常有人形容公司職員有所謂的「3 天」、「3 個月」和「3 年」這 3 個關卡。怎麼說呢？上班 3 天，便會心想：「原來公司不過如此！」原本的幻想在此時已幾乎煙消雲散。

3 個月時，對公司的狀況與人事都已熟悉，被交付的工作也大概都可以應付，便開始進入東嫌西嫌的批評階段。從上司說話的態度到辦公室的布置，每一件事都有話柄。

經過 3 年之後，差不多也可以獨當一面了。如果這時還覺得工作不適合自己，那麼大可以一走了之。

從以上可以看出，一般員工在經過最初的摸爬滾打之後，疲憊時最容易產生這樣消極的想法，認為自己這輩子已經步入了一個既定的軌道，不再有種種年輕的衝動與欲望，只要安分守己按部就班地走下去就行了。

將熱情注入工作

這種鬥志與上進心的消失是最可怕的,它意味著人已習慣了自甘平庸與落魄。

當不須全力以赴就可勝任工作時,人就容易流於傲慢,對別人的勸告也嗤之以鼻。這樣的工作態度是相當危險的,如果缺乏那份熱情與目標,就如同車船失去動力一般,只會離成功愈來愈遠。所以,後者常保最初的那份執著與熱情,並時時檢討自己,修正方向。

大多數人都是厭惡工作的,除了工作的前3天能夠帶給他們從未經歷過的新鮮感覺之外,他們可能從來就沒有真正工作過。但是如果我們做工作連起碼的情趣都失去了,還怎麼可能有所成就呢?

倘若我們沒有完成工作的熱情,那我們在任何職位上都無法嶄露頭角。如果把自己從事的工作視為愛好,就會做出驚人的成績;如果把自己所從事的工作視為負擔,其一生決無成果。

如果我們想獲得成功,就必須滿腔熱情地對待自己的工作,那麼,怎樣無限熱情地對待自己的工作呢?

我們都曾經在生活中碰到過這樣的事情:

當同時點到兩個人時,一個人「唰」地從椅子上站起來,而另一個人還在慢慢地磨蹭。面對此景,如果有人問我們對誰持有好感,我們的回答一定是前者。因為這種麻利的動作能讓人感覺到他的積極性和熱情。

的確,在人們的眼中,一位整天昂首闊步行走的人比一位弓腰彎背而行的人給人的印象更深刻,人們會脫口而出說:前者對工作富有很大的熱情。

在任何時候都不要讓消極情緒苦惱自己。只有以積極的態度投身工作、學習中,才能給我們歡樂和熱情。只有當我們滿懷熱情地工作,並努

第四章　熱情是工作的靈魂

力使自己的老闆和顧客滿意時，我們所獲得的利益才會增加。而工作中最巨大的獎勵還不是來自財富的累積和地位的提升，而是由激情帶來的精神上的滿足。

我欣賞滿腔熱情工作的員工，相信每個公司的老闆也是如此。從來沒有什麼時候像今天這樣，提供了如此多的機會給滿腔熱情的年輕人！正如一位著名企業家所說：「成功並不是幾把無名火所燒出來的成果，你得靠自己點燃內心深處的火苗。如果要靠別人為你煽風點火，這把火恐怕沒多久一定會熄滅。」

美國德州有一句古老的諺語這麼說道：「溼火柴點不著火。」當自己覺得工作乏味、無趣時，有時不是因為工作本身出了問題，而是因我們的易燃點不夠低。沒有選擇或現狀無法改變時，至少還有一點是可以選擇改變的：是去積極投入地享受還是被動無奈地接受折磨，這取決於自己的心態。點燃我們心中的熱情，從工作中發現樂趣和驚喜，在工作的熱情中創造屬於自己的奇蹟吧！

熱愛工作，與自己的工作談戀愛

不論我們從事什麼工作，也不論我們的職務高低，都應該熱愛自己的工作，要在工作中找到自己的樂趣，在工作中尋求滿意，才會有幸福感、成功感。

滿足是一種積極的心態，我們可以決定自己的態度，只有樂於工作，才能全力以赴，才能在工作中得到滿足。否則就會有情緒的衝突和挫折感。

一家公司的業務經理阿賽姆總是以積極的心態，熱愛自己的工作，而

熱愛工作，與自己的工作談戀愛

且技能熟練，做起什麼工作來都得心應手。他確立了三項非常重要的原則：一是自我激勵，掌握自己的態度；二是確立目標；三是他認為任何事情都有自身的發展規律，必須懂得那些規律並加以運用才能取得成功。

阿賽姆相信這些原則，並以實際行動履行這些原則。每天早晨他都對自己說：「我覺得自己精力充沛、精神愉快，我覺得自己大有可為。」他也的確是這樣做的。

阿賽姆用自己確信的原則訓練手下的業務人員，大家也都有同樣的信條和感受。每天早晨業務員相聚的時候。他們每一個人都有自己的目標，目標之高，令總公司和其他一些分公司的人感到吃驚。但每週的業績卻不得不令人佩服。

情形就是如此，正是積極心態激勵著阿賽姆及其管理的銷售人員去發現他們工作中令人滿意的事情，從而取得成功。

喜歡自己的工作與不喜歡自己的工作，有很大的差別。那些感到工作滿意的人，能以積極的心態對待工作，他們總在尋找好的東西，當某種東西不好時，他們首先是考慮怎樣來改進它。但是那些對工作不滿意的人，他們的心態就變得消極，他們總是報怨各種不如意的事情，甚至抱怨一些與工作不相干的事情，消極的心態完全占據了他們的靈魂。

能否發現工作中令人滿意之處是與工作種類無關的。如果我們沒有愉快和滿意的工作心情，就得控制自己的心態，使其積極。如果要讓自己的工作饒有趣味，就得用微笑來表達自己對工作的滿意。

我們每個人都應該遵循自己靈魂的指引，完成我們自己的使命。只要我們靜心聆聽，我們就能找到自己的方向，找到我們應該做的事情。每個人真正喜愛的工作，就是上天賦予我們的責任。只有找到了這樣的工作，

第四章　熱情是工作的靈魂

我們才能生活得輕鬆愉快，才能真正改變自己的生活，改變我們所愛的人的生活，改變社會，改變整個世界。

蘭澤是俄亥俄州北坎頓鎮的電車售票員，工作已經幾年了，但越來越不喜歡自己的工作，甚至開始厭倦。後來，蘭澤透過學習使他懂得，如果一個人想要愉快的話，他做任何工作都可以愉快，關鍵是要有積極的心態。

從此，他決心利用工作的方便使每個搭乘他電車的人都感到愉快。乘客們也確實非常喜歡他那殷勤周到的接待和親切的問候。乘客們感到很愉快。

但他的上司卻採取相反的態度，警告他要停止這種異乎尋常的殷勤。蘭澤沒有理會這個警告。蘭澤被解僱了。

後來，蘭澤去請教了拿破崙·希爾（Napoleon Hill）。拿破崙·希爾告訴他，他可以把他卓越的才能和友好的氣質應用到更能發揮特長的工作上，例如做業務就有利於發揮他的才能。他聽了拿破崙·希爾的勸告，不久向紐約人壽保險公司申請工作，做了該公司的代理人。

蘭澤所訪問的第一個顧客，就是那個電車公司經理，蘭澤對這位經理推心置腹，所以當他走出這位經理的辦公室時，皮包裡增加了一張購買10萬美元保險單的申請書。

後來，他成為紐約人壽保險公司的業務經理。

能否想像得出，每天都沉浸在自己喜愛的工作中，會是怎樣的一種享受？

相信很多人一定有這樣的認知：任何專精於某項技巧的人，一定是因他熱愛這項技巧。因為喜歡，才會有強烈的學習動機；有強烈的學習動機，困難就變得微不足道，反而會勤於練習使其更熟練、專精。因此，想

熱愛工作，與自己的工作談戀愛

要學好一件事，就得先讓自己喜歡上它。

喜歡工作就是迷戀工作，好比談戀愛一樣，所有的奉獻都源自於真心，有了真心，便會全心全意，全力以赴。

一旦全力投入工作之中，周遭的事情會變得有意義，雖然辛苦，生命卻感覺更充實，並且不知不覺地愛上這份工作。不會因為工作壓力而心生怨恨，容易在工作上出人頭地。但最根本的，工作的樂趣在於我們自己。工作時，表現出自己獨一無二的特質──我是一個最有價值的人，擁有信心、決心和愛心，自己內心喜悅表現出我們的充沛過人的精力和信心，與我們接觸的人都會深受感染。

另一方面，工作本身就是一件樂事，可以從中獲得樂趣。

我們都常有這樣的經歷，一旦做自己喜歡的事情，就很少感到疲倦。產生疲倦的主要原因，是對生活厭倦，或對某項工作特別厭煩，這種心理上的疲倦往往比肉體上的體力消耗更讓人難以承受。

一個人如果僅僅是勉強完成工作，那麼，他做起事來就會馬馬虎虎，稍遇困難就會打退堂鼓，很難想像這樣的人能始終如一地高品質地完成自己的工作，更別說能做出創造性的業績了。如果不能使自己的全部身心都投入到工作中去，就難以得到成長和發展的機會，無論做什麼工作，都可能淪為平庸。

只有在熱愛工作的情況下，才能把工作做得最好。一個人在工作時，如果能以自強不息的精神、火焰般的熱情，充分發揮自己的特長，那麼即使是做最平凡的工作，也能成為最精巧的人；如果以冷淡的態度去做，哪怕是最高尚的工作，也不過是個平庸的工匠。

可以說，人一天當中最重要的時間，絕大部分都是在工作中度過的。

第四章　熱情是工作的靈魂

將這樣的生活形態放大到一整年,時間的比例分配亦是如此。從一輩子的光陰來看,公司和工作依舊瓜分了我們絕大部分的青春年華。

由此可見,不管喜歡與否,職場生活與工作皆占去我們人生中相當可觀的比重。正因為如此,我們更應該體認「擁有工作」是一件多麼可貴而值得感謝的事。反過來說,如果無法樂在工作,不能從工作中實現任何成就,那麼這樣的人生不僅無趣,更是遺憾。

要在工作中挖掘樂趣,需保持樂觀的態度。內心的愉快是照亮這個世界的火種。

我愛不愛這份工作?這足以決定自己將「樂在工作」或是「苦在工作」。樂在工作,則人生極樂;苦於工作,則身困地獄。

當然,你之所以選擇了手頭的這份工作,這是由許多複雜因素所造成的。如果你確實為手頭的工作而苦惱,你有必要重新審視的工作或你的工作態度,你也可以找出問題的根源,如果發覺自己實在不適合這個行業,就應該趁早轉行。如果連轉行都不知該如何選擇,那就應該先修正自己的工作心態:因為問題一定出在自己的身上。諸如:

因為上司的命令所以不得不做,為了薪水餬口不得不盡工作義務,為了出人頭地必須忍辱負重⋯⋯

所以,總是一副楚楚可憐、心事重重的樣子,我是如此心力交瘁,而眾人卻是如此負我!

這樣的心態很不健康!如果工作上真的有不平等的地方,自己更應該去面對、解決,而不是自怨自艾,還一副努力犧牲的模樣。

這是因為心態不同,得到的結果也大不同。熟知工作的人不如喜歡工作的人,喜歡工作的人又不如樂在工作的人。

至於怎樣才算是超越了「喜歡工作」的階段，成為真正的樂在工作呢？如果我們在工作中找到夢想，把工作當成使自己成長的好契機，一心提升工作層次而絞盡腦汁發揮創意，以及因為工作而感受到強烈生活意義的話，我們便是在工作中「實現自己」，並且已經是「樂在工作」了。

前面也提到過，要讓自己喜歡上工作，必須先全力投入工作才行。快樂的工作不會憑空掉下來，而工作也不會自己變得有趣又迷人，快樂的工作是自己以實際行動創造出來的。

別忘了，「工作的樂趣和努力成正比」！倘若我們全力以赴地投入工作，就會獲得無與倫比的滿足感，傾盡全力決不會令人耗竭殆盡，反而使自己充滿自尊心，心安理得，當全力做好一件工作之後，在家度過一個寧靜的夜晚。

對待工作的態度，可以激發出人的無窮鬥志。熱愛自己的工作，就必須把憂慮攆出我們的思想，讓自己一刻也不停地快樂地工作著。熱愛自己的工作，實際上也是熱愛自己的人生。一個不熱愛工作的人，他就無法熱愛生活，更談不上熱愛生命了！

堅守信念，使命感讓工作更成功

在人的一生當中，拋棄一切雜念，專注追求某一個機會是很有必要的。人生的價值只有在這種專注的過程中，才能扎實地建立起來。

即使有再優良的工作環境，工作的人卻缺乏意願也無濟於事。所以工作時最重要的不是環境，而是使命感。

看足球比賽時，我們有時會看到選手越位接球，造成因吹哨而使進攻

第四章　熱情是工作的靈魂

停頓,這就是缺乏使命感與自信引起的結果。令秩序混亂的原因不能全歸罪於紀律不嚴,規則和慣例只是為了規範一些「叫不動」、「沒有工作意願」的人,真正有使命感的人是不需要規則束縛的。

男孩子的父母希望自己的兒子能成為一位體面的醫生。可是男孩讀到高中便被電腦迷住了,整天吵著一臺蘋果機,在課餘時間裡,他把電腦的主機板拆下又裝上。他的父母很傷心,告訴他,他應該用功唸書,否則將來根本無法立足社會。可是,男孩說:「有朝一日我會開一家公司。」父母根本不相信他,還是千方百計地按自己的意願培養男孩,希望他能成為一位醫生。

不久,男孩終於按照父母的意願考入了一所大學的醫科,可是他只對電腦感興趣。在第一學期,男孩不知道用什麼辦法從當時零售商買來降價處理的 IBM 個人電腦,在宿舍裡改裝更新後賣給同學。他組裝的電腦效能優良,而且價格便宜。不久,他的電腦不但在學校裡走俏,而且連附近的一些公司和許多小企業也紛紛來購買。

第一個學期快要結束的時候,他告訴父母,他要退學。父母堅決不同意,只允許他利用假期推銷電腦,並且承諾,如果一個夏季銷售不好,那麼,必須放棄電腦。可是男孩電腦生意就在這個夏季突飛猛進,僅用了一個月的時間,他就完成了 18 萬美元的銷售額。他的計畫成功了,父母被迫同意他退學。

接著男孩組建了自己的公司,打出了自己的品牌。在很短的時間內,他良好的業績立刻引起投資家的關注。第二年,公司順利地發行了股票,他擁有了 1800 萬美元的資金,那年他才 23 歲。10 年後,他創下了與比爾·蓋茲同樣的神話,擁有資產達 43 億美元。他就是美國戴爾公司總裁

麥可‧戴爾（Michael Dell）。

比爾‧蓋茲與戴爾兩人都是電腦行業的大廠，兩人的信念也驚人地一致，他們這樣認為，他們的成功都來源於：「堅守自己的信念，並且對一個行業富有熱情。」

成功者所創造的每項奇蹟，總是始於某一個偉大的想法。或許沒有人知道今天的一個想法將會走多遠，但是，我們不要懷疑，只要沉下心來，努力去做，讓心中的雜音寂靜，我們就會聽見它們就在不遠處，而且伸手可及。

使命感能激發我們的上進心，使工作愈來愈得心應手。而工作上的成果又能激勵我們的使命感，進而形成一種良性循環。

不過，很少有人是從一開始就對工作具有使命感的。二十出頭剛進社會時，也許會覺得工作乏味無趣，也許會覺得工作不適合自己，也有可能對於未來感到一片茫然。要抓住自己的目標，是需要一番磨練的。

有位痴心男子天天寫信給他心儀的一位女性，對愛的熱誠支持著他的行動，結果終於贏得美人芳心。有位企業的董事長苦於資金周轉不靈，憑著他再造企業的熱情和信念，原先不肯答應融資的銀行卻願意貸款給他。

信念和熱情是超越困難和開創道路的最佳武器。當你認為某個難關絕對無法克服時，那麼你就已經失敗了。

為了要超越障礙，我們必須去探索所有的可能性，即使只是一點小小的希望，也非得緊緊抓牢不可。這是一種冒險，也是向未知的挑戰。熱情和信念，正是活潑有朝氣的人生象徵。

我們每個人都是與眾不同的，都能透過我們的工作為這個世界做出自己獨特的貢獻。

第四章　熱情是工作的靈魂

美國著名的心理學家德西經過長期的實驗發現，當一個人從事有內在興趣的工作時，可以在自己的身上發掘出一種自覺的、發自內心的精神力量。

因此，對於職場中的人而言，倘若能正確地認識自己的價值和能力及其社會責任感，在工作的過程中激發出自己內心的精神力量，便會在工作中擁有雙倍甚至更多的智慧和熱情。

一定要養成一種堅信自己最終將會獲勝，將會取得成功的良好習慣，一定要堅強地、堅定地樹立這種信念。這樣，很快自己將會驚異地發現，自己極其渴望、期盼和努力為之奮鬥的目標是可以實現的。

我的位置在最高處

不管在什麼行業，不管有什麼樣的技能，也不管目前的薪水多豐厚、職位有多高，我們應該告訴自己：「要做進取者，我的位置應在更高處。」

傑出人物從不滿足現有的位置。隨著他們的進步，他們的標準會越定越高；隨著他們眼界的開闊，他們的上進心會逐漸增長。

對待工作永不滿足，可以激勵我們從弱者變成強者，從失敗走向成功，從苦難走向幸福，從貧窮走向富裕。

愛因斯坦是不滿足的，因為牛頓定律不能解答他的一切問題。所以他不斷地探究自然和數學，終於提出了相對論。根據這種理論，人們找到了擊破原子的方法，懂得了質量和能量互相轉換的關係，並成功地征服了空間和解決了許多費神的問題。如果愛因斯坦沒有這種永不滿足的精神，這些成就是不可能取得的。

成大事者的志願是由不滿足而來的。有了這一開始，便有一種由強而強的夢想，接著是勇敢的努力，把現狀和夢想中間的鴻溝連線起來。

成大事者並不是空洞的夢想者。他們將來的志向是根植於確切的事實的。美國運輸大王考爾比認為，要爬梯子的最高一向就不要回頭去看。

「我從樓梯的最低一階盡力朝上看，看看自己能夠看到多高。」這是他在最初進入社會還是一個弱者做事時所說的一句話。

他一無所有，而他成為成大事者的希望卻是那樣高遠。他是根據什麼來實現自己成大事的希望的呢？他非常窮困，最初是從紐約一步一步走到克里夫蘭，後來在湖濱南密西根鐵路公司謀了一個總經理祕書的職位。

但是他工作了一些時候，便覺得這份工作過於狹小，已不能滿足其成大事的志願了。他覺得這個工作除了忠實地、機械地幹之外，沒有什麼發展，沒有什麼前途。他覺得矮梯子並不一定就安穩。他覺得坐在一個矮梯子的頂上，更容易跌倒，不如爬一個看不見頂的梯子，一心只想朝上爬。他辭了這個工作，另在赫約翰大使的手下謀得了一個工作；赫約翰就是後來美國國務卿兼駐英國大使。考爾比看到如果與前者在一起，不會有什麼發展，與後者在一起，則會有很大的成就。一個人要有眼光才有進步，但是眼光也必須時時改進。考爾比後來對人說：「我最初到克里夫蘭來，原是想做一個普通水手——這是一種追求冒險和浪漫的思想。但結果我沒有當水手，而每日每時與美國最完美的一個理想人物相接觸（就是赫約翰大使），這也是我的好運氣。他便成為我各方面的理想人物了。」考爾比能覺悟到假如他同一個小人物相處，絕不能有很大的發展，永遠是一個弱者。於是，他選定了一個大人物，然後以這個人為自己心目中的偶像，他選定了赫約翰便為自己樹立了一個成大事的理想。

第四章　熱情是工作的靈魂

不要有滿足的感覺,要忘掉我們所取得的成績,一切都要向前看。

滿足現狀意味著退步。一個人如果從來不為更高的目標做準備的話,那麼他永遠都不會超越自己,永遠只能停留在自己原來的水準上,甚至還會倒退。一個拿著中等薪水的普通職員,如果他們的薪水本來就不多,當他們放棄了追求「更好」的願望時,他們只會幹得更差。

追尋更高位置,「我的位置在最高處,」這種強烈的自我提升欲望促成了許多人的成功。競走的勝利者並不是最快的起跑者;戰爭的勝利者也不是最強壯的人;但競走和戰爭的最終勝利者大都是那些有強烈成功欲望的人。

有這樣一個故事。一個士兵送信給拿破崙,由於馬跑得太快,在到達拿破崙面前時,馬就一命嗚呼了。拿破崙吩咐士兵騎自己的馬帶著他的回信趕回去。

士兵看到這匹裝飾無比華麗的駿馬,便對拿破崙說:「不,將軍,我只是一名普通的士兵,實在不配騎這匹駿馬。」而拿破崙卻說:「世界上沒有任何東西,是法蘭西士兵所不配享有的。」

拿破崙是在藉此鼓勵士兵:「不想當元帥的士兵不是好士兵。」

從很多方面來說,每個人的確本來就擁有他所要實現更高位置所需的一切能力。既然如此,當我們本來可以高出眾人之時,為什麼要甘於平庸?為什麼我們就不能超越平凡呢?

試著為自己設立更高的目標!在公司裡,你可曾想過:「我應該能夠做得更出色一點,或者更勤奮一點兒?能上升為財務主管,我是否已經很滿足,但為什麼不把做公司的財務總監當作自己的奮鬥目標?為什麼能夠選擇完美的時候,我們卻選擇了平庸?為什麼我們總是重複別人做過的事情?」

不滿足於一般的工作表現，要做就做最好，要成為老闆不可缺少的人物。雖然不能做到完美無缺，但是我們要不斷地提升自我。

在現今這種競爭激烈的商業社會裡，公司和個人都面臨著巨大的壓力，作為一名企業的員工，勇於質疑自己的工作，比如，「今天我應該在哪裡改進我的工作？」

如果我們能在事業起步階段就把這句話作為格言，就會產生無窮的影響力。我們會隨時隨地求進步，工作能力就會達到一般人難以企及的程度。要改進我們的工作，首先要改變思考方法，提高思考能力。

現在是一個知識經濟的時代，一個人要想改變自己的思考方法，就要善於在工作中補充知識，掌握自己的技巧，建構自己的知識結構。這樣，才能夠不斷地充實自己，完善自己，來適應工作和時代的要求。

在知識經濟時代，學習已不再被認為是上學時的事。學習已變成了終身的事情，人們必須隨時隨地學習知識，才能夠不斷地改變思考方法。

作為公司的一名職員，只有不斷地從學習中吸收新思想，不斷地提升自己的思考能力，才能夠在工作中獲得不斷改進的方法。

不斷追求更高的自我定位，從根本上說，是為了自身不斷進步。不斷進取的過程更是重塑自我的過程。當運動員們嘗試跳得更高一點兒時，他們實際上就是要重新塑造自我。這個新的自我所處的位置更高，必將會有更傑出的工作表現。

當然，要想達到更高的位置，僅僅有強烈的上進心還是不夠的，我們還必須不斷增強工作所需的能力，並付出巨大的努力。

第四章　熱情是工作的靈魂

最優秀的人是重視找方法的人

　　最優秀的人，是最重視找方法的人。他們相信凡事都會有方法解決，而且總是有更好的方法。

　　三菱經濟研究所的所長町田一郎氏曾說：「現在是用頭腦思考，而不是用身體決勝負的時代。」有些人則會說：「我太忙了，連考慮的時間也沒有！」「以前的人也都是這麼做啊！」這些人找以上藉口來將自己的做事方法「單純化」，如果覺得自己太過忙碌，更應該深入去思考怎樣才能更輕鬆、更迅速、更有效率地完成工作。

　　當我們只是機械性地用身體在工作時，往往會產生「做了很多事」的錯覺，實際上不用腦思考的人，只會讓自己忙得像只無頭蒼蠅，只能看到眼前的事物，慢慢地變得急功近利。長此以往，一個缺乏遠見的人不僅沒有能力可以領導別人，也成不了大事。

　　我們經常聽說「天才出自勤奮」。不錯，天才出自勤奮，但並不等於勤奮。勤奮只是一個優秀學生的基本功。要真正學好，還要掌握方法──學得多不如學得巧。

　　有人由此得出結論：「你想在科學研究過程中趕上、超過別人嗎？你一定要摸清楚在別人的工作裡，哪些是他們不懂的。看準了這一點，鑽下去，一定會有突破，並能超過人家。」

　　有位成功人士在與人談到成功的經驗時說：「我之所以能有這樣的發展，都源於我凡事都願意找方法解決。」

　　有人調查過很多企業的成功人士，從他們身上發現了一個共同的規律：最優秀的人，往往是最重視找方法的人。他們相信凡事都會有方法解

決,而且是總有更好的方法。

相信嗎?這就是找方法的價值和妙處!

「實在是沒辦法!」

「一點辦法也沒有!」

這樣的話,我們是否熟悉?我們是不是會覺得很失望?

當我們的上級下達某個任務給我們,或者我們的同事、顧客向我們提出某個要求時,我們是否也會這樣回答?

當你以這樣的回答時,是否能夠同樣體驗別人對我們的失望?

辦法都是人找的,相信有辦法的人辦事能力也就強。在我們的生活中,沒辦法的人,無疑等於告訴別人這樣一個信息:我無能,所以沒辦法。同時,一句「沒辦法」,我們似乎為自己找到了不做的理由。但也正是一句「沒辦法」,澆滅了很多創造之花,阻礙了我們前進的步伐!

是真的沒辦法嗎?還是我們根本沒有好好動腦筋去想辦法?

想辦法是有辦法的前提。如果讓腦袋放假,即使天才遇到問題時也會一籌莫展。

我們平時喜歡講一句話:「眉頭一皺,計上心來。」其實,這往往是在特定時期、特定人物的狀況。要有好的點子和想法,應當要為此付出更多的努力。

人的智力的提高是一個逐步的過程。只要我們能夠戰勝對艱難的畏懼,並下決心去努力,我們就能越來越多地找到解決問題的方法,並且越來越智力超群!

我們之所以說事情很艱難,往往是我們並沒有盡到最大的努力,或者

第四章　熱情是工作的靈魂

說雖然我們已經「盡力」了,實際上我們並沒有把全部潛力發揮出來!

先把「不可能」放到一邊,而只想著自己是否竭盡全力。學會想盡一切辦法、窮盡一切可能去努力吧!因為世界上沒有「天大的問題」,只有不夠努力造成的失敗和遺憾。或者說,問題在於做得還不夠,所以更要賣力才對。

如果我們透過找方法做了一件乃至幾件讓人佩服的事,就能很快脫穎而出並獲取更多的發展機會。

有一位青年在一家中等規模的保健品廠工作。公司的產品不錯,但知名度卻很有限。

他從業務員做起,一直做到主管。一次他坐飛機出差,不料在國外卻遇到了意想不到的劫機。在度過驚心動魄的十個小時之後,問題終於解決了,他可以回家了。就在要走出機艙的一瞬間,他突然想到在電影中經常看到的情景:當被劫機的人從機艙走出來時,總會有不少記者前來採訪。

為什麼自己不利用這個機會宣傳一下自己的公司形象呢?他立即從箱子裡找出一張大紙,在上面濃描重抹了一行大字:「我是××公司的××,我和公司的××牌保健品安然無恙,非常感謝搶救我們的人!」

他打著這樣的牌子一出艙,立即就被電視臺的鏡頭捕捉住了。他立刻成了這次劫機事件的明星,很多家新聞媒體都對他進行了採訪報導。

他在機場別出心裁的舉動,使得公司和產品的名字幾乎在一瞬間家喻戶曉了。公司的電話都快打爆了,客戶的訂單更是一個接一個。等他回到公司的時候,公司的董事長和總經理帶著所有的中階主管,都站在門口夾道歡迎他。董事長動情地說:「沒想到你在那樣的情況下,首先想到的竟然是公司和產品。毫無疑問,你是最優秀的推銷主管!」董事長當場宣讀

了對他的任命書：主管行銷和公關的副總經理。之後，公司還獎勵了他一筆豐厚的獎金。

這位青年的故事，說明了一個道理：在任何部門、任何公司，能夠主動找方法解決問題的人，最容易脫穎而出！

很多傑出的人物的成功，在相當程度上是抓住了一個關鍵的脫穎而出的機會，就這樣，他們才走上了一個有高度的新起點！

有了這樣的新起點，才有了更大的舞臺，才能吸引更多的人向自己看齊，才有更多的資源向自己彙集。

「只要精神不下滑，方法總比問題多。」人作為高級動物，最大的特點就是會動腦筋。只要我們下決心並肯動腦筋，越去找方法，便越會找到方法。越會找方法，就能創造越來越大的價值，這不僅提高了自己找方法的自信，而且越來越明白找方法的竅門，找出更多更好的方法來！

學會成為一個不找藉口找方法的人吧！學會做一個相信方法總比問題多的人吧！唯有這樣，我們才能成為一個真正傑出的員工！

低頭做事還不夠，還得追求效率

在市場經濟時代，做任何事情都應該有一個好的結果。不僅要做事，更要做成事。不僅要有苦勞，更要有功勞。光是低頭做事是不夠的，還得講究效率和效益。

我們曾經一直強調勤奮的精神。不錯，在任何時代，我們都需要任勞任怨、勤勤懇懇的精神。在當代社會，老闆重視能出業績的員工的情況越

第四章　熱情是工作的靈魂

來越普遍了。

從優秀到卓越，靠的是方法。不論是公司或個人，學習科學的工作方法，都能極大地提高效率和效能。沒有什麼比忙忙碌碌更容易，沒有什麼比事半功倍更難。這一理念的核心，就是強調以效益為核心，沒有效率的忙是「窮忙」、「瞎忙」！

在現在的工作中，有這樣一個現象——主管安排同樣性質的一件事情給兩位員工去做。其中的一位每天提早上班，推遲下班，連星期六、星期天都不休息，弄得身心憔悴，愁眉苦臉。但是，由於他沒有達到要求，主管對他總是很不滿意，甚至對他還嚴加批評。另外一位員工，從不需加班加點，只是每天把該做的事情都做好，每天報告給主管的都是好的進度與消息，主管對他總是笑臉相迎，經常表揚，最後將他提拔升遷。

是主管偏心、不欣賞苦幹的員工而只是欣賞「討巧」的員工嗎？往往不是這樣。主要的原因，是我們已經進入了市場經濟的嶄新時代。

那些光知道苦幹、窮忙的人，越來越得不到認可。社會正越來越認可一個新的理念：做任何事情都要講究效率和效益！

不僅要努力做事，更要做成事！強調的是結果、效果，而不是過程。

在較具規模的公司裡，董事長最重大的任務就是預想公司五年、十年後的情況。這種公司將來一定穩如泰山，不會因突如其來的狀況而手忙腳亂。

有先見之明的人，成長也比別人迅速。能夠主動掌控工作進度，成為「工作的主人」，才算是真正的「發揮個性」。有了先見之明，也就可以遊刃有餘了。

一位商界菁英，工作效率奇高。他是怎麼做到這一點的呢？方法很

簡單。

他在每個工作日開始做的第一件事,就是將當天要做的事分為:

第一種是所有能夠帶來新生意、增加營業額的工作;

第二種是為了維持現有狀態,或使現在狀態能夠持續下去的工作;

第三種則包括所有必須去做、但對企業和利潤沒有任何價值的工作。

在完成所有重要工作之前,他絕不會開始第二種次要工作;在完成次要工作之前,也絕不會著手進行任何第三類的工作。

他還要求自己必須堅持養成一種習慣:任何一件事都必須在規定好的幾分鐘、一天或一星期內完成,每件事都必須有一個期限,否則,就會很被動。一句話,努力趕上期限,而不是無休止地拖下去。這位商界菁英透過現身說法,講述了分秒必爭、期限緊縮的真正價值。

在我們這個時代,多的是「忙人」。我們每天在急急忙忙地上班,急急忙忙地說話、急急忙忙地做事,可到月底一盤算,卻發現自己並沒有做成幾件像樣的事情。卻沒有想到,這種忙,只能是「窮忙」、「瞎忙」,沒有給自己和單位帶來效益。

從員工的角度來講,提高工作效率就要重視以下市場原則:我先為公司創造財富,公司才會給我財富;只有我為公司創造空間,公司才會給我空間;只有我為公司打造機會,公司才會給我機會!

為此,就非得格外重視方法不可!

美國汽車大王福特(Henry Ford),只受過很少的正規教育。他的汽車生意名氣很大,有人妒忌他說福特充其量只是個無知的生意人,福特得知後很生氣,向法庭控告該人惡意誹謗。

第四章　熱情是工作的靈魂

　　開庭審理時，對方的律師故意刁難福特，向福特提出了許多對於受過正規學校教育的人來說，屬於「常識性」的問題，讓福特一一回答，對方想藉此利用自己在書本知識上的優勢，以此來證明福特確是一個「無知的人」。

　　福特剛開始還有禮貌地聽著，很快就不耐煩了，他話鋒一轉質問律師說：「請讓我來提醒你，在我辦公桌上有一排按鈕，只要我按下某個按鈕，就能把我所需要的助手招來，他能夠回答我企業中的任何問題。關於我企業之外的問題，只要我想知道，也可以用同樣的方法獲得。既然我周圍的人都能夠提供我所需要的任何知識，難道僅僅為了在法庭上能回答出你的問題，我就應該滿腦子都塞滿那些無用無聊的東西嗎？」福特的提問讓對方目瞪口呆，對方律師想不到福特會提出這些問題來反擊他。福特這樣做絕不是什麼「擺架子」，更不是故意把話題扯開，逃避問題，而是有針對性地對效率、結果的高標準理解。工作一定要有更好的結果，工作一定要有更高的效率！福特是被譽為「把美國帶到生產線上」的人，為何對他有這樣的讚譽，在某種程度上，正是由於他發明了現代生產線作業的方式，從而大大提高了工作效率。

　　自覺地養成高效能工作的習慣，我們就能輕鬆愉快地工作，生活也會變得更加美好；它還是我們成就事業、走向成功的捷徑。

　　做一個凡事講方法的「忙人」吧，這樣的忙，才會有效率、有價值！做一個凡事講究結果和功勞的人吧，這樣，才會贏得最快速度的發展，並得到最大的認可與回報。

養成高效率工作的好習慣

在工作和生活中,習慣無處不在,每一個人都有各式各樣的習慣。在這些習慣中,既有好習慣,也有壞習慣,既有老習慣,也有新習慣。好的習慣可以提高我們的工作效率,達到事半功倍的效果。

好習慣是成功的基石,也是成功的泉源。一旦我們在工作中養成了積極主動、自覺自願的好習慣,有不服輸的心性,把困難當機遇。那麼我們就能超越失敗,戰勝消極,才不會被自己打倒。

1987年,75位諾貝爾獎得主在巴黎聚會。有人問其中一位:「你在哪所大學、哪所實驗室裡學到了你認為最重要的東西呢?」

出乎意料,這位白髮蒼蒼的學者回答說:「是在幼稚園。」又問:「在幼稚園裡學到了什麼呢?」

學者答到:「把自己的東西分一半給小夥伴們;不是自己的東西不要拿;東西要放整齊;飯前要洗手;午飯後要休息;做錯了事要表示歉意;學習要多思考,要仔細觀察大自然。從根本上說,我學到的全部東西就是這些。」

這位學者的回答代表了與會科學家的普遍看法:成功源於良好的習慣。

英國的唯物主義哲學家、現代實驗科學的始祖、科學歸納法的奠基人培根,一生成就斐然。在談到習慣時深有感觸地說:「習慣真是一種頑強而巨大的力量,它可以主宰人的一生,因此,人應該透過教育培養一種良好的習慣。」

習慣的力量是巨大的,因為它具有一貫性。它透過不斷重複,使人們的行為呈現出難以改變的特定的傾向。就像一句古老的箴言:「習慣就像

第四章　熱情是工作的靈魂

一根繩索。每天我們都織進一根絲線，它就會逐漸變得非常堅固，無法斷裂，把我們牢牢固定住。」

正如有位哲人說的：播種行為，收穫習慣；播種習慣，收穫性格；播種性格，收穫命運。

壞習慣，比如粗心大意、馬虎輕率、遇事拖延、吹毛求疵等等，可以讓我們丟掉工作，甚至讓我們身敗名裂。職場上摸爬滾打多年的丹尼爾，好不容易讓自己的職位和薪水都連跳了兩三級。當然自己的能力、資歷都算得上實至名歸，夠資格坐那張椅子、拿那份薪水了。她的辦事能力、人際關係老闆也十分的放心……

可是她也有讓人「另眼相看」的地方——「不拘小節」！自己辦公桌上都是亂七八糟的，三十好幾的人了，老愛吃小零食，還不分場合……

更有甚者，進了辦公室，立刻脫下「高貴」的高跟鞋，換上舒服的拖鞋。主持正式會議的時候，有基層主管，有一般的同事，有男性，有女性，她也「捨不得」換正式的鞋子。

總經理知情後，含蓄地暗示說：「丹尼爾啊，你是不是壓力太大了？」

她居然沒能聽懂，感激萬分地說：「沒、沒有，我感覺很好，多謝經理的關心！」

緊接著又發生了一次「拖鞋」事件，之後，丹尼爾本人也發生了一件大事——工作也丟了。事情發生在一位英國來賓來公司視察的一天。

總經理特別交代各級主管：「注意你們的儀容！」

丹尼爾小姐習慣已成自然了，還是一副老樣子，英國來賓看到她穿著拖鞋在上班，就問老闆：「你們沒有制度嗎？」「你們的員工都這樣嗎？」老闆無言以對，心中十分惱火。來賓走後，他開除了丹尼爾。

養成高效率工作的好習慣

在公司裡上班就是上班，不能像是在家裡，不能把會議室、辦公室當作自己的家，以免有損自己的形象，甚至會讓人誤解你的工作態度不好、工作作風不良、不尊重老闆……

我們需要在專業領域中充分展示自己的才能，但絕對不可以在正式的場合展示自己的「隨隨便便」，要時時處處留心我們的細枝末節的習慣。

無論做什麼事，如果我們能摒棄壞習慣，使之達到至善至美的結果，這樣不僅能提高工作效率和工作品質，也能樹立起一個高尚的人格。

按照公司的工作流程辦事，是提高工作效率的關鍵，也是一個人責任心的一種具體體現。工作中缺乏按流程做事的習慣，做事隨意性嚴重，不按照科學的流程辦事，不但事情幹不好，還會帶給公司或者客戶損害。

很多人不關注日常工作的一些細節管理，他們只關心每天做什麼事。而實際上，無論你所在的公司是大是小，按公司的工作流程恰當安排自己的工作日程，會對你的工作達到事半功倍的效果。

一個在美國管理上千名員工的經理，他以前不過是一家家具店的學徒工。在當學徒時，他常常仔細思索每一道工序。「不要在這些事上浪費時間了，它是毫無價值和意義的，查理！」他的同事常常對他這樣說。可他一有空閒就思索修理家具，很快就熟練地掌握了修理家具的精湛技術。

正是這種認真仔細的良好習慣，將這個年輕人推上了一個又一個重要的位置。

在工作中，對於那些不顯眼的小習慣，我們也許會漫不經心，覺得它沒有什麼大不了的。然而，正是那些小習慣，時間一長，反而會變成老習慣、壞習慣，使我們看不清前進的方向。所以小習慣絕不能小看。

事實上辦公桌往往是一個人個性的投射，聰明的老闆都更願意信任那

第四章　熱情是工作的靈魂

些注重細節注重效率的員工，良好的辦公習慣是顯示一個員工素養的比較明顯的客觀標誌之一。而且可以看到，越是真正忙碌大事業的成功人士，他的辦公桌就越是整潔條理，這表明了他的思路清晰和工作效率。如果我們把桌上清理乾淨，只保留與手頭工作有關的東西，這樣會使工作進行得更加順利，而且不容易出錯，這也是邁向高效率的第一步。

必須學會從整理一張清潔有序的辦公桌開始。整理辦公桌的這個過程實際上也是對我們頭腦的整理。我們必須把需要用的東西放在最容易看到或者找到的地方，當我們的辦公桌上亂七八糟、堆滿了待回信件、報告和備忘錄時，就會導致我們的慌亂、緊張、憂慮和煩惱。

凌亂的辦公桌不會讓人覺得我們重要和忙碌，只會告訴人我們不會工作和效率低下，如果有個助手或者祕書，告訴他把工作區域內不相干的東西收拾好，讓他幫我們減少一切干擾工作的事物，避免對時間的浪費。所以，還是整理好自己的辦公桌，養成一個良好的高效辦公習慣非常重要。

如何提高效率，也是每個職場人士的必修課。數量充當不了質量，首先不要瀏覽和工作無關的網站，不要網上聊天，即使工作需要和外界連繫，也不要寫長篇大論的電子郵件，不要和同事張家長李家短，談工作時間用詞簡潔……

另外的辦法就是不斷探索工作中的樂趣，將枯燥的工作變得津津有味，比如可以開展自我的工作測評和競賽，加快工作節奏，這樣就可以加大工作量，提高效率，我們反而會覺得時間不夠用。

汽車大王福特是一個酷愛效率的天才，曾經對人們浪費時間的各種惡習進行了總結，並嚴加抨擊。

著名的管理大師杜拉克（Peter Drucker）說過：「不能管理時間，便什

麼也不能管理。時間是世界上最短缺的資源，除非嚴加管理，否則會一事無成。」時間就是金錢，效率就是生命，這已經成為一條常識，但說起來容易，做起來難。假如有人總是不分時間地點無論什麼閒雜事就找我們說話，那就在他進來之前把人擋在門外。比如說，你可以把辦公室的門關上，外面掛一塊牌子上面寫著「請勿打擾」；我們也可以設計一種姿勢或動作，等那個閒人來了就給他個暗示，意思是自己正在工作沒時間和他聊天；或者乾脆走出來直接告訴他我今天的業務很忙，又必須在下班之前完成，實在是沒有時間陪他說話。再告訴你一個小訣竅，當有人進來的時候你可以站起來和他說話，好像一副準備時刻「送客」的樣子，這樣雙方的談話就不會太長，我們的時間也就保住了。總之，讓那些習慣上班閒聊的人知道我們沒時間和他們一塊飛短流長，我們的時間無論一分一秒都排得滿滿的。

對於浪費時間的行為，福特痛心地說：「人們每天花在處理這樣一些沒有必要處理的事情上的時間，數量數起來是這樣驚人。除非我們把自己從這些事情中解放出來，否則我們無法成為一個有成果的現代人！」

拿破崙曾經說過，成功和失敗都源於我們所養成的習慣。有些人做每一件事都能選定目標，全力以赴；有些人則習慣於隨波逐流，凡事碰運氣，不論你是哪一種人，一旦養成習慣就難以改變。因為習慣是思維的定勢，它左右著我們按照它的模式去運作，如果我們養成了不好的習慣，時間一長，就會影響我們的一生。

從現在開始，改掉我們的壞習慣，保留我們的好習慣吧！

第四章　熱情是工作的靈魂

一流的工作加一流的行動

「在行動中體現你存在的價值。」有什麼樣的行動，就會有什麼樣的結果。一流的行動，會給我們的人生帶來很多意想不到的東西。一個不尋常的行動，可以讓人的能力、意志、品格等也會有一個異乎尋常的突破。這種突破，可以讓我們提升到一個更高的境界，這也是我們走向成功所必需的考驗。

在工作中，我們每一次能力的提高，我們每一次勇氣的增強，我們每一次品格的完善，是不是都經歷了一次不尋常的行動。在每一次不尋常的行動中，我們得到的東西都將終身受益。

李・艾科卡能成為福特汽車公司總裁，就是因為在福特公司有了一次次不平凡的行動。

1960年11月10日，麥克納馬拉（Robert McNamara）昇任總裁，艾柯卡則接替了副總裁和福特分部的總經理職務，時年36歲。

在福特部擔任總經理的幾年是艾科卡一生中最快樂的日子。他創意迭出，成果非凡，並且終於有了完全由自己領導設計和生產的汽車——野馬。

20世紀60年代初，甘迺迪入主白宮。他也帶來了與50年代截然不同的特點——年輕化。艾科卡敏銳地覺察到了這種趨勢。在充分進行市場調查和分析的基礎上，艾科卡一改汽車業生產決定消費的傳統觀點，決定製造適合消費者需求的新產品。他親自組織了新車設計團隊，夜以繼日地加緊研製。首先要解決的是新車的設計。新車最後定型為年輕人著想的特點：白色車身，紅色車輪，長長的引擎蓋，短短的後車廂，後保險槓構成

一流的工作加一流的行動

一個小小的後尾，既漂亮又帥氣，酷似美國的賽車迷們崇尚的歐洲賽車。而且它可以一車多用，不單是跑車，星期五晚上可以掛上一個箱子去鄉村俱樂部度假，星期天又可驅它去教堂做禮拜。

接下來又是預算與命名的問題。新車的命名讓艾科卡頗費周折。最終，他們採納了廣告代理人的建議，將新車命名為「野馬」。

1964年3月9日，第一輛野馬滑離生產線。4月17日，適逢紐約世界博覽會開幕，「野馬」正式上市了。其受歡迎的程度，遠遠超過了原先最樂觀的猜想。新聞界表現出前所未有的熱情，幾百家報刊在顯著的位置刊登了「野馬」車的照片和介紹文章，《時代》和《新聞週刊》這兩家最著名的雜誌同時以「野馬」的照片作封面。對於一種新商品來說，這種宣傳盛況是空前絕後的。第一年銷售額竟高達14.9萬輛，創下了全美汽車製造業的最高紀錄。頭二年「野馬」型新車為公司創純利11億美元。一時間，「野馬」風行美國。「野馬」二字成了發財致富的象徵，各行各業爭先恐後地搶用「野馬」的標誌。「野馬」車推出不到一年，就出現了幾百家「野馬」俱樂部，還有「野馬」太陽鏡、「野馬」帽及「野馬」玩具等。艾科卡這一巨大的成功，使他也成了聞名遐邇的「野馬之父」。

隨著野馬車的成功，艾科卡理所當然得到了提升。1965年1月，他一躍成為公司客車和卡車集團的副總裁，主管福特和兩個分部所有客車和卡車的計畫、生產和銷售。在福特總部的玻璃大廈中，他成為每天與亨利·福特共進午餐的高階職員之一，受到亨利·福特的特別青睞。此時艾科卡的主要任務是把做野馬的一套成功經驗，應用到分部來。這個分部是一個以製造高價、上等車為特色的分部，但幾十年來，一直很不景氣，成了公司其他部門的包袱。艾科卡在經過了仔細觀察後，找出了癥結所在——該分部系列車缺乏自己的獨特風格和特性，無法打動消費者。艾科卡開始

第四章　熱情是工作的靈魂

開發兩項新產品。1967 年，水星系列的美洲豹型車和侯爵型車相繼問世，美洲豹的設計目的在於吸引那些已駕駛野馬車而仍想購買更漂亮一點的汽車的人，侯爵車則是一種大型的豪華車，可以與通用公司一爭高下。

為了使這兩款新車造成轟動，艾科卡以最富有戲劇性的方式舉行了揭幕式。這次不平凡的行動，給福特公司帶來了巨大的效益，同時也使艾科卡威名大震。為他以後成為萊克福特公司總裁奠定了基礎。

在艾科卡和他手下的推銷人才的努力下，兩次揭幕活動都取得了極佳的效果，廣告宣傳也令新車家喻戶曉。他們用了很多大膽的主意，甚至用了一頭活的美洲豹來推銷美洲豹車。美洲豹也因此成為該分部的象徵，就像福特車的橢圓形和克萊斯勒的五星標誌一樣。在美洲豹和侯爵相繼成功後，艾科卡又乘勝追擊，於 1968 年 4 月推出了馬克三型車——一種在營利上能與凱迪拉克車相競爭的新型林肯車。結果又一炮打響。馬克三型車第一年的銷量就超過了凱迪拉克，每輛車的營利達兩千美元。最興旺的一年，僅林肯分部就賺了十億美元。這是艾科卡事業生涯中最輝煌的一個時期。

福特取得了令人驚嘆的成功，源於科‧艾科卡咄咄逼人的挑戰性。他那種不知疲倦喜好挑戰的幹勁直接形成了福特公司最鮮明的個性。其宗旨是：絕不能無所事事，而必須事事主動。在他人看來無足輕重的東西，在艾科卡看來會成為可能被對手趕超的煩惱。

正是艾科卡一次次不尋常的行動，不但為福特公司贏得了更大的利益，而且造就了他不平凡的人生。有什麼樣的行動，就會得到什麼工作結果。一流的行動，就會有一流的工作結果。

後來，艾科卡到了克萊斯勒公司，成為克萊斯勒公司總經理。這都是

他在福特公司的一次次不平凡的行動中,使他的聲名遠播。

在克萊斯勒公司,艾科卡把這家瀕臨倒閉的公司從危境中拯救過來,奇蹟般地東山再起,使之成為全美第三大汽車公司。他那鍥而不捨、轉敗為勝的奮鬥精神使人們為之傾倒。他以行動不平凡的行動,使克萊斯勒公司立於汽車王國之中,也使自己風靡全世界。一股「艾科卡狂熱」席捲著全球。艾科卡成了全世界聞名的超級企業家,他的傳奇故事也被千千萬萬人所熟知。

多做,必然收穫多

「每天多做一點事」的工作態度將會讓你從你的同事中脫穎而出,不管是普通職員還是管理階層,你的上司和顧客都願意加倍的依賴你,從而給你更多的機會。

如今在每個公司,個人的工作內容相對比較確定,並不一定有許多「分外」之事讓我們去做。

獲得成功的祕密在於不遺餘力地展現自己的工作態度,最大限度地發揮你的天賦,讓自身不斷升值。

德尼斯最早開始在杜蘭特的公司工作時,只是一個很普通的職員,但現在他卻成為了杜蘭特先生最得力的助手,成為一家分公司的總裁。他如此快速地得到升遷就是因為他總是設法使自己多做一點工作。

「我剛來杜蘭特公司工作時,我發現,每天大家都已下班後,杜蘭特依舊會留在公司工作很晚,於是我決定自己也留在公司裡,是的,誰也沒有要求我這樣做,但我覺得我應該留下來,在杜蘭特先生需要時提供幫

第四章　熱情是工作的靈魂

助。」

「杜蘭特先生在工作時經常找檔案和列印，最開始他都是親自做這些工作。後來他發現我時刻在等待他的吩咐，於是他讓我代替他去做這些工作⋯⋯」

杜蘭特之所以願意召喚德尼為他工作，就是因為德尼斯自願留在辦公室，使杜蘭特隨時可以見到他。儘管德尼斯並沒有多獲得一分錢的報酬，但他獲得了更多的機會，讓老闆認識了他的能力，為自己升遷創造了條件。對於分外的工作，如果不是我們的工作，而我們做了，這就是機會。不但如此，還要學會接受老闆交給我們的一些「意外」的工作，並使老闆滿意。這樣可使自己變得對老闆極有價值，還使自己變成老闆不可取代的幫手。

我們可以找出上百條理由去為公司多做一點事，儘管事實上依舊很少人去這樣行動。但基於以下兩點，我們也應該這麼去做：

其一是當我們有了「每天為公司多做點事」的習慣時，我們已經比旁邊的人具有了更多的優勢，無論在哪一個公司，我們的上司和客戶都會樂於與我們合作。

其二是我們要想使自己的能力得到提升，多做一點事，是最好的辦法。如果我們在做分內事的同時為公司多做一點，不但能顯示勤奮的美德，還能發展我們的工作技巧的能力。

我們在工作上，有時候不僅要做好分內的事情，也要積極主動地承擔一些分外的工作，這樣長期下來，你不僅把工作做得好，還鍛鍊了一些額外的能力。一個畢業不久的大學生說得更好：「在要關鍵時刻脫穎而出，就要在平時比別人多走幾步路啊。」

多做，必然收穫多

我們要創造一般的成功，就得付出一般的努力。我們要成為傑出的人才，我們就得比別人多付出幾倍的努力。多倍的努力意味著多倍的收穫。

這就要求我們在工作中，不能斤斤計較，應該多付出一些。如果我們能心甘情願地多付出一些時，遲早會得到回報的。多付出一些並不難，難就難在出於自願，而不為了回報，儘管遲早會有回報。多付出一些的思想必須以良好的心境為基礎，我們應該在工作的實踐中認識到，多付出一些是我們成就每一件事的必要因素。有時候，一個人的一生中所能得到的最佳獎賞，往往是由於能夠以正確的心態——肯多付出一些而提供高品質的服務，為他帶來的獎賞。

巴恩斯（Edwin Barnes）是一個很有抱負的人，但並沒有什麼資本，只有白手起家。他決定要同偉大發明家愛迪生合作。當他來到愛迪生辦公室的時候，他那不修邊幅的儀表，惹得在場的人一陣鬨笑。尤其是當他說明來意的時候，人家就更忍不住要發笑了。愛迪生從來沒有什麼合夥人，但巴恩斯的執著感動了愛迪生，最後留他在那裡做打雜的工作。

巴恩斯在愛迪生那裡做了數年的設備清潔和修理工。有一天，他聽到愛迪生的銷售人員在埋怨最近發明的留聲機賣不出去。這時巴恩斯站起來說：「我可以把它賣出去。」從此他便得到了這份銷售留聲機的工作。

巴恩斯以他打雜的薪水，花了一個月時間跑遍了整個紐約城，一個月之後，他賣出去7部。當他回到愛迪生的辦公室時，又向愛迪生說，他準備在美國推銷留聲機的計畫，這時愛迪生便接受他成為留聲機的合夥人。

有數以千計的員工為愛迪生工作，巴恩斯對愛迪生有什麼特殊貢獻呢？他的貢獻就在於他願意展現他對愛迪生發明品銷售的信念，並將這種信念付諸實施。巴恩斯只想做這份銷售工作，並不想索要更多的報酬，他

第四章　熱情是工作的靈魂

只想多付出一些，實際上巴恩斯所提供的服務已經超出了他的薪水，他是愛迪生所有的員工中唯一有這種表現的人，也是唯一從這種表現中獲得利益的人。

我們做任何事，要想有所成就，就必須付出代價，沒有辛苦是不可能有收穫的。但所付出的額外辛苦或者服務是不會白費的，總有一天會帶來更多的回報。

一個人如果不甘心情願地為別人提供額外服務，那他就不可能得到任何回報，如果只是從自己謀取利益的心態提供服務，則可能連他希望得到的利益也得不到。

無論我們在什麼企業，也無論我們的職位高低，多付出一些的心理可以使我們成為企業中不可或缺的人物，這是因為我們能夠提供他人無法提供的服務。也許有人比我們更有知識，技術更高明，聲望更高，但他卻不像我們那樣為企業提供那麼多不可缺少的服務。

多付出一些的精神，也有助於增強自己的工作能力，如果我們能抱著正確的心態和最佳服務的心情去工作，我們的技術也會逐漸達到精益求精的地步。如果我們在通往成功的途中，沒有精益求精的工作信念，那我們的一切努力都是枉然的。

衝出工作的「圍牆」，培養多付出一些的工作精神，會使我們在任何地方，任何時候都能立於不敗之地，從而也為自己提供了更多的成功機會。可是在生活中，我們經常抱怨：為何我這樣努力，還是達不到目標呢？

有人可能會問我們：你的努力真正「足夠」了嗎？

有一些人不是不願意為自己的理想付出努力，但是，卻總希望只付出一點努力就成功。他們幹任何事情，總是淺嘗輒止。

有一位畫家去拜訪世界名畫家門采爾，一見面就訴苦說：「我只用一天畫了一幅畫，賣掉它卻花了我整整一年的時間。」

門采爾認真地說：「朋友，你不妨倒過來試試。用一年時間去畫一幅畫，那麼用一天的時間，你肯定能賣掉它。」

是的，實現夢想也是一個精益求精的過程。永遠不要淺嘗輒止。否則，難成大器。別抱怨不公平，或許是自己做得還不夠！

只有付出，才能有所回報。也許我們的投入無法立刻得到相應的回報，你也不要氣餒，應該一如既往地多付出一點。回報可能會在不經意間，以出人意料的方式出現。最常見的回報是晉升和加薪。除了老闆以外，回報也可能來自他人，以一種間接的方式來實現。

下一次當顧客、同事和我們的老闆要我們提供幫助，做一些分外的事情，而不是讓他人來處理時，積極地伸出援助之手吧！努力從另外一個角度來思考，譬如換一個角色，自己就是這件事的責任人，你將如何來更好地解決這些問題？

每天多做一點點，初衷也許並非為了獲得更多報酬，而結果往往獲得的更多。我們要想超過別人，就一定要有「多走幾步路」的習慣！

向老闆學習，比老闆更老闆

永遠不滿足自己的成績，做到比老闆勤奮，機會必將垂青於我們。

向老闆學習，不是因為他是老闆，而是因為他有優點，在各方面都很優秀。他之所以成為我們的老闆，一定有許多我們所不具備的特質，這些

第四章　熱情是工作的靈魂

特質使他超越了我們。

不管我們承認與否，這都是客觀存在的事實。老闆之所以能成為老闆，必然有其過人之處。

我們不妨對照一下自己，看看自己與老闆的差距在哪裡。學習別人的優點，改正自己的缺點，自己才會變得更強大。所以，除非老闆有著人所不能容忍的道德品格問題，否則我們最好還是接受他並向他學點什麼，這會對我們有好處。

如果我們想取得像老闆今天這樣的成就，辦法只有一個，那就是比老闆更積極主動地工作。不管我們在哪裡工作，都別把自己當成員工——應該把公司看做自己開的一樣。事業生涯除了自己之外，全天下沒有人可以掌控，這是我們自己的事業。我們每天都必須和好多同行競爭，只不過競爭是無聲的，但可以在市場競爭戰中感覺到這種力量的存在。因此，不斷提升自己的價值，精進自己的競爭優勢，就要學會虛心求教於身邊每一位同事，還有向老闆學習，並從星期一開始就要啟動這樣的工作程序。

比如，為了提高工作效率，每當我們在接受一個新工作時，不妨問一問老闆，以他的標準，做到你這個職位的僱員應該怎樣表現才算理想。作為員工應該怎樣做才算最好？向老闆請教哪些工作、哪些方面是自己首先應該改進和注意的，其次是什麼，再次是什麼，當已有的工作又出現新任務時，同樣要這麼做。我們要隨時了解上司的想法和對我們的期望，這樣我們就可以有的放矢地把精力集中在這些事上，而不是在其他事上自費時間了。公司是老闆的，我只是替別人工作。工作得再多、再出色，得好處的還是老闆、於我何益的想法是極端要不得的。

因此，作為一名員工，除了自己分內的工作之外，盡量找機會為公司

做出更大的貢獻，讓公司覺得自己物超所值，並且在日常工作中想老闆之所想，比任何人都超前。那麼，怎樣才能夠把自己當作公司老闆的想法表現於行動呢？那就是要比老闆更積極主動地工作。每天比老闆先到辦公室，每天比老闆走得晚。還有，為了公司節省開支，每件事上都想老闆之所想，盡可能為公司統籌謀劃節省成本的方法、策略。

任何工作都存在改進的可能，搶先在老闆提出問題之前，已經把答案奉上的行動是最深得老闆之心的，因為只有這樣的職員才真正能減輕老闆的精神負擔。老闆就不用再為此占用大腦空間，可以騰出來思考別的事情了。照這樣堅持下去，自己的表現便能達到嶄新的境界。

事實上，能夠做到這一點的人並不多。也許可以說，一個人的智商能長期有本事跟老闆在工作上競賽，而且有本事把對方擊敗的，也差不多可以夠得上資格當老闆了。

任何公司都存在著不斷壯大、不斷發展的問題，因此，員工的學習和創新就顯得尤其重要，而且，勤奮學習的員工才能夠超越別人。員工要在做好本職工作的基礎上鍛造良好的素養就必須要不斷學習，並在實踐中提高自身素養。在公司這所學校裡，只要我們願意，任何人都可以學到先進的管理經驗、經營技巧、工作技巧以及如何處理人際關係等，這些都是我們以前在課本裡很難學到的東西。

公司是一所很好的學校，老闆就是這所學校中最優秀的教師。我們都應該在這所學校裡不斷地學習，不斷地交優秀的答卷，直到我們自己滿意為止。

第四章　熱情是工作的靈魂

別把工作當苦差事

如果你以為自己的工作是乏味的，是一種苦差事，就會產生牴觸的心理，這終究會導致你的失敗。

要看一個人做事的好壞，只要看他工作時的精神和態度就可以了。如果你對工作是被動而非主動的，像奴隸在主人的皮鞭督促之下一樣；如果你對工作感覺到厭惡；如果你對工作毫無熱誠和愛好之心，無法使工作成為一種享受，只覺得是一種苦差事，那你在這個世界上絕不會取得重大的成就。

有這樣一個故事，一天，主人把貨物裝在兩輛馬車上，讓兩匹馬各拉一輛車。

在路上，一匹馬漸漸落在了後面，並且走走停停。主人便把後面一輛車上的貨物全放到前面的車上去。當後面那匹馬看到自己車上的東西都搬完了，便開始輕快地前進，並且對前面那匹馬說：「你辛苦吧，流汗吧，你越是努力幹，主人越要折磨你。」

到達目的地後，有人對主人說：「你既然只用一匹馬拉車，那麼你養兩匹馬乾嗎？不如好好地餵一匹，把另一匹宰掉，總還能拿到一張皮吧。」於是主人便真的這樣做了。

如果你對工作依然存在著抱怨、消極和斤斤計較的態度，把工作看成是苦差事，那麼，你對工作的熱情、忠誠和創造力就無法被最大限度地激發出來，也很難說你的工作是卓有成效的。你只不過是在「過日子」或者「混日子」罷了！

倘若如此，你每日所習慣的工作不僅不是合格的工作，而且簡直跟「工

別把工作當苦差事

作」有點背道而馳了！一些人認為只要準時上班，不遲到，不早退就是完成工作了，就可以心安理得地去領所謂的報酬了。可是，他們沒有想到，他們固然是踩著時間的尾巴上、下班，可是，他們的工作態度很可能是死氣沉沉的、被動的。

那些每天早出晚歸的人不一定是認真工作的人，對他們來說，每天的工作可能是一種負擔、一種逃避、一種苦差事。他們是在工作中遠離了「工作」，不願意為此多付出一點，更沒有將工作看成是獲得成功的機會。

因此，在任何時候，你都不能對工作產生厭惡感，或者把工作看成是苦差事。

即使你在選擇工作時出現了偏差，所做的不是自己感興趣的工作，也應當努力設法從這乏味的工作中找出興趣。要知道凡是應當作而又必須做的工作，總不可能是完全無意義的。問題全在你對待工作的認知，對工作表現出積極的態度，可以使任何工作都變得有意義。

如果你以為自己的工作是乏味的、是一種苦差事，就會產生牴觸的心理，這終究會導致你的失敗。其實，只要你在心中將自己的工作看成是一種享受、看成是一個獲得成功的機會，那麼，工作上的厭惡和痛苦的感覺就會消失。不懂得這個祕訣，就無法獲取成功與幸福。

一個人不管如何冥頑不靈，如何忘記他的崇高使命，只要是踏踏實實、埋頭苦幹，這個人便不致無可救藥，只有把工作當成苦差事的人才會永無希望。努力工作，而絕不貪婪卑吝，這便是成功的唯一真理。

我認識許多老闆，他們多年來一直在費盡心機地去尋找能夠勝任工作的人，他們所從事的業務並不需要出眾的技巧，而是需要謹慎、朝氣蓬勃與盡職盡責。他們僱請的一個又一個員工，卻因為粗心、懶惰、能力不

第四章　熱情是工作的靈魂

足、沒有做好分內之事而頻繁遭到解僱。與此同時，社會上眾多失業者卻在抱怨現行的法律、社會福利和命運對自己的不公。

許多人無法培養一絲不苟的工作風格，原因在於貪圖享受、好逸惡勞，把工作看成是苦差事，背棄了將本職工作做得完美無缺的原則。

有一位努力上進終獲高薪要職的女性，她才上任短短幾天，便開始高談想去「愉快地旅行」。月底，她便因翫忽職守而遭解僱。

應該在心中立下這樣的信念和決心：從事工作，你必須不顧一切，盡你最大的努力。如果你對工作不忠實、不盡力，甚至把它當成是一個苦差事，那將貶損自己、糟蹋自己，而不會從工作中得到應有的樂趣。

勤奮勞動才能創造美好生活

著名哲學家羅素指出：「真正的幸福決不會光顧那些精神麻木、四體不勤的人們，幸福只在辛勤的勞動和晶瑩的汗水中。」懶惰，只有懶惰才會使人們精神沮喪、萬念俱灰；勞動，也只有勞動才能創造生活，給人們帶來幸福和歡樂。任何人只要勞動，就必然要耗費體力和精力，勞動也可能會使人們精疲力竭，但它絕對不會像懶惰一樣使人精神空虛、精神沮喪、萬念俱灰。因此，一位智者認為勞動是治療人們身心病症的最好藥物。馬歇爾·霍爾博士（Marshall Hall）認為：「沒有什麼比無所事事、空虛無聊更為有害的了。」一位大主教認為：「一個人的身心就像磨盤一樣，如果把麥子放進去，它會把麥子磨成麵粉，如果你不把麥子放進去，磨盤雖然也在照常運轉，卻不可能磨出麵粉來。」那些遊手好閒、不肯吃苦耐勞的人總是有各種漂亮的藉口，他們不願意好好地工作、勞動，卻常常

勤奮勞動才能創造美好生活

會想出各種主意和理由來為自己辯解。比如「那山太難爬了！」或者「那沒必要試──我已經試過多次了，都沒有成功，無須再試了。」針對這種種詭辯，一位先生曾寫信給一位年輕人說：「你這懶惰行為，所謂沒有時間等等，都只是一種藉口，你總是用種種漂亮的藉口來為自己辯解，我看你最根本的一條就是不肯努力，不肯下功夫，你的理論就是這樣：每一個人都會把他能幹的事情幹好的。如果有哪一個人沒有幹好自己的事情，這表明他不勝任這件事情。你沒有寫文章表明你不能夠寫，而不是你不願意寫。你沒有這方面的愛好證明你沒有這方面的才幹。這就是你的理論體系，一個多麼完整的理論體系啊！如果你的這個理論體系能為大眾普遍接受的話，它將會產生多大的副作用啊！」

確實，一心想擁有某種東西，卻害怕、不敢或不願意付出相應的勞動，這是懦夫的表現，無論多麼美好的東西，人們只有付出相應的勞動和汗水，才能懂得這美好的東西是多麼的來之不易，因而愈加珍惜它，人們才能從這種「擁有」中享受到快樂和幸福，這是一條萬古不易的原則。即使是一份悠閒，如果不是透過自己的努力而得來的，這份悠閒也就並不甜美。不是用自己勞動和汗水換來的東西，你沒有為它付出代價，你就不配享用它。

一個無所事事的人，不管他多麼和藹可親、多麼好的人，不管他的名聲如何響亮，他過去不可能、現在也不可能、將來還不可能得到真正的幸福。生活就是勞動，勞動就是生活。熱愛自己的工作、尊重勞動是保持良好品德的前提條件，只有熱愛工作、尊重勞動，才能抵禦各種卑劣思想、腐朽思想的侵蝕，才能抵制各種低級趣味的引誘。只有熱愛勞動、盡職盡責，才能擺脫由於沉溺於自私自利之中而帶來的無數煩惱和憂愁。有人認為只有躲在自己的小天地裡、兩耳不聞窗外事，才能避免種種煩惱和不

第四章　熱情是工作的靈魂

幸。許多人都已經這樣試過，但結果總是一樣，無論是誰，他既不可能躲避煩惱和憂愁，也不可能避開辛苦的勞動，勞動和煩惱乃是人類無法逃避的命運之神。那些盡力躲避煩惱的人，煩惱卻總是找上門來，憂愁也總是光顧他們。那些懶惰的人總想幹些輕鬆的、簡單的事情，但大自然是公平的，這些「輕鬆的」、「簡單的」事情對於懶惰者而言也會變得很困難、很艱難。那些一心只為自己著想的人，或遲或早，總會意識到上帝對他總是特別地冷酷無情。

即使從最低階、最庸俗的意義上講──即從純粹個人享樂這方面講，適當從事有益的勞動也是完全有必要的。不勞動就不應該享受勞動所帶來的快樂。「我們睡得相當酣暢，」史考特先生說，「即使當我們被僱傭的時候，當我們從事艱苦勞動的時候，我們也感到很幸福、很快樂；適當的休息、必要的休閒這是人人所希望的，但這一份清閒必須是透過自己的努力學習和辛苦勞動贏來的才具有意義，才會使人享受到勞動之餘的樂趣。也只有這樣活著，我們的生活才會充滿無限的幸福。」

確實，有許多人因勞累過度而死亡，但是有更多的人則是因自私自利、過度縱慾和無所事事而死亡。那些因過度勞累而使自己身體垮掉的人，一般來講，這些人都沒有注意適當照顧自己的生活，沒有適當注意自己的健康；這種完全不顧及自己的生活和健康而沉溺於過度勞累之中的做法可以說是殺雞取卵，應是明智的人所不為。

戰勝無聊和苦悶的最好辦法就是勤奮地工作，滿懷信心地勞動，一個人一旦參加勞動，快樂自然就會來到你的身邊，無聊和單調的感覺就會逃之夭夭。

勤奮地工作、愉快地勞動是高效能人士的必備素養。

珍惜有限的時間

　　一個成功者往往非常珍惜自己的時間。通常，工作緊張的大忙人都希望設法趕走那些來與他海闊天空地閒聊、消耗他們時間的人，他們希望自己寶貴的光陰不要因此而受到損失。

　　無論當老闆還是為別人工作，一個做事有計畫的人總是能判斷自己面對的顧客在生意上的價值，如果有很多不必要的廢話，他們都會想出一個收場的辦法。同時，他們也絕對不會在別人的上班時間，去和別人海闊天空地談些與工作無關的話，因為這樣做實際上是在妨礙別人的工作效率，也妨礙了他的雇主應得的利益。

　　善於應付客人的人在得知來客名單之後，就決定預備出多少時間。老羅斯福總統就是這樣做的一個典範：當一個分別很久只求見上一面的客人來拜訪他時，老羅斯福總是在熱情地握手寒暄之後，便很遺憾地說他還有許多別的客人要見。這樣一來，他的客人就會很簡潔道地明來意，便告辭而返。

　　某位大公司的老闆向來就有待客謙恭有禮的美名，他每次與來客把事情談妥後，便很有禮貌地站起來，與他的客人握手道歉，遺憾地說自己不能有更多的時間再與他多談一會兒。那些客人都很理解他，對他的誠懇態度也都非常滿意，所以就不會再想到他竟然連多談一會兒都不肯賞臉。

　　那些在大銀行、大公司工作的許多經理們，以及在各大企業財團工作的高級職員們，多年來都養成了這種本領。有很多實力雄厚、深謀遠慮、目光敏銳、吃苦耐勞的大企業家，都是以沉默寡言和辦事迅速、敏捷幹練而著稱的。即使他們說出來的話，也是句句都很準確、很到位，都有一定的目的。他們從來不願意在這裡頭多耗費一點一滴的寶貴資本——時

第四章　熱情是工作的靈魂

間。當然，有時一個做事待人簡捷迅速、斬釘截鐵的人，也容易引起一些不滿。但他們絕對不會把這些不滿放在心上。為了要在事業上有所成就，為了要遵守自己的規矩和原則，他們不得不減少與那些和他們的事業沒什麼關係的人來往。

商人最可貴的本領之一就是與任何人作任何來往，都能簡捷迅速。這是一般成功者都應具備的素養。一個人只有真正認識到時間的寶貴，他才有意志力去防止那些愛饒舌的人來打擾他。在美國現代企業界裡，與人接洽生意能以最少時間產生最大效益的人，首推金融大王摩根（John Pierpont Morgan）。為了恪守珍惜時間的原則，他招致了許多怨恨，但其實人人都應該把摩根作為這方面的典範，人人都應具有這種珍惜時間的美德。

摩根的晚年仍然是每天上午 9：30 分進入辦公室，下午 5 點回家。有人對摩根的資本進行了計算後說，他每分鐘的收入是 20 美元，但摩根自己說好像還不止。所以，除了與生意上有特別重要關係的人商談外，他還從來沒有與人談話超過 5 分鐘以上。

通常，摩根總是在一間很大的辦公室裡，與許多職員一起工作，他不像其他的很多商界名人，只和祕書待在一個房間裡工作。摩根會隨時指揮他手下的員工，按照他的計劃去行事。如果你走進他那間大辦公室，是很容易見到他的，但如果你沒有重要的事情，他絕對不會歡迎你的。

摩根有極其卓越的判斷力，他能夠輕易地猜出一個人要來接洽的到底是什麼事。當你對他說話時，一切轉彎抹角的方法都會失去效力，他能夠立刻猜出你的真實意圖。具有這樣卓越的判斷力，真不知道使摩根節省了多少寶貴的時間。有些人本來就沒有什麼重要事情需要接洽，只是想找個人來聊天，而耗費了工作繁忙的人許多重要的時間。摩根絕對無法容忍這樣的人。

做事要有條理和秩序

一位商界名家將「做事沒有條理」列為許多公司失敗的一大重要原因。

工作沒有條理，同時又想把蛋糕做大的人，總會感到手下的人手不夠。他們認為，只要人多，事情就可以辦好了。其實，你所缺少的，不是更多的人，而是使工作更有條理、更有效率。由於你辦事不得當、工作沒有計畫、缺乏條理，因而浪費了大量員工的精力，不但吃力不討好，而且最後還是無所成就。

沒有條理、做事沒有秩序的人，無論做哪一種事業都沒有功效可言。而有條理、有秩序的人即使才能平庸，他的事業也往往有相當的成就。

大自然中，未成熟的柿子都具有澀味。除去柿子澀味的方式有許多種，但是，無論你採用哪一種方式，都需要花一段時間來熬熟。

任何一件事，從計劃到實現的階段，總有一段所謂醞釀期的存在，也就是需要一些時間讓它自然成熟的意思。無論計劃是如何的正確無誤，總要不慌不忙、沉靜地等待其他更合適的機會到來。

假如過於急躁而不甘等待的話，經常會遭到破壞性的阻礙。因此，無論如何，我們都要有耐心，壓抑那股焦急不安的情緒，這才不愧是真正的智者。

一位企業家曾談起他遇到的兩種人。

有個性急的人，不管你在什麼時候遇見他，他都表現得風風火火的樣子。如果要同他談話，他只能拿出數秒鐘的時間，時間長一點，他會伸手把錶看了再看，暗示著他的時間很緊張。他公司的業務做得雖然很大，但是開銷更大。究其原因，主要是他把工作安排得七顛八倒，毫無秩序。他

第四章　熱情是工作的靈魂

做起事來，也常為雜亂的東西所阻礙。結果，他的事務是一團糟，他的辦公桌簡直就是一個垃圾堆。他經常很忙碌，從來沒有時間來整理自己的東西，即便有時間，他也不知道怎樣去整理、安放。

另外有一個人，與上述那個人恰恰相反。他從來不顯出忙碌的樣子，做事非常鎮靜，總是很平靜祥和。別人不論有什麼難事和他商談，他總是彬彬有禮。在他的公司裡，所有員工都寂靜無聲地埋頭苦幹，各樣東西都安放得有條不紊，各種事務也安排得恰到好處。他每晚都要整理自己的辦公桌，對於重要的信件立即就回覆，並且把信件整理得井然有序。所以，儘管他經營的規模要大過前述商人，但別人從外表上總看不出他有一絲一毫的慌亂。他做起事來樣樣辦理得清清楚楚，他那富有條理、講求秩序的作風，影響到他的全公司。於是，他的每一個員工，做起事來也都極有秩序，一片生機盎然之象。

你工作有秩序，處理事務有條有理，在辦公室裡決不會浪費時間，便不會擾亂自己的神志，辦事效率也極高。從這個角度來看，你的時間也一定很充足，你的事業也必能依照預定的計劃去進行。

廚師用鍋煎魚若不時翻動魚身，會使魚變得爛碎，看起來就覺得好吃。相反地，如果只煎一面，不加翻動，將黏住鍋底或者燒焦。

最好的辦法是在適當的時候，搖動鍋或用鏟子輕輕翻動，待魚全部煎熟，再起鍋。

不僅是烹調需要祕訣，就是做一切事都得如此。當準備工作完成，進行實際工作時，只需作適度的更正，其餘的應該讓它有條不紊、順其自然地發展下去。

人的能力有限，無法超越某些限度，如果能對準備工作做到慎重研究、甚至檢討的地步，可以將能力作更大的發揮。

今天的世界是思想家、策劃家的世界。唯有那些辦事有秩序、有條理的人，才會成功。而那種頭腦昏亂，做事沒有秩序、沒有條理的人，成功永遠都和他擦肩而過。

把計畫訂得靈活些

一旦在腦海裡形成了什麼計畫的話，這個計畫一定要是靈活的、可變通的，以便應付實際情況中所遇到的意想不到的變化。一個真正行之有效的計畫需要堅強的毅力與耐心才能完成。然而，很多人在形成自己的計畫之前考慮不周的地方往往太多。以至於有意外發生時，他們的行事方案往往受到影響，事物的延誤造成他們巨大的心理壓力，他們常常因此而苦惱不已。

一位作家曾談到他對變通計畫的一些看法。他說，自己通常喜歡在凌晨的那個時段創作他的大部分作品。他一般會先擬訂一個計畫，趕在家裡的其他人還沒起床之前就完成其中的一兩條。但是如果他4歲的小女兒有一天突然早起到書房來看他，他的計畫當然會被打亂，他又是如何應付這種情況的呢？他通常在這種時候會將這時打算做的事提到前面來做——他也只能這樣做。試想，如果一個人計劃在去上班之前要先進行晨練，而他辦公室突然打來緊急電話使他不得不改變計畫時，他又該如何對待呢？所以，還是將計畫作得靈活一點好。

在日常生活中，這樣的例子對我們來說不計其數，一些事情沒有按照我們預想的那樣發生，致使我們不得不改變計畫：你的朋友答應你的事卻沒有做到；你發現口袋裡的錢並沒有你原來計劃的那麼多；有人未經你的

第四章　熱情是工作的靈魂

允許而打擾了你的午休；突然冒出來的什麼事使你赴約的時間沒有你預料中的那麼充裕……諸如此類的事情一旦發生，你正確的反應應該是：第一，坦然地接受事實，而不是一味抱怨甚至惱怒；第二，思考一下，想想哪件事情乃當務之急而其他事務則可延後。

由於計畫改變而導致你的某些事情不能如期完成，你可不能以此為藉口，認為「處理不好是很自然的事」，因而原諒自己的過失——這時，你應該想辦法彌補。你應該認識到，造成這種過失的真正原因在於你錯誤地判斷了自己「先做什麼事，後做什麼」。再拿前面的例子來說，是嚴格地完成寫作計畫重要，還是陪一陪4歲的小女兒重要？不管怎樣，你總得二者擇其一——不可因「猶豫不決」而白白浪費掉30分鐘時間、什麼也不做。通常我們考慮的都是「到底什麼更重要？是做當時想做的還是繼續履行計劃？或者將計劃變通一下？」顯然，如果你希望自己在這種情況下能鎮定自若的話，那麼你最好在訂計畫時就別做得過於死板，試著考慮一些你事先預想可能會遇到的情況並為其留足餘地，使計畫不至於一遇麻煩就付諸東流。事先將計畫做得有一定變通性對於很多人來說都是幫助極大的。如果你在預想中允許存在這種變通性，則一旦有什麼事突然發生了，你便可以平靜地對自己說「這是預料中的事」。

還有，當你習慣於將計畫做得很靈活時，你會發現生活中又有了許多美妙的事情：處理事務時你會覺得很輕鬆，用不著再多花氣力。自然，你也用不著為浪費更多的時間和精力而苦悶不堪。當然，靈活性不應成為你拖拉懶散的藉口，如果沒有什麼大的干擾，你就必須時刻告誡自己：「我一定要在計劃規定的時間內完成任務！」為此，你得對自己負責，不可自我弱化。這樣，你身邊的人們也會認為你很好相處：一旦你的計畫有所變動了，他們也用不著小心翼翼地應付你。

學會聰明地工作

「努力就能成功」、「努力就能得到名利與財富」，很多人都把這兩句話當作真理，把「努力」、「勤奮」當作自己的座右銘，因而整天忙忙碌碌，常年忍受著勞累，但這樣就一定能夠成功嗎？就一定會獲得富裕生活所需要的一切嗎？

無論是一個上班族，還是一個老闆；無論是藍領階層，還是白領階層，都在被一個美德所束縛著，那就是努力工作。

無數的人證明了這一點，努力工作並不能如預期的那樣給自己帶來快樂，勤勞並不能為自己帶來想像中的生活。

告訴你一個既可以多一些時間享受生活，又可以獲得最佳業績的好方法，那就是聰明地工作，而不是努力地工作。聰明地工作意味著你要學會動腦，如果你一味地忙碌以至於沒有時間來思考少花時間和精力的方法，過於為生計奔忙，那是什麼錢也賺不到的。

在工作中，勤奮必不可少，這是一種優秀的品格，但要想獲得成功，最大化地體現你的人生價值，就要多思考，無論看到什麼，都要多問為什麼，把思考變成自己的習慣。

一根小小的柱子，一截細細的鏈子，拴得住一頭千斤重的大象，這不荒謬嗎？可這荒謬的場景在印度和泰國隨處可見。那些馴象人，在大象還是小象的時候，就用一條鐵鏈將它綁在水泥柱或鋼柱上，無論小象怎麼掙扎都無法掙脫。小象漸漸地習慣了不掙扎，直到長成了大象，可以輕而易舉地掙脫鏈子時，也不掙扎。

馴虎人本來也像馴象人一樣成功，他讓小虎從小吃素，直到小虎長

第四章　熱情是工作的靈魂

大。老虎不知肉味,自然不會傷人。馴虎人的致命錯誤在於他摔了跤之後讓老虎舔淨他流在地上的血,老虎一舔不可收,終於將馴虎人吃了。

小象是被鏈子綁住的,而大象則是被習慣綁住的。

所以,習慣常常是影響我們做事情的一個不被注意的關鍵。養成正確的思考習慣,是走向成功的第一步。

思考習慣一旦形成,就會產生巨大的力量,19世紀美國著名詩人及文藝批評家洛威爾(Robert Lowell)曾經說過:「真知灼見,首先來自多思善疑。」

下面則是一條令人高興的真理:成功與辛苦工作沒什麼關係。為了賺大錢和從生活中得到更多的東西不得不辛苦工作並不是這個世界的自然規律。與之相反,比大部分人更短的工作時間,更輕鬆悠閒的生活節奏,卻能幫助你從生活中獲取更多的收穫無論金錢還是精神。

辛苦工作與輕鬆創造是不相匹配的。和那些鼓吹辛苦工作的人不同,懶惰的成功者知道與長時間地辛苦工作相比,重要的、具有想像力的付出能產生令人印象深刻得多的經濟效益和個人滿足感。選擇成為一個懶惰的成功者,你就能成為一個頂尖人物。你不必為了賺到豐厚的收入而工作;但你要聰明地工作。

想點石成金必須有恆心

「點石成金」,講的是創造神奇的方法。千百年來,不知道有多少人希望自己有此異能。其實,「點石成金」並不難,它就在我們生活裡,在你勤奮的工作中。

有位富人自己當年沒有優越的物質條件來接受良好的教育和培養各方面的文化素養，但他靠著白手起家成就了一番事業，透過犧牲自己個人的舒適生活為孩子們留下了一大筆產業。但臨終時，他懺悔道：「在他們的教育和職業訓練方面，我花費的金錢與心血太少了，他們從來不知道缺錢花是什麼滋味。本來，再沒有人能像我的兒子們這樣有條件成為正直而受人尊敬的人，但是結果又怎樣呢？一個是醫生，可是沒有病人找他看病；一個是律師，可是沒有一個客戶；第三個經商，可是從來不到自己的帳房去看看經營情況如何。我苦口婆心地勸說他們要兢兢業業，要節儉，要積極要求上進，但是他們把我的話當成了耳邊風。他們怎麼回答？『沒必要，爸爸，我們永遠不會缺錢。你賺的錢足夠我們幾個花的了。』」

　　這些人的例子都告訴我們：兢兢業業地工作，你就會擁有燦爛輝煌的幸福生活。

　　在整個宇宙中，除了人以外不存在遊手好閒的東西，所有的事情都在根據自身的規律永不休止地執行著。「世界上最偉大的法則就是工作，」工作使有機的事物緩慢而有條不紊地朝著自己的目標前進。生活沒有其他含義，這就是自然的法則，任何地方一旦停止活動，就一定會後退。我們一旦不再使用自己某個部分的器官，它們就開始衰退。只有那些我們正在使用的東西，大自然才會賦予我們力量，而那也是我們唯一能支配的東西。

　　勤奮工作的習慣才是點石成金之術。而那些出類拔萃人物，那些奉勤勉為金科玉律的人們，將使整個人類因為他們的工作而受益。再也沒有什麼比做起事來磨磨蹭蹭更能阻礙一個人成功的了——它會分散一個人的精力，磨滅一個人的雄心，使我們只能被動地接受命運的安排而不是主動地去主宰自己的生活。

第四章　熱情是工作的靈魂

「有工作可做、有生活目標的人是幸福的：他已經找到了自己應該做的事情並且會繼續做下去。就像一條流淌的運河，某種高貴的力量在苦澀貧瘠的鹽鹼地開鑿了它。而一旦開鑿，它就會如同一條很深的河流一樣日夜不停地向前流去，把又鹹又苦的鹽鹼水從草根的底部清洗掉，把蚊蟲肆虐的沼澤地轉變成鬱鬱蔥蔥的草地，上面流淌著清澈見底的小溪。在我看來工作本身就是生活。也許除了從工作中得來知識，你沒有其他有價值的知識，其餘一切所謂的『知識』其實不過是種種假說罷了。」

許多人讚嘆事業有成者的成就，他們哪裡知道，當自己安然入夢時，他們還正在努力工作呢！

工作！它使人眼睛明亮，使人面色紅潤，使人肌肉結實，使人頭腦敏銳，使勃勃的血液在全身循環，使腳步輕盈健康。工作是治癒很多身體疾病的靈丹妙藥，工作還會使消化不良減少，總之，工作著的人是更健康的人。

勤勉工作的人是幸福的，而工作是所有成就和文明的祕密所在。

無論何時何地。脫離了勞動就脫離了現實，脫離了現實的人是無法在現實中生存下去的。只有辛勤的勞動，才會有豐厚的人回報。即使給你一座金山，你無所事事，也總有一天會坐吃山空。傳說中的點石成金之術並不存在，而在勞動中獲得財富才是最正確的途徑。你想擁有金子，你的辦法只有辛勤的耕耘。

人生是一個充滿謎團的過程。在這個過程中，會有許多悲歡離合、令人喜怒哀樂的事情，也會有許多意想不到卻又似乎是上天特意考驗我們的事情出現。在這些事情的考驗下，有的人充實而成功地走完了這一過程，有的人卻相反，在遺憾中隨風逝去。

想點石成金必須有恆心

　　我們每一個健康生活的人都希望自己能夠走向成功，都想在成功中領略人生的激動。而成功又不是輕易予人的，要想獲得「點石成金」之術，就請從勤開始，努力工作吧。

第四章　熱情是工作的靈魂

第五章
高效與責任心成就你的未來

一個有責任心的人,才能讓別人信任,才有可能被賦予更多的使命,才有資格獲得更大的榮譽,才能開啟成功之門;缺乏責任感的人,首先失去社會對自己的基本認可,其次失去了別人對自己的信任與尊重,最後會失去自身的安身之本 —— 信譽和尊嚴。

負責任,可以讓你問心無愧地面對任何人。扛著肩上的責任,打著生命的信念,才能堅強勇敢地到達成功的未來。

第五章　高效與責任心成就你的未來

負責任，才是成熟的人

據統計，在世界百大企業中，近 30 年來，從美國西點軍校畢業出來的董事長，有 1000 多名，而副董事長也有 2000 多名，總經理級的人才更是高達 5000 多名。

於是我們不得不思考，為什麼西點軍校比世界上任何一家商學院培養出來的企業領導人都要多呢？

當我們了解到西點軍校對學員們的要求就會發現，「職責、榮譽、國家」這 3 個詞一直是西點軍校百年不變的校訓，其中，職責被放在了最前面。而西點軍校也正是透過準時、守紀、嚴格、正直、剛毅的紀律要求，把每個學員鍛造成為勇於承擔責任的人，這些品格，都是優秀企業對領導人的最基本要求，也是最值得挖掘和培養的領導人素養。

而商學院卻把精力放在教授學員商業知識和技巧上，缺乏一種對人的最基本的素養的培養，特別是責任意識的培養。正因為如此，西點軍校遠比商學院培養出更多的領導人才。

優秀的成功者並非都具有淵博的知識，無與倫比的才華、天才般的大腦，而在他們身上卻有一個最基本的共同點——那就是強烈的責任意識。

捫心自問，我們每一天都在嚮往成功，想像事業有成時的輝煌情景，但令人遺憾的是，卻很少有人能在最基本的工作中，做到百分百對自己負責。

責任是不分大小的，一丁點兒的不負責，就可以使一個百萬富翁很快傾家蕩產；而多一分責任心，卻可以為一個公司挽回數以萬計的損失。

有一個主管過磅稱重的小職員，由於懷疑工具的準確性，自己動手修正了它。這位小職員並沒有因為工具的準確性屬於總機械長而不是自己的

職責，就不聞不管，聽之任之。正是小職員的這種責任心，為公司挽回了巨大的損失。

一個人能否被委以重任的很大原因，除了他的能力以外。很重要的一點，就是遇到問題的時候，他能否承擔責任。

約翰和戴維是快遞公司的兩名職員，他們倆是工作搭檔。工作一直很認真，也很賣力。上司對這兩名員工很滿意，然而一件事卻改變了兩個人命運。

一次，約翰和戴維負責把一件很貴重的古董送到碼頭，上司反覆叮囑他們路上要小心，沒想到送貨車開到半路卻壞了。如果不按規定時間送到，他們要被扣掉一部分獎金。

於是，約翰憑著自己的力氣大，背起古董，一路小跑，終於在規定的時間趕到了碼頭。這時，戴維說：「我來背吧，你去叫客戶。」他心裡暗想，如果客戶看到我背著古董，把這件事告訴老闆，說不定會幫我加薪呢。他只顧想，當約翰把古董遞給他的時候，一下沒接住，古董掉在了地上，「嘩啦」一聲，古董碎了。

「你怎麼搞的，我沒接你就放手。」戴維大喊。

「你明明伸出手了，我遞給你，是你沒接住。」約翰辯解道。

他們都知道古董打碎了意味著什麼，沒了工作不說，可能還要背負沉重的債務。果然，老闆對他倆進行了十分嚴厲的批評。

「老闆，不是我的錯，是約翰不小心弄壞了。」戴維趁著約翰不注意，偷偷來到老闆的辦公室對老闆說。老闆平靜地說：「謝謝你，戴維，我知道了。」

老闆把約翰叫到了辦公室。約翰把事情的原委告訴了老闆。最後說：

第五章　高效與責任心成就你的未來

「這件事是我們的失職,我願意承擔責任。另外,戴維的家境不太好,他的責任我願意承擔。我一定會彌補我們所造成的損失。」

約翰和戴維一直等待著處理的結果。一天,老闆把他們叫到了辦公室,對他們說:「公司一直對你們很器重,想從你們兩個當中選擇一個人擔任客戶部經理,沒想到出了這樣一件事,不過也好,這會讓我們更清楚哪一個人是合適的人選。我們決定請約翰擔任公司的客戶部經理。因為,一個勇於承擔責任的人是值得信任的。戴維,從明天開始你就不用來上班了。」

「老闆。為什麼?」戴維問。

「其實,古董的主人已經看見了你們在遞接古董時的動作,他跟我說了他看見的事實。還有,我看見了問題出現後你們兩個人的反應。」老闆最後說。

任何一個老闆都清楚,一個能夠勇於承擔責任的員工,對於企業有著重要的意義。問題出現後,推諉責任或者找藉口,都不能掩飾一個人責任感的匱乏。

工作中承擔責任,並把它當成一種習慣去培養並固定下來。一旦出現問題,就勇於擔當,並設法改善。慌忙推卸責任,只會傷害公司和客戶的利益,同時,也會傷害到你自己。絕大多數老闆都不願意讓那些習慣於推卸責任的員工來做他的助手。在老闆眼裡。習慣於推卸責任的員工,是一個不可靠的人。

工作中承擔責任,就要說到做到,老闆分配了任務,你一旦接受下來,就一定交給老闆一個滿意的答案。這就是承擔責任最基本的要求。在執行中,不要以為自己不做會有人來做;也不要以為自己丁點兒不負責不會被

人發現，不會對企業有什麼影響；更不要只注意數量而不在意品質，草草地完成任務。

對自己的行為負責，就是對公司和老闆負責，對客戶負責，這才是真正成熟的員工。也只有這樣的員工。才能在公司中有所發展。

工作中沒有小事

一位年輕人來到一家裝修公司工作，因為打掃環境，灑的水濺到了板材上，他認為實在是一件小事，一點也沒有在意。但是，過了不久，公司老闆來視察，在工地上嚴厲地訓斥了這個年輕人。從此，他懂得了，灑一點水不是小事。

年輕人負責的第一個工地終於等到驗收了。除了有些細節沒到位，例如油漆只是有點沙眼，油漆只是有點刷痕等小事。當年輕人一臉希望等著來工地檢查的老闆對他讚許有加時，卻被批評得無地自容。從此，他懂得了，這也不算小事。

如果你想成功，這個世界上就沒有任何一件事情是小事情。也許成功是很遙遠的事情，工作是件很棘手的事情。但其實也很簡單，只要我們在心底裡，實實在在從小事著眼，踏實地從細節著手。認真為工作負責。成功並不遠。

生活中，很多人所做的工作，都是由一件件小事構成的。車站的站務員每天的工作就是引導乘客進出站口，回答顧客的提問；清潔工便是打掃車站、保持車站的整潔。

也許你每天所做的可能就是接聽電話、處理檔案、參加會議之類的小

第五章　高效與責任心成就你的未來

事。你是否對此感到厭倦，是否因此而敷衍應付，心裡有了懈怠？

在你過去的工作中，有沒有認認真真地做好過每一件小事？即便是小事，但只要是你的工作，你就要為它負責。要知道，一個微小的細節也許就改變了你人生的命運。

忙，就要忙到點子上

這是一場激烈的比賽，雙方在場上火藥味很濃，馬刺隊的鄧肯（Tim Duncan）和吉諾比利（Manu Ginóbili）被對手惡意犯規了好幾次，差點動起手來。馬刺是一支偉大的球隊，不過這場比賽他們發揮的並不理想。比賽從第二節開始，他們就好像失去了開場時的耐心，每次進攻都倉促的在十幾秒內完成（一次進攻的時限是 24 秒），倉促出手之後球總是和籃框差得很遠。

即使吉諾比利拚命地搶下籃板球，有效的進攻依然組織不起來。而對手則打得有條不紊，運球，妙傳，過人，投籃，球又進了！到第四節結束時，網隊 98 比 87 取得了全場勝利。

賽後的技術統計顯示，馬刺隊比網隊多組織了 25 次進攻，而命中率則是對方的 64%，有近一半的進攻是毫無成效的，這是他們失利的最主要原因。

忙忙碌碌就一定好嗎？不停地撒網，但卻撈不到魚；只出手一次，但收穫頗豐。兩者相比，老闆更喜歡哪個？結果會說明一切。忙，就忙到點子上，這樣才會是皆大歡喜的結局。

有一個很自信的健壯青年來到一處伐木林場找工作，看見門口高懸著

一塊告示，上面記載了某個人一日劈柴的最高紀錄。這位青年很有把握地向林場主表示：雖然他沒有算過自己的紀錄，但只要給他三天的時間，他自信能夠打破最高紀錄。林場主聽了很高興，便給他一把利斧，並表示願意提供高額的破紀錄獎金，大家也對他寄予厚望。

第一天，年輕人很努力地劈柴，果然不負眾望，只差最高紀錄一點點。他心想：只要我明天早點起床，再努力點，打破紀錄一定沒有問題。

第二天，他起得很早，並且更賣力，但沒想到成果卻比昨天落後了。他心想：一定是睡眠不足，體力減退的關係。所以他當晚很早就睡了。

第三天天未亮，他便精神抖擻的開始劈柴，比前兩天更認真，但一天下來，他劈的柴卻比昨天更少了。

那位年輕人覺得很奇怪，他那麼努力，為什麼劈的柴卻越來越少？林場主也很納悶地和大家一起思考。最後大家發現，雖然給了年輕人上好的斧頭，但這把斧頭一連三天都沒有再磨過，所以越用越鈍。

一味蠻幹是笨人才會做的事情。不肯動腦筋思考事情的重點在哪裡，從何處著手才能收益最大，而僅僅是苦幹，那麼往往是出力不討好。

「射人先射馬，擒賊先擒王」，「牽牛要牽牛鼻子」，說的都是這個道理。做事情做到點子上，就會帶動整體事件的推進，使我們離目標的實現越發靠近。學會如何從千思萬縷的工作中抓重點，學會統籌，學會科學的安排和盤算，是成功的關鍵。磨刀不誤砍柴工，眉毛鬍子一把抓只會把人累死也完不成任務。

任何工作都講究方法技巧，發現問題，並針對問題給出相應措施，才能迅速高效地完成任務。在這個追求效率的時代，做事抓重點，方能事半功倍。

第五章　高效與責任心成就你的未來

使用專注的力量

　　專心致志是很多人取得事業成功的一個重要原因。牛頓有一些非常著名的故事，已經傳為佳話了，你一定聽過。小貓釣魚的故事你也一定聽過。做事情，就一心一意地去做。

　　只有 10 平方公尺的紐約中央車站問詢處，每一天那裡都是人潮洶湧，匆匆的旅客都爭著詢問自己的問題，都希望能夠立即得到答案。對於問詢處的服務人員來說，工作的緊張與壓力可想而知。可櫃檯後面的那位服務人員看起來一點也不緊張。他身材瘦小，戴著眼鏡，一副文弱的樣子，顯得那麼輕鬆自如、鎮定自若。

　　在他面前的旅客，是一個矮胖的婦人，頭上紮著一條絲巾，已被汗水溼透，充滿了焦慮與不安。問詢處的先生傾斜著上半身，以便能傾聽她的聲音。「是的，你要問什麼？」他把頭抬高，集中精神。透過他的厚鏡片看著這位婦人，「你要去哪裡？」這時，有位穿著入時，一手提著皮箱，頭上戴著昂貴的帽子的男子，試圖插話進來。但是，這位服務人員卻旁若無人，只是繼續和這位婦人說話：「你要去哪裡？」

　　「春田。」

　　「是俄亥俄州的春田嗎？」

　　「不，是馬塞諸塞州的春田。」

　　他根本不需要行車時刻表，就說：「那班車是在 10 分鐘之後，在第 16 號月臺出車。你不用跑，時間還多得很。」

　　「你是說 16 號月臺嗎？」

　　「是的。太太。」

使用專注的力量

女人轉身離開。這位先生立即將注意力轉移到下一位客人——戴著帽子的那位身上。但是，沒多久，那位太太又回頭來問一次月臺號碼。「你剛才說是 15 號月臺？」這一次，這位服務人員集中精神在下一位旅客身上，不再管這位頭上紮絲巾的太太了。

有人請教那位服務人員：「能否告訴我，你是如何做到並保持冷靜的呢？」

那個人這樣回答：「我並沒有和公眾打交道，我只是專心處理一位旅客。」

不管別人的存在，不管身邊多麼喧鬧，靜下神來，心無旁騖，一心一意地處理自己正在做的事情，就一定會把那件事做好。

不管你在做什麼，好好地把焦點放在你想或做的事情上。當你和人們談話的時候，就一心一意地談話；當你工作的時候，就把心思放在手邊的工作上。全神貫注，會幫你做好工作，也會讓你離成功更近。

喬治到福特公司的前幾年，抱著許多不切實際的幻想，當然，這些幻想全部破滅了。喬治把錢全投在股票上，到最後這些錢變成了一堆廢紙，生活悽慘，喬治住進了一家便宜的汽車旅館。喬治從朋友處借了 1,000 美元，買了一張沙發和一張床。冬天很冷，汽車的車廂裡並不比外面好多少。喬治只好一件又一件地加上毛衣。

終於，喬治得到了一個機會。福特公司要研製和設計一種新概念車，為此將建立一個嶄新的實驗工廠，喬治將加入這個團隊。

這個團隊由約翰・卡梅隆博士（John Cameron）主持，他是一位經驗豐富的長者。喬治主要是設計汽車底盤上的一個小零件，並在本地的一家機器加工工廠製作。喬治把自己的全部精力放在了這個小零件上，從它的

第五章　高效與責任心成就你的未來

尺寸到效能,都近乎苛刻的要求完美,他對這個小零件不斷進行完善。他希望自己可以從這個小小的零件上開始自己的新的人生,是的,喬治的努力沒有白費,在加入這個團隊的過程中,博士看出了喬治的專注與執著,也看出了這個年輕人無可限量的前途。幾年之後,你再也找不到那個在汽車旅館生活窘迫的喬治了,他成功地迎來了人生的輝煌。回首往事,他不無感慨地說:「我的成功是從那個小零件開始的,我從那時起學會了心無旁騖,專心致志。」

過去只是現在的殘存,無法也沒有必要再挽留;未來是現在的預演,一個人沒辦法提前左右未來。唯有現在,才是真正能把握住的。專注於目前在做的事,全神貫注地投入每一瞬間,這時候。你的感官高度地靈敏,你的意識也會無比細膩清晰,你就能充分捕捉和感知周圍的一切,讓自己受影響,並深深地品味此刻的種種美妙。

專注,可以幫助你精力充沛地完成工作,讓你享受生活,享受成功。

拖延的都是生命

深夜,一個病人迎來了他生命中的最後一分鐘,死神如期來到他身邊。

他對死神說:「再給我一分鐘好嗎?」

死神回答:「你要一分鐘幹什麼?」

他說:「我想利用這一分鐘看一看天,看一看地。我想利用這一分鐘想一想我的朋友和親人。如果幸運的話,我還可以看到一朵綻開的花。」

死神說:「你的想法不錯,但我不能答應。這一切留了足夠的時間給

你。你卻沒有珍惜，你看一下這份帳單：在你 60 年的生命中，你有 1 ／ 3 的時間在抽菸、喝酒、看電視；1 ／ 3 的時間在睡覺；感嘆時間太慢的次數達到了 10,000 次，平均每天一次；你做事有頭無尾、馬馬虎虎，使得事情不斷重做，浪費了大約 300 多天。你無所事事、經常發呆；你經常埋怨、責怪別人、找藉口、推卸責任；你在工作時間呼呼大睡，你還和無聊的人煲電話粥；還有……」

說到這裡，病人斷了氣。

死神嘆了口氣說：「哎，真可惜，世人怎麼都這樣，還等不到我動手就後悔死了。」

凡是應該做的事拖延而不立刻去做的人總是弱者。假如我們能夠立即執行每一項計劃，那我們事業上的成就、我們的生命真不知要有多麼偉大。然而拖延，總是讓我們的夢想成空，讓我們的一生碌碌無為。

在春天的某個早晨，太陽剛剛探出頭來，喜鵲就來到了貓頭鷹的家門口，用悅耳的嗓音歡快地叫著：「貓頭鷹先生，快起床了，乘著現在這明媚的陽光、清新的空氣，練習我們的捕食本領，不要再睡懶覺了呀。」

這時貓頭鷹身體一動不動地蜷縮在窩裡。睜一隻眼閉一隻眼，懶洋洋地說：「是誰呀？這麼早就上這來瞎叫，我都還沒有睡醒呢，啥時候練不行啊，也不怕耽擱這一會兒半會兒的，你讓我再睡一下，你自己走吧。」喜鵲聽貓頭鷹這麼說，只好一個人去鍛鍊了。

到中午，喜鵲又來了，貓頭鷹雖然醒是醒了，但還是在床上躺著，喜鵲剛要說話，貓頭鷹搶在前面說：「天還長著呢，練什麼練，也不差這一下兩下的，趁早還是好好休息一下的好。」喜鵲說：「已經不早了，都快到中午了，你該捕食鍛鍊了。」可是貓頭鷹還是不起身。

第五章　高效與責任心成就你的未來

　　太陽落山之前，喜鵲又飛到貓頭鷹家，看見貓頭鷹剛剛起床洗臉，就對它說：「天要黑了，我要休息了，你怎麼才洗臉啊。」貓頭鷹說：「我就這習慣，晚上餓了我才開始捕食，來得及來得及。」喜鵲說：「這麼晚了你哪裡還能捕到什麼食啊。」這時，天已經黑下來了，貓頭鷹拍打著翅膀從一棵樹飛到另一棵樹，累得筋疲力盡，卻什麼食物也沒捕到，肚子餓得咕咕叫，聲音非常難聽。

　　這一生，我們擁有最多的可能就是時間，因為在生命結束之前，我們會一直擁有它。但是，我們最缺乏的可能也是時間。因為我們總是有太多夢想沒有來得及完成。我們需要做的，就是抓住眼前的每一個機遇，決不拖延，不要浪費最珍貴的生命，讓生命實現最大的價值。

　　拖延也往往會生出一些悲慘的結局。凱撒大帝（Julius Caesar）因為接到了報告卻沒有立刻展讀，於是一到議會便喪失了生命。美國獨立戰爭時期，英國的拉爾上校正在玩紙牌，忽然有人遞了一份報告說，華盛頓的軍隊已經進展到德拉瓦爾了。但他只是將來件塞入衣袋中。等到牌局完畢，他才展開那份報告，待到他調集部下出發應戰時，已經太遲了。結果是全軍被俘，而自己也因此戰死，僅僅是幾分鐘的延遲，就使他喪失了尊榮、自由與生命。習慣中最為有害的，莫過於拖延，世間有許多人都是為這種習慣所傷害，以致造成悲劇。

　　有一個人，他覺得自己的身體有點不舒服，但是他又懶得去醫院檢查。於是他告訴自己，可能是一點點小毛病，沒有關係的。隨著日子一天天過去，他身體的不舒服並沒有消退，但是他的工作卻越來越忙，他總替自己找各種藉口，不去醫院檢查，事實上，檢查只需要半天時間而已。

　　過了半年，他發現自己的身體實在太難受了，於是非常不情願地請了半天假，跑到醫院檢查。結果，醫生告訴他，他得了胃癌，而且已經是晚

期了，如果半年前他來檢查，或許還有救。這個人非常傷心，同時也懊悔自己沒有在開始不舒服的時候就來做檢查，身體被自己拖垮了。

今日事今日畢。明日復明日，明日何其多。道理誰都明白，關鍵是要做到。拖延的不是事情，而是我們自己的生命，我們的前途。

量化自己每日的工作

有一件事情是你應該做的：每天睡覺前做好次日的工作計劃。用一張紙羅列次日要做的事情，並且根據要緊程度排序。以便第二天一件件來做，每做完一件便做上標記。量化自己的每天工作，會讓你做事非常有成效。

寫下你第二天要做的事情：要打的電話、要會見的人、要執行的任務等與工作有關的事情。再把你生活中的屬於其他類別的重要事情新增在單子上。寫完之後，把單子放好，忘掉它，開始抓緊時間睡覺。

第二天早晨，吃早餐的時候再瀏覽一下，完善補充。

一旦你開始做某項工作。就要把它做好。不要半途而廢。但是如果一項工作過於宏大不能一次做完。那你該怎麼辦呢？

很簡單，你可以把這件工作化解成若干個分段，最好用文字記錄下來，規定自己每天需要完成的數量，這樣你就不會覺得頭緒紊亂，也不會白白浪費時間和精力了。而且你會覺得離大功告成越來越近，隨時都可以鼓足勁幹下去。

1984年，在東京國際馬拉松比賽中，名不見經傳的山田本一出人意料

第五章　高效與責任心成就你的未來

地奪得了世界冠軍。當記者問他憑什麼取得如此驚人的成績時，他只說了一句：「我只是憑智慧戰勝了對手。」當時很多人認為，這個偶然跑到前頭的小個子選手能獲得成功純屬偶然與他的幸運，並沒有什麼，他說這樣的話也只是故弄玄虛。因為馬拉松比賽是體力與耐力的運動，只要身體素養好又有耐力就有奪冠的可能，爆發力與速度都還在其次，山田本一說用智慧戰勝對手實在是有點勉強。

兩年後，義大利國際馬拉松邀請賽在義大利北部城市米蘭舉行，山田本一代表日本隊參加比賽。這一次。他又出人意料地得了冠軍。大批的記者圍住了他，請他談經驗。性情木訥，不善言談的山田本一依然說了一句上次那句話：「我只是憑智慧戰勝了對手。」這一回記者在報紙上再沒有諷刺挖苦他，而是對他所說的智慧探討不已，並深感迷惑不解。

10年後，這個謎團終於被解開了，山田本一在他的自傳中是這麼說的：每次比賽前，他都要開車把比賽的線路仔細地看一遍。並把沿途比較醒目的標誌畫下來，並深記在心。比如，第一標誌是銀行；第二標誌是一棵大樹；第三個標誌是一座紅房子……這樣一直畫到賽程的終點。

當比賽開始後，他就以百公尺的速度奮力向第一個目標衝去。等到達第一個目標後，他就以同樣的速度向第二個目標衝去。40多公里的比賽賽程，就被他這麼分解成幾個小目標一段一段地輕鬆跑完了。山田本一說，起初他不懂這樣的道理，總是把目標定在40公里外終點線上的那面旗幟上，結果跑到十幾公里時自己就已疲憊不堪了，他被前面那個遙遠的目標嚇倒了。

不要讓那些看起來很嚇人的任務嚇倒你。如果你能合理地分配你的任務，就能提高你的辦事效率，使你能在和別人相同的時間內做好更多的事情。

有一句話是這樣說的：你不可以延長你生命的長度。但是你可以擴展

它的寬度。在有限的生命裡做出更多有意義的事情就是擴展它的寬度。只有更好地利用你的時間，你才能做到這一點。

而高效，會讓你加快腳步，比別人走更多的路。量化自己每天的工作正是爭取高效的表現。替自己規定每天的任務，這樣可以給自己適度的壓力，防止拖延，提高時間利用率。因為我們花在一件事上的時間是有很大的伸縮彈性的，只要我們緊急一些。花的時間就會少很多。因為你已經給自己規定了任務，你在做事的時候就會想，我還有很多事要做呢，我不能耽擱，我應該再快一點。這樣，你就不會把事情拖延了。

一份研究機構的研究結果表明，制定計畫將極大地提高目標實現的成功機率：制定計劃的人的成功機率是從來不制定計劃的人的 3.5 倍。在成功實現目標的人群中，事先制定計劃者高達 78%；在成功實現目標的人群中，事先沒有制定計劃的人僅為 22%！

為自己每天的工作都制定計畫，規定數量，然後付諸行動，這就是高效的祕訣之一。

晚上睡覺前，你第二天的工作計劃準備好了嗎？每天都堅持你的計畫，你會發現，自己原來可以這麼高效。

堅持要事第一的原則

有一則故事叫「冠軍與蒼蠅」也許能幫助你更形象地認識這個原則：

1965 年 9 月 17 日，世界撞球冠軍爭奪賽在美國紐約舉行。

路易斯・福克斯的得分一直遙遙領先，只要再得幾分便可穩拿冠軍了，

第五章　高效與責任心成就你的未來

可就在此時，他發現一隻蒼蠅落在主球上，他揮手將蒼蠅趕走了。可是，當他俯身擊球時，那隻蒼蠅又飛了回來，他起身驅趕蒼蠅。但蒼蠅好像有意跟他作對。他一回到球檯，它就又飛到主球上來，引得周圍的觀眾哈哈大笑。

福克斯的情緒壞到了極點，終於失去了理智，憤怒地用球竿去擊打蒼蠅，球桿碰到了主球，他因此失去了一輪機會。福克斯方寸大亂，連連失利，而對手約翰·迪瑞越戰越勇，最後奪走了冠軍的頭銜。

第二天早上，人們在河裡發現了路易斯·福克斯的屍體，他投河自殺了。

每天都會有一堆紛繁的事情要做。怎麼辦呢。總要給它們排排順序吧。成功人士明白，永遠先做最重要的。

當美國伯利恆鋼鐵公司還是一個默默無聞的小公司時。他的老闆查爾斯·舒瓦普（Charles Schwab），曾向效率專家艾維·利（Ivy Lee）請教。怎樣才能更高效地執行計畫。

艾維·利於是遞了一張紙給他，並向他說：「寫下你明天必須做的最重要的各項工作，並按重要性的次序加以編排。明早當你走進辦公室後，先從最重要的那一項工作做起，並持續地做下去。直到完成該項工作為止。重新檢查你的辦事次序，然後著手進行第二項重要的工作。倘若任何一項著手進行的工作花掉你整天的時間，也不用擔心。只要手中的工作是最重要的，則堅持做下去。假如按這種方法你無法完成全部的重要工作，那麼即使運用任何其他方法，你也同樣無法完成它們，而且若不藉助於某一件事的優先次序，你可能甚至連哪一種工作最為重要都不清楚。將上述的一切變成你每一個工作日裡的習慣。當這個建議對你生效時，把它提供

給你的部屬採用。這個試驗你想做多久就做多久,然後寄支票給我吧,你認為值多少錢就給我多少錢。」

一個月後,查理斯·舒瓦普寄給艾維·利一張 2.5 萬美元的支票,並附上一封信,信上說,艾維·利為他上了一生中最有價值的一課。5 年之後,這個當年不為人知的小鋼鐵廠一躍成為世界上最大的獨立鋼鐵廠之一。

也許你確實很有能力,老闆指派的每件事都能出色完成。但是,你不可能一輩子都是聽命於人的角色。如果讓你獨立地、實質性地操作一項多角度、全方位的大事,在紛繁複雜的事務中,你能在千千萬萬的事物中理出頭緒來麼?這就是考驗你的時刻。其實,一位知名商界大亨早就說過:「我只做一件事,思考和安排工作的輕重緩急,其餘的完全可以僱人來做。」

善於從諸多的小事中抓住大事、從大事中把握、做好最重要的事情,是我們每個人都應該學習的必修課。人生也是這樣,我們總是有太多的事情要做,總會有完不成的任務。我們要選擇對自己最重要的事情,然後去努力完成它,實現它。

有一種定律叫二八定律,它主張:一個小的誘因、投入和努力,通常可以產生大的結果、產出或酬勞。就字面意義看,是指你完成的工作中,80％的成果來自於你 20％的付出。因此,對所有實際的目標,我們 80％的努力,也就是付出的大部分努力,只與成果有一點點的關係。而那重要的 20％卻是決定成敗的關鍵。你需要做的就是區分這「二」和「八」。

只是,你知道什麼事情對你來說是最重要的麼?事情可以分為很多類別,你一定要學會區分重要的事情和緊急的事情。

第五章　高效與責任心成就你的未來

　　有一些事情很重要，但是並不緊急。比如說你那些關於「堅持學習、提升能力、鍛鍊身體」等的計畫，它們看起來可能並不急迫。但這些事情應該是我們人生中的主要事件，因為這類事情可以讓我們的人生更成功。前面已經說過，要量化我們每天的工作。對於這類事情，更要如此，規定每天需要完成的部分，然後堅持不懈去做。不要因為這些事情並非迫在眉睫，就避重就輕。真正有效率的人，總是急所當急並且防患於未然的。

　　另外有一些事情，看起來很急迫但是並不重要。比如說接電話、回覆郵件、尋找那些不知被我們放在何處的檔案等。在這些事情上花的時間是可以避免的，如果朋友跟你煲電話粥，你可以委婉地提醒他自己還要工作，接電話不要花太久；把檔案資料之類的放置得井然有序，至少自己要知道在哪裡，不要滿世界去找一會兒要用的檔案……學會恰當處理不重要但緊迫的事情，會給你留出更多時間去處理真正重要的事情。

　　還有一些事情是根本不需要做的，不要以為他們真的重要。一個幾乎每天都參加飯局和宴會的經理人說，在分析之後。他發覺至少有三分之一的宴請根本不需要他親自出席。有時他甚至覺得有點哭笑不得，因為主人並不真心希望他出席，他們發來邀請純粹是出於禮貌，如果他真的接受了邀請，反而會使人家感到手足無措。分析一件事情對你來說，對你所在的企業來說是不是真的重要，本身就是一件很重要的事情，不可忽視。

　　記得，不要被別人重要的事情牽著走，而你自己重要的事情卻沒有做，這會造成你很長時間都比較被動。

　　時間在飛翔，但你就是駕駛員，可以駕馭它。把你每一分每一秒的時間都用在做最重要的事情上面吧。

使小聰明的往往是笨人

愛耍小聰明、占便宜者。往往吃大虧。

有一個笑話：

車掌剪票時發現，一個蘇格蘭成人用的是兒童票，但蘇格蘭人堅決不肯補上剩下的票款。於是檢票員拿起旅客的衣箱就往車外扔。

此時，火車正在過橋。「您瘋啦！」蘇格蘭人狂喊。「您跟我的票過不去，又淹死了我的弟弟！」

雖然是個笑話，但說明的道理並不可笑。耍小聰明，占小便宜。往往是成功的陷阱，只會把你帶入困境。

耍小聰明表現方式有很多，一些人的表現就是其中的典型：

美國的信用卡公司規定，開戶、銷戶都是免費的，更換磨損了的卡片卻要繳手續費 5 美元。一位留學生在去更換卡片被要求交錢時便提出：既然如此，我乾脆先銷戶，再重新開好了。信用卡公司的工作人員聽了，便覺得不可思議，他說：「從來沒有人向我們這樣提出過問題。」但邏輯上又覺得留學生所講是無可辯駁的，便說：「好了，我替你付這 5 美元吧。」於是這位同胞免費更換了卡片。

一些商店規定，買某一件商品按原價，再買第二件則按照優惠價。一些人便先買一件再買第二件，各開一張收據，之後把其中一件以原價退掉，於是達到了買一件而享受優惠價的目的。

這些人會不會覺得自己很聰明，比別人聰明呢？做人沒有基本的準則，只考慮眼前的利益，還自以為是地覺得別人都比他傻。這樣目光短淺的人不會成功。

第五章　高效與責任心成就你的未來

做人還是腳踏實地的好，千萬別耍小聰明，不然只會搬起石頭砸自己的腳。

某應徵現場，某公司正對十餘位求職者進行最後一輪面試：

「你覺得自己有什麼缺點？」主考官突然問其中一位求職者。

「我工作過於投入，人家都說我是工作狂。」他不加思考便脫口而出。

主考官笑了笑：「工作投入可是優點啊，你說說你的缺點吧。」

這位求職者並沒有察覺考官態度上的細微變化，頗為自得地喋喋不休：「我是個急性子，為人古板，又好堅持原則，所以易得罪人。另外，我還……」

考官「嘿」了聲，臉呈不悅，手一揮，終止了問話。

這位先生的求職結果是不言自明。有誰會喜歡一個自作聰明、滑頭的人？

他以為抓住一切機會來展現自己優點就可以打動考官？沒有人喜歡你自作聰明，耍弄心眼。「把優點故意說成缺點」，虛偽地掩飾自己，只會惹人反感。

不要耍小聰明，老闆的眼睛都是雪亮的。愛耍小聰明、愛占便宜的人總想占便宜：占他人的便宜，占合作夥伴的便宜，占規則的便宜……結果是，他們把自己的活動空間搞得越來越狹小，這正是「聰明反被聰明誤」。這些所謂的「聰明人」往往為了眼前的一點蠅頭小利失去了長遠的利益，他們是不折不扣的笨人。

有沒有覺得「狼來了」中的那個小孩子聰明？把耍小聰明作為處事之道，那麼耍來耍去耍的是自己。

有錯誤那就老實承認，並想辦法解決，不要試圖耍小聰明掩飾；做事情就誠信待人，不要貪圖小利丟了原則。心機用得過多，便容易不得要領，或自壞其事，或自相矛盾。聰明是件好事，小聰明卻不然。

　　西方有這樣一種說法：法蘭西人的聰明藏在內，西班牙人的聰明露在外。前者是真聰明，後者則是假聰明。培根先生認為，不論這兩國人是否真的如此，但這兩種情況是值得深思的。他指出：「生活中有許多人徒然具有一副聰明的外貌，卻並沒有聰明的實質 ──『小聰明，大糊塗』。冷眼看看這種人怎樣機關算盡，辦出一件件蠢事。簡直是令人好笑的……凡這種人，在任何事情上都言過其實，不可大用。因為沒有比這種假聰明更誤大事了。」

　　，是金子總會發光的。如果你是真正的聰明，就不要總是在別人面前隨便地「賣弄」。那樣，不但使你的聰明變得廉價，有時還會給你惹來不必要的麻煩。「楊修之死」就是一個典型的例子。

　　成功需要的是智慧，不是自以為是的小聰明。小聰明在時間面前不堪一擊。若真的是個聰明人，就不會耍小聰明，這樣，至少可以避免弄巧不成的難堪。

準備充分，才能贏得一切

　　事實證明，拿出足夠的時間來做準備，效果驚人。

　　有個心理學家曾做過這樣一個實驗：他找來一些學生，並把他們分成三組進行足球射門技巧訓練：

　　記錄下第一組學生第一天的射門成績，然後在 20 天內讓他們每天都

第五章　高效與責任心成就你的未來

練習射門,再把最後一天的成績記錄下來;

第二組學生也記錄下第一天和最後一天的成績,但在此期間不做任何練習。

記錄下第三組學生第一天的成績,然後讓他們每天花 20 分鐘在想像中進行射門;如果射門不中時,他們便在想像中做出相應的糾正。

實驗結果表明:第二組的成績沒有絲毫長進;第一組進球率增加了 20%;第三組進球率增加了 22%。

由此,他們得出結論:行動前進行頭腦熱身,想清楚要做的事的每個細節,將思路梳理清楚,然後把它深深銘刻在腦海中,在之後的行動中就會得心應手。

美國行為科學家艾德‧布利斯由此總結出了著名的「布利斯定律」。即:用較多的時間為一次工作進行事前準備,做這項工作所用的總時間就會減少。

每一個拜訪過西奧多‧羅斯福(Theodore Roosevelt)的人,都對他知識淵博感到驚訝。哥馬利爾‧布雷佛寫道:「無論是一名牛仔或騎兵,紐約政客或外交官,羅斯福都知道該對他說什麼話。」

他是怎麼辦到的呢?

很簡單。每當要有人來訪的前一天晚上,羅斯福就開夜車,翻讀這位客人特別感興趣的資料。因為羅斯福知道,正如所有的領導者都知道,打動人心的最佳方式是跟他談論他最感興趣的事物。而這,當然需要提前做好準備。

這是可以應用在事業上的一種寶貴技巧嗎?當然可以。

倫敦一家蛋糕公司的老闆一直試著要把蛋糕賣給某家飯店。一連 4

準備充分，才能贏得一切

年，他每天都要打電話給該飯店的經理。他也去參加該經理的社交聚會。他甚至還在該飯店訂了個房間，住在那兒，以便成交這筆生意。但是他都失敗了。

這位老闆在研究過為人處世技巧之後，決心改變策略。他決定要找出經理最感興趣的是什麼，投其所好，可能會成功。他發現那位經理是某個組織的一員。而且不僅僅只是該組織的一員。由於他的熱忱，還被選為主席。不論會議在什麼地方舉行，他一定會出席，即使他必須跋涉千山萬水。

因此，下一次，蛋糕店老闆見到他的時候，開始談論他的那個組織。他得到的反應真令人吃驚！經理跟他談了半個小時，都是有關他的組織的，語調充滿熱忱。可以輕易地看出來，那個組織顯然是他的興趣所在。在老闆離開他的辦公室之前，他『賣』了他組織的一張會員證給他。

雖然老闆一點也沒提到蛋糕的事，但是幾天之後，飯店的大廚師打電話給他，要他把蛋糕樣品和價目表送過去。他終於成功了。

知己知彼方能百戰不殆。充分的準備可以讓你投其所好，事半功倍。

世界三級跳遠冠軍米蘭‧提夫（Milan Tiff），在8歲之前患了小兒麻痺症，但經過自己學走、學跑，終於研究出怎樣的姿勢合乎自然法則，結果，他跳出了世界上最遠的紀錄。

當記者問他到底是什麼原因，使他成為奧運金牌得主和世界紀錄保持者時，他回答道：「當我參加比賽時，一般人都在看我跳遠當時的表現，其實，任何事業的成功，不單決定於他表現的那個時刻，重要的是，決定於他表現之前所做的準備。」

因為他已經做了足夠充分的賽前準備，因此他只要看運動選手所做的

第五章　高效與責任心成就你的未來

熱身體操，就可以知道那位選手肌肉的鬆弛程度和得勝的機率。

因為足夠充分的準備，米蘭·提夫可以清楚地查知對方的實力，這樣他就可以「不打無準備之仗」，也就更容易成功。

好的辦法有時候是需要時間才能想出來的。誰都不能保證在任何情況下都能靈活應變，恰如其分地處理好所有問題。所以事先準備是絕對必要的。知己知彼，胸有成竹地面對問題，你會更加自信，更加成功。

工作中，缺乏準備常常會導致差錯不斷，很難把工作做到位，更談不上高效了。事先的準備工作可能沒人看到，但它卻是幫助你成功的必要因素。搞不清狀況就急於上陣的人不是勇敢，而是魯莽。充分的準備工作，可以幫你贏得一切。

速度第一，完美第二

完美是一種人生態度，也是一種追求。現實生活中，很多人持這種態度，以完美為最高目標。工作中他們也是如此，認為一件事從整體到細節的任何一點，都必須是完美的，他們也一直為此努力。在這個速度致勝的時代，真的應該這樣嗎？

李·雷蒙德（Lee Raymond），這個繼洛克斐勒之後最成功的石油公司總裁，被人稱為是工業史上絕頂聰明的 CEO 之一。因為沒有人能夠像他一樣，令一家超級公司的股息連續 21 年不斷攀升，並且成為世界上最賺錢的一臺機器。

這個聰明人的信條就是：在速度中抓住機遇。

在他的影響下，這一信條已經成為他所在公司秉持的理念之一，「追求高效」已經成為了埃克森‧美孚石油公司企業文化的一個重要部分，美孚石油公司躍升為全球利潤最高的公司，有著埃克森公司和美孚公司攜手的因素，更重要的是因為它擁有一支高效運轉的員工團隊。

李‧雷蒙德的一位下屬曾經這樣解釋這一理念：

速度往往是能不能戰勝對手的極為關鍵的一點，因此，無論做什麼事，只能高速度高品質的完成，才能處於不敗之地。然而，無論我們是否在高效率地完成我們的任務，我們的工作都必須由我們自己去完成。透過暫時逃避現實，從暫時的遺忘中獲得片刻的輕鬆，這並不是根本的解決之道。要知道，因為效率低下或者其他因素而導致工作業績下滑的員工，就是公司裁員的必然對象。無論是誰，都可能會成為由於沒有高效率地完成工作給公司帶來損失而負責的人。如此一來，我們就可能在一個龐大的公司裡，創造出「每一個員工都高效利用時間，快速完成工作」的奇蹟。「現在就做」，決不拖延。於是，速度創造效率。

這個世界競爭激烈，速度成為勝利與否的關鍵所在。比同行更快，你才有勝算。你一定聽過這樣一個故事，兩個人在樹林裡過夜。突然從樹林裡跑出一頭熊，其中一人忙著穿球鞋，另一個人對他說：「你把球鞋穿上有什麼用？我們反正跑不過熊啊！」忙著穿球鞋的人說：「我不是要跑得快過熊，我是要跑得快過你。」

在速度面前，完美要往後站一站，只能排在第二了。

還記得那個畫蛇添足的故事麼？誰先畫好誰就可以得到一壺酒。一個人本來最快畫好了，可是他想，給蛇再添上腳吧。最後的結果是別人喝到了哪壺酒。對細節的苛求，往往浪費太多的時間。而被浪費的這些時間，

第五章　高效與責任心成就你的未來

往往可以用於比細節更有挑戰性的事務上。做事不必追求完美，必須明白重點，適可而止。

某地沒有大蒜，很多商人聽說了，於是紛紛迅速展開行動，托運大蒜去當地賣。當地人自然物以稀為貴，商人們都用大蒜換取了很多黃金回來，大賺了一筆。另一位商人呢，覺得自己的大蒜如果比別人的好，一定就可以賺更多的錢。於是他把大蒜整理了一番。把最外面難看的皮剝去，最後讓大蒜看起來很漂亮，於是他帶著漂亮的大蒜去那裡交易，本以為也能大賺一筆，結果卻只換得兩袋馬鈴薯。

搶占商機，方能贏得市場。大蒜就是大蒜，不好看也是大蒜。何苦非要追求所謂的完美？

完美是一句極具誘惑力的口號，卻也是一個美麗的陷阱。很多人把時間浪費在細節的完美上，這並不是一個很好的選擇。如果完美是100%，你已經做到99%了，為什麼還非要爭取那最後的1%呢？在這個向速度要效益的時代，你比別人跑得慢就會失敗。不可過於追求完美，吹毛求疵。因為這最後的1%往往需要你付出非常多的時間、精力等資源，所以我們實在沒有必要刻意地去強求它。

況且，你要明白，你的客戶對這件工作的結果所要求的完美度也並非100%。你只要超出他們的期望值就足夠了。大多時候，大家都要求這件事情快點完成。而並非完成得百分之百完美。如果你因為追求完美而耽誤了進度，那才是得不償失。因為那不被客戶所需要的完美而白白地浪費財力精力，實在是時間和資源的浪費。

而且，你的老闆也沒有充裕的耐心和資源，允許你去糾纏於細枝末節，創造完美。對完美的執著，會讓你浪費大量的時間，錯失其他一些更有挑

戰性的工作。這隻會讓老闆覺得你效率低下，辦事不力。所以，工作中，你必須時時提醒自己，不要過於追求完美，明白什麼是適可而止，追求最有效率的行事方式。

快速行動才能全面生存。更好生存。為了在競爭中占有一席之地，你必須要加快自己的腳步，效率第一，速度第一，趕在對手前面搶得先機，這樣才能時時處於主動地位，為自己贏得更多的機會。

成為問題的解決專家

喬治到這家鋼鐵公司工作還不到一個月，就發現很多鍊鐵的礦石並沒有得到完全充分的冶煉，一些礦石中還殘留沒有被冶煉好的鐵。如果這樣下去的話，公司豈不是會有很大的損失。

於是，他找到了負責這項工作的工人，跟他說明了問題，這位工人說：「如果技術有了問題，工程師一定會跟我說，現在還沒有哪一位工程師向我說明這個問題，說明現在沒有問題。」

喬治又找到了負責技術的工程師，對工程師說明了他看到的問題。工程師很自信地說我們的技術是世界上一流的，怎麼可能會有這樣的問題。工程師並沒有把他說的看成是一個很大的問題，還暗自認為，一個剛剛畢業的大學生，能明白多少，不會是因為想博得別人的好感而表現自己吧。

但是喬治認為這是個很大的問題，於是拿著沒有冶煉好的礦石找到了公司負責技術的總工程師，他說：「先生，我認為這是一塊沒有冶煉好的礦石，您認為呢？」

總工程師看了一眼，說：「沒錯，年輕人你說得對。哪裡來的礦石？」

第五章　高效與責任心成就你的未來

喬治說：「是我們公司的。」

「怎麼會，我們公司的技術是一流的，怎麼可能會有這樣的問題？」總工程師很詫異。

「工程師也這麼說，但事實確實如此。」喬治堅持道。

「看來是出問題了。怎麼沒有人向我反映？」總工程師有些發火了。

總工程師召集負責技術的工程師來到工廠，果然發現了一些冶煉並不充分的礦石。經過檢查發現，原來是監測機器的某個零件出現了問題，才導致了冶煉的不充分。

公司的總經理知道了這件事之後，不但獎勵了喬治，而且還晉升喬治為負責技術監督的工程師。總經理不無感慨地說：「我們公司並不缺少工程師，但缺少的是負責任的工程師。這麼多工程師就沒有一個人發現問題，並且有人提出了問題，他們還不以為然，對於一個企業來講，人才是重要的，但是更重要的是真正有責任感的人才。」

喬治從一個剛剛畢業的大學生成為負責技術監督的工程師，可以說是一個飛躍，但是他能獲得工作之後的第一步成功就是來自於他的責任感，他的責任感讓他的領導者認為可以對他委以重任。

一個有責任感的員工，不僅僅要完成他自己分內的工作，而且他會時時刻刻為企業著想。比如，他發現公司的員工最近一段時間工作效率比較低，或者他聽到一些顧客對目前公司員工服務的抱怨，他就把自己的想法和如何改善的方案寫出來投到員工信箱中，為管理者改善管理提供一些參考。

一名真正有責任感的領導者會非常感激這樣的員工，而且他會很欣慰，因為他的員工能夠如此關愛自己的企業，關注著企業的發展，他也會

為這樣的員工感到驕傲，也只有這樣的員工才能夠得到企業的信任。

一家公司的內部報紙開闢了這樣一個專欄，叫做「回音壁」，目的就是讓員工把他們自己看到的、感受到的有關企業的各方面寫出來，無論是批評還是建議，只要是真實的就可以，並對這樣的員工給予表揚和獎勵。因為管理者相信，員工是最能感受到企業細節的人，他們這麼做，就是想讓員工說出對企業的真實聲音。他們這麼做，極大地調動了員工的能動性，充分發揮了員工的積極性。他們不僅很好地完成了自己的本職工作。而且做了很多額外的工作。

如果你兼有責任和忠誠兩種信念，那麼不僅會勇於承擔自己分內的責任，還會樂意挑起實現公司遠景的責任。而你的責任和忠誠最大回報就是，你被賦予更大的責任和使命。因為，只有這樣的員工才能真正值得信任，才能真正擔當起企業賦予他的責任。

一支生了鏽的大鐵釘被丟棄在工廠的入口處。員工們從其旁邊進進出出，一共可以有下列幾種情形：

第一種員工，視若無睹，抬腳橫跨而過；

第二種員工，看到了鐵釘，也警覺到它可能產生的危險。不過他們的行為又可能出現三種不同的類型：第一類心想別人會撿起來，不用自己多事，只要自己小心，實在不必庸人自擾，於是視若無睹，改道而行；第二類會認為自己現在太忙，還有很多事情需要解決，等辦完事後再來處理那根鐵釘；第三類則抱著謹慎小心、事不宜遲的態度，馬上彎腰撿起並妥善處置。

你當然知道哪類員工的做法正確，但事情發生在你身上時，你能成為解決問題的專家嗎？有些事情並不需要很費力就能完成。

第五章　高效與責任心成就你的未來

不讓一點疏忽鑄成大錯

　　一點小小的失誤，便可以使從前所做的種種努力都付之東流。這樣的故事太多了：

　　一位勇者發誓要排除萬難。攀登一座高峰。在眾人期待的目光中，他出發了。然而，他最終卻以失敗告終，出人意料的是，迫他放棄的原因，只是鞋中的一粒沙子。

　　在長途跋涉中，惡劣的氣候沒有使他退縮，陡峭的山勢沒能阻礙他前行，難耐的孤寂沒有動搖他堅定的信念，疲憊與飢寒沒有使他畏懼。但是不知何時。他的鞋裡落入一粒沙。起初他並沒在意，他完全有時間和機會把那粒沙子從鞋裡倒出來的。可是，在我們的勇士眼中，它實在是太微不足道了。的確，比起勇士所遇到的其他的困難來講，那粒沙子的存在，簡直可以忽略不計。然而越走下去，那粒沙子越是磨腳。最後，每走一步都伴隨著刺骨的疼痛。此時，他終於意識到這粒沙的危害。

　　他停下腳步，準備清除沙粒，但是卻驚異地發現，腳已經被磨出了血泡。沙被清除出去了，可是傷口卻因感染而化膿。最後，除了放棄。他別無選擇。

　　疏忽往往成大錯，不要以為小事就不是事。細微的破綻可能導致重大的失敗。所以做事情的時候，一定要考慮周全，不可忽略一切細節。

　　巴西海順遠洋運輸公司「環大西洋」號海輪是條效能先進的船，但在一次海難中沉沒了，21名船員全部遇難。當救援船到達出事地點時，望著平靜的大海，救援人員誰也想不明白，在這個海況極好的地方到底發生了什麼。這時有人發現救生臺下面綁著一個密封的瓶子，裡面有一張紙條，

21種筆跡，上面記載著從水手、大副、二副、管輪、電工、廚師、醫生、船長的留言：有的是私自買了一個檯燈用來照明，有的是發現消防探頭誤報警拆掉沒有及時更換，有的是發現救生閥施放器有問題把救生閥綁了起來，有的是例行檢查不到位，有的是值班時跑進了餐廳⋯⋯

最後是船長麥凱姆寫的話：「發現火災時，一切糟糕透了，我們沒有辦法控制火情，而且火越來越大，直到整條船上都是火。我們每個人都犯了一點點錯誤，但最後釀成了船毀人亡的大錯。」

據說，令千里馬失足的往往不是崇山峻嶺，而是柔軟青草結成的環；在通往成功的路途中，真正的障礙，有時只是一點點疏忽與輕視。

一位病人要做心臟移植手術。那次手術出乎意料地順利，病人的復原情況也極好。然而，忽然間一切都出現了不正常，病人死掉了。

驗屍報告指出，病人腿部有一處微傷，傷口感染了肺，導致整個肺喪失機能。

永遠要提防那些微不足道的小事，簡單的事情，基本的道理，需要慘痛的代價才能了解。那個傷口對健康的人確實無關痛癢，但卻奪走了心臟移植病人的命。

以十分的準備迎接三分的工作並非浪費，而以三分的精神態度面臨十分的工作，卻注定會帶來不可逆轉的惡果。不要忽視任何事情，你不知道自己的疏忽什麼時候會產生惡果。

一位從事策劃的小林道出了自己這樣的一段經歷：

5年前，小林還在一家行銷策劃公司工作。當時一位朋友找小林，說他們公司想做一個小規模的市場調查。朋友說，這個市場調查很簡單，他自己再找兩個人就完全能做。希望小林出面把業務接下來，他去運作，最

第五章　高效與責任心成就你的未來

後的市場調查報告由小林把關。完成後會給小林一筆費用。

這的確是一筆很小的業務，沒什麼大的問題。報告出來後，小林很明顯地看出了其中的水分，但小林只是做了些文字加工和改動，就把它交了上去。對小林而言，這事就這樣過去了。

有一天，幾位朋友找小林，希望大家組成一個專案小組，一塊去完成新開業的一家大型商城的整體行銷方案。不料，對方的業務主管明確提出對小林的印象不好，原來這位先生正是當初那項市場調查專案的委託人。世事莫測，因果循環，小林目瞪口呆，也無從解釋些什麼。

這件事帶給小林極大的刺激，現在回頭來看。當時小林得到的那點錢根本就不值一提，但為了這點錢，小林竟然造成了如此之大的負面影響！所以千萬不要打發糊弄任何事，即使是很不起眼的工作。

許多時候，我們會不經意地處理、打發掉一些自認為不重要的事情或人物，但這種隨意、不負責、不敬業或者是不道德的行為，會造成一些很不好的影響或後果，在你以後的人生道路上，它將在某個時候突然顯現出來，令你對當年的行為追悔不已。

接受了任務就等於做出承諾

你一定聽過那個老木匠蓋房子的故事：

有個手藝出眾的老木匠準備退休，他告訴老闆，說要離開建築行業，回家與妻子兒女享受天倫之樂。老闆捨不得他走，問他是否能幫忙再建一座房子，老木匠說可以。但是大家後來都看得出來，他的心已不在工作上，他用的是軟料，出的是粗活。房子建好的時候。老闆把大門的鑰匙遞

給他。

「這是你的房子,」他說,「我送給你的禮物。」

他震驚得目瞪口呆。羞愧得無地自容。如果他早知道是在替自己建房子,怎麼會這樣呢?

現在他得住在一幢粗製濫造的房子裡!

很多人又何嘗不是這樣。他們漫不經心地「建造」自己的生活,不是積極行動,而是消極應付,凡事不肯精益求精,在關鍵時刻不能盡最大努力。等到驚覺自己的處境時,早已深困在自己建造的「房子」裡了。

接手了一份工作,就是作出了一項承諾。承諾自己會把工作做好。只要是屬於你的工作範圍,你就必須負責。

這是一個在美國故事書中經常出現的故事:

有一位母親和兩個女兒,母女三人相依為命,過著簡樸而平靜的生活。後來,母親不幸病倒,家裡的經濟狀況開始惡化起來。這時候,大女兒珍妮決定出去找工作,以維持家庭生計。

她聽說離家不遠的地方有一片森林,裡面充滿著幸運。她決定去碰碰運氣。如人們傳說的那樣,一切都很幸運。當她在森林中迷失方向、飢寒交迫的時候,抬眼一看,不知不覺之中她已經來到一間小屋的門前。

一跨進門,她吃驚地縮回了腳步,因為她看到了杯盤狼藉、滿地灰塵的場面。珍妮是一個喜歡乾淨的女孩,等她的手一暖和過來,她就開始整理房子。她洗了盤子,整理了床,擦了地。

過一會兒,門開了,進來12個她從沒見過的小矮人。他們對屋裡煥然一新的環境十分驚訝。小女孩告訴他們,這一切都是她做的。她媽媽病了,她出來找工作,想在這裡歇歇腳。小矮人們非常感激。他們告訴她,

第五章 高效與責任心成就你的未來

他們的仙女保母去度假了。由於她不在,房子變得又髒又亂。現在他們需要一個臨時保母。

小女孩高興極了,她馬上表示願意當他們的臨時保母。工作生涯開始了。第二天,她早早地起床,為主人們做早餐,打掃屋子,準備晚餐,手腳勤快,工作又認真。

第三天、第四天也是如此。

到了第五天的時候,她透過廚房的窗子看到了美麗的森林風景。「對了,自從來到這裡,我還沒有見過白天森林的景色。出去看看吧。」小女孩對自己說道。

一切都是那麼新奇。她在外面玩了整整兩個小時。回到屋裡的時候,太陽已經快落山了。她急急忙忙地跑過去整理床鋪,洗盤子,準備晚飯。還有一件重要的事情──打掃地毯和地毯下面的灰塵。但由於時間太短,她決定不打掃地毯下面的灰塵了。「反正地毯下面沒人看得見,有點灰塵也沒有關係。」

一切都非常順利,小矮人回來後,並沒有發現什麼。又過了一天,珍妮又跑出去玩,又沒有打掃地毯下的灰塵。「我每週清理一次灰塵就可以了。」珍妮對自己說道。

又過了5天,小矮人們也沒有說些什麼。用過晚餐。他們聚在一起打撲克。其中有一位小矮人丟了一張牌,他們到處尋找都沒有找到。這時候有一位小矮人開玩笑地說:「說不定那張牌鑽到地毯下面去了。」

很不幸的是,居然有人相信他的話,他們揭開了地毯,看見了灰塵滿地的地板。

結局如你所料,幸運之神不再眷顧珍妮,她丟掉了這份工作,離開森

林，開始尋找下一份工作。在深深的懊悔中，她開始明白：就算機會垂青，工作機遇降臨身邊，也要付出責任心，百分之百地完成自己的工作。

對於任何一名員工來說。工作就意味著責任，沒有責任感的員工不可能成為一名優秀的員工。對工作和自己的行為百分之百負責的員工，他們更願意花時間去研究各種機會和可能性，他們更值得信賴，也因此能獲得別人更多的尊敬。與此同時，他也獲得了掌控自己命運的能力，這些將加倍補償他為了承擔百分之百責任而付出的額外努力、耐心和辛勞。

如果你不願意拿自己的人生開玩笑，那就在工作中勇敢地負起責任來吧。

藉口是走向失敗的通路

一個棒球少年在訓練基地進行訓練的時候，在漏接了3個高飛球之後，男孩甩掉手套走進球員休息區，說：「在這爛球場沒有人能接得住球的。」

球場有什麼過錯？在事情出現問題時，首先考慮的不是自身的原因，而是把問題歸罪於外界或者他人。這是推諉責任最典型的表現。

如果你沒有做好你自己的工作，或者沒有完成任務，不要找藉口，勇敢地承擔起責任吧。你看下面這個身障人士是怎麼想的：

一個颳著大風的下午，公路旁邊的曠野中出現了一幅奇怪的景象：一個身障的中年人正搖著輪椅拚命追趕著一大片在空中飛舞的報紙，他努力想去抓住那些報紙，可風實在是太大了，他的雙腿難以完成這複雜的任務，轉眼間，報紙散落的到處都是，他沒抓到幾張。

周圍有人看到了這一幕，感嘆於身障人士的不幸，便主動過去幫忙。

第五章　高效與責任心成就你的未來

費了好大的勁才把報紙都收攏之後，大家便問他找這些報紙幹什麼。

身障人士掙扎著坐回到輪椅上，手臂抖個不停，面色蒼白的說：「老闆派我送幾捆報紙給客戶，可是我到地方的時候才發現少了一捆，就趕緊回來找。走到這時，才看到報紙飄得滿地都是，只能一張一張拾起來，一張都不能少啊。」

大家又說：「你這樣的狀況，很難一個人解決問題，為什麼不直接跟老闆解釋原因呢？他也會諒解你的。」

身障人士說：「我不能把自己的身體缺陷當成理由。畢竟錯誤是我自己犯下的，我必須自己承擔責任。」

找藉口掩飾自己的錯誤不是聰明的做法，想辦法解決才是你應該做的。

有一次，通用汽車公司收到一封客戶抱怨信：「每天吃完晚餐後，我就開車去買冰淇淋。但自從最近我買了一部新車龐帝雅克後，問題就發生了。每當我買的冰淇淋是香草口味時，我從店裡出來車子就發不動。但如果我買的是其他的口味，車子發動就很順利。」

通用汽車收到這份抱怨信後，沒有毫無根據地去責怪生產發動機的部門，而是立刻派了一位工程師去檢視究竟。工程師發現：第一晚，巧克力冰淇淋，車子沒事；第二晚，草莓冰淇淋，車子也沒事；第三晚，香草冰淇淋，車子又發動不了了！

工程師記下從頭到現在所發生的種種詳細數據，如路程、車子使用油的種類、車子開出及開回的時間……他有了一個結論。這位顧客買香草冰淇淋所花的時間比其他口味的要少。

香草冰淇淋是所有冰淇淋口味中最暢銷的口味，店家為了讓顧客每次

都能很快地取拿,將香草口味特別分開陳列在單獨的冰箱,並將冰箱放置在店的前端,至於其他口味的則放置在距離收銀臺較遠的後端。當顧客買其他口味冰淇淋時,由於時間較長,汽車引擎有足夠的時間散熱,重新發動時就沒有問題。但是買香草口味時,由於花的時間較短,以至於無法讓「蒸汽鎖」有足夠的散熱時間。

通用汽車公司就透過這樣一個偶然的事件發現了自己汽車設計上的小問題,主動承認了自己的錯誤,及時加以改進和調整。滿意地解決了客戶的問題。從此,通用汽車也贏得了大批客戶的青睞。

西點軍校要求每一位學員想盡辦法去完成任何一項任務。而不是為沒有完成任務去尋找藉口,哪怕是看似合理的藉口。西點軍校200年來奉行的最重要的行為準則就是——沒有任何藉口。這也是西點軍校傳授給每一位新生的第一個理念。

曾經有一位西點軍校的學員這樣描述他在西點所上的第一課:

「在西點,我作為新生學到的第一課。是來自一位高年級學員衝著我大聲訓導。他告訴我,不管什麼時候遇到學長或軍官問話,只能有四種回答:『報告長官,是』、『報告長官,不是』、『報告長官,沒有任何藉口』、『報告長官,我不知道』。除此之外。不能多說一個字。」

在西點軍校裡,軍官最討厭的就是喋喋不休、長篇大論的辯解,他們只是要求你把好的結果帶給他。否則的話。你只能得到一頓訓斥。

西點讓我們認識到這樣的一個道理:如果你不得不帶隊出征,那就別找什麼藉口了。如果你不得不解僱公司的數千名員工,那也沒什麼藉口,因為你本應預見到要發生的事,並提前尋找對策。

沒有任何藉口。不論原因是主觀的還是客觀的。總之,你沒做好就是

第五章　高效與責任心成就你的未來

沒做好。假設每個環節都十分完美，假設所有的人都完成得很出色，那也不需要你努力去做了。總是給自己找理由開脫或者說「我不是故意的」，只會讓你越來越不負責任，越來越不受歡迎，離成功越來越遠。

第六章
以敬業和好心態面對工作

唯有心態端正了，你才會感覺到自己的存在；唯有心態端正了，你才會感覺到生活與工作的快樂；唯有心態端正了，你才會激發出工作的熱情和鬥志。以老闆的心態對待工作的人，不管他從事什麼樣的工作，都會比那些只會糊弄工作的人更容易走向成功。

第六章　以敬業和好心態面對工作

以老闆的心態對待工作

　　什麼樣的心態將決定我們過什麼樣的生活。當你具備了老闆的心態，你就會去考慮企業的成長，就會去考慮企業的明天，就會感覺到企業的事情就是自己的事情，就知道什麼是自己應該去做的、什麼是自己不應該去做的，就會像老闆一樣去思考，就會像老闆一樣去行動。

　　以老闆的心態對待工作，首先我們應當養成時刻以企業利益為先的習慣。一家大型醫療器械銷售公司的銷售總監老王曾經講述過這樣一個真實案例：

　　一次，他召開經理級的業務會議。會上，他就最近聽說的部分職員謊稱完成客戶拜訪計畫的現象詢問眾人：「我聽說最近有些業務聲稱完成了客戶拜訪計畫，事實上卻沒有，這是不是真的？」

　　大家都怕得罪同事，影響到今後的關係和利益，雖然知道確實有人謊稱完成了客戶拜訪計畫，並在銷售客戶拜訪表上弄虛作假，但是沒人敢說。有的說沒有，有的說這是謠傳，有的則低頭不說話。

　　事實上，老王根本沒有指望會有人真正指出和面對這樣的問題。沒料到，小李站出來說：「的確是有銷售員謊稱完成了客戶拜訪計畫，並在銷售客戶拜訪表上弄虛作假。銷售一部的楊剛上次聲稱拜訪的顧客我曾經也拜訪過，對方表示近期並沒有本公司的銷售人員拜訪過他。」

　　大家聽後都為小李捏了把汗。楊剛是銷售一部任經理一手提拔的，任經理怕楊剛的失職對自己不利，就馬上辯解道：「我了解楊剛的為人，我想此事只不過是工作記錄的失誤而已。」

　　小李還想說些什麼，但是老王把話題引開了，談起別的事來。其實，

老王早已了解事實，只是不願意把事情弄得複雜，才不再追問下去。但小李的誠實和以公司利益為先的精神卻記在了老王的腦子裡，不久就提拔了他。

一個以企業利益為先的員工，凡事不會首先顧慮「我這樣做會得罪誰」，而是考慮「我怎樣做才能有利於我所服務的團隊」。銷售一部的任經理首先想到的是「我如何才能推諉責任」，而不是「事實的真相究竟是什麼」。一個以企業利益為先的員工，不應當老想著如何推卸責任，糊弄工作，即使面對任經理的處境，也應當表明態度：自己對於此事目前了解的情況，哪裡可能產生問題。時刻想著企業而不是自己的利益。

以老闆的心態對待工作要求我們時刻要把企業的榮譽放在心頭，把維護企業榮譽，宣傳企業形象當成自己的第一要務。下面的這個故事也許能對你有所啟示：

在美國標準石油公司裡，有一個叫阿基勃特（John Archbold）的小職員。每當他出差的時候，總是在自己簽名的下方寫上「每桶4美元的標準石油」的字樣，在書信以及收據上也從不例外，不管是在什麼場合，只要是有他的名字的地方，就有上述的幾個字。因為他的這個習慣，同事就給他取了個「每桶4美元」的綽號，而他真正的名字反而倒沒有人叫了。

當美國標準石油公司的董事長聽說了這個事情後，說：「竟有這樣的職員如此努力地宣揚公司的聲譽，我要見見他。」於是就邀請阿基勃特共進晚餐。

後來，洛克斐勒卸任後，阿基勃特就成為了第二任董事長。

阿基勃特的事例告訴我們，一個以老闆心態對待自己工作的人，無論自己的職位如何卑微，所從事的工作如何微不足道，都會以超強的熱情和

第六章　以敬業和好心態面對工作

敬業的態度捍衛公司的榮譽。

另外，一個以老闆心態對待自己工作的人應當時刻忠於自己所在的團隊。如果隨時準備另謀高就，那麼你根本就不屬於這個集體，你「在企業中工作」也僅僅是形式上的，這個集體對你而言，只是你謀求利益的一個階梯。在一個企業裡，這樣的員工是企業的一個潛在危機，因為他們隨時可能對自己的工作撒手不管，甚至會成為自己對手企業中的一員，來和自己的企業競爭。

「我屬於這個企業，並不僅僅因為我在這裡工作，因為我的內心告訴我，我對企業負有責任，我必須忠誠於我的企業。」在一個企業年終總結大會上，一位獲得嘉獎的優秀員工這樣說。的確，一個人屬不屬於一個企業，並不僅僅在於他是否在企業工作，關鍵看他的心在不在企業，他有沒有像老闆一樣將責任心完全放在企業上。

著名管理大師艾柯卡受命於福特汽車公司面臨重重危機之時，他大刀闊斧進行改革，使福特汽車公司走出危機。福特汽車公司董事長小福特卻對艾柯卡進行排擠，這使艾柯卡處於一種兩難境地。但是，艾柯卡卻說：「只要我在這裡一天，我就有義務忠誠於我的企業，我就應該為我的企業盡心竭力地工作。」儘管後來艾柯卡離開了福特汽車公司，但他仍對自己為福特公司所做的一切感到欣慰。

「無論我為哪一家公司服務，忠誠都是我的一大準則。我有義務忠誠於我的企業和員工，到任何時候都是如此。」艾柯卡說。正因為如此，艾柯卡不僅以他的管理能力折服了其他人，也以自己的人格魅力征服了別人。

以老闆的心態對待工作，不僅要求員工時刻要維護公司的利益和榮譽

不受侵犯,更重要的是要和老闆保持目標上的一致:即實現企業的利潤和目標,為顧客創造出更大的價值。

以老闆的心態對待公司,處處為公司著想,忠於企業,時刻以企業利益為先的人,終將會贏得成功的獎賞。

以老闆的心態對待公司,為公司節約花費,把公司的資產當作自己的資產一樣愛護,你的老闆和同事都會看在眼裡。

時常提醒自己:你是在自己的公司裡為自己做事,你的產品就是你自己。

假設一下,如果你是老闆,你對自己今天所做的工作完全滿意嗎?別人對你的看法也許並不重要,真正重要的是你對自己的看法。回顧一天的工作,捫心自問一下:「我是否付出了全部的精力和智慧?」

以老闆的心態對待公司,你就會成為一個值得信賴的人,一個老闆樂於僱用的人,一個可能成為老闆得力助手的人。

最佳的任務完成期是昨天

比爾・蓋茲說過這樣的話:「過去,只有適者能夠生存;今天,只有最快處理完事務的人才能夠生存。在人才競爭激烈的公司裡,要想立於不敗之地,員工必須奉行『把工作完成在昨天』的工作理念。一個總能在『昨天』完成工作的員工,永遠是成功的。」

埃克森・美孚石油公司是一家全球利潤最高的公司,超過微軟兩倍。

2002 年,埃克森・美孚的資本回報率達到 10 年以來的最高值——14.7%。知名投資分析師鮑勃說:「這種回報率是其他公司數年來一直可

第六章　以敬業和好心態面對工作

望而不可即的。」

更多的人說，李・雷蒙德是工業史上絕頂聰明的 CEO 之一，是洛克斐勒之後最成功的石油公司總裁——沒有人能夠像他一樣，令一家保守行業的超級公司股息連續 21 年不斷攀升，並且成為世界上一臺最賺錢的機器。

埃克森・美孚石油公司躍升為全球利潤最高的公司，有著埃克森公司和美孚公司攜手的因素，更是因為它擁有一支絕不拖延的員工團隊。這家公司的實踐再一次告訴我們，員工克服拖延的毛病，培養一種簡捷高效的工作風格，可以使公司的績效迅速提升，並使每一位員工的工作乃至生命都更加富有價值。

阿爾伯特・哈伯德（Elbert Hubbard）認為，如果你希望透過拖延來瞞過公司，那你就犯了一個大錯誤。工作時虛度光陰會傷害你的雇主，但受傷害更深的則是你自己。一些人花費很多精力來拖延工作，卻不肯花相同的精力去努力完成工作。他們以為自己騙得過上司，其實，他們愚弄的是自己。上司或許並不了解每個員工的表現或熟知每一份工作的細節，但是一位優秀的管理者很清楚，拖延最終帶來的結果是什麼。可以肯定的是，升遷和獎勵是不會落在慣於拖延工作的人身上的。

更嚴重的是，拖延會侵蝕人的意志和心靈，消耗人的能量，阻礙人的潛能的發揮。處於拖延狀態的人，常常會陷入一種惡性循環之中，這種惡性循環就是：「拖延——低效能＋情緒困擾——拖延。」為此，他們常常苦惱、自責、悔恨，但又無力自拔，結果一事無成。

商場就是戰場，工作就如同戰鬥。任何一家公司要想在商場上立於不敗之地，就必須擁有一支高效能的戰鬥團隊。任何一個經營者都知道，對

最佳的任務完成期是昨天

那些做事拖延的人，是不可能給予太高的期望的。

某公司老闆要赴國外處理公事，且要在一個國際性的商務會議上發表演說。他身邊的幾名工作人員於是忙得頭暈眼花，要把他所需的各種物件都準備妥當，包括演講稿在內。

在該老闆出發的那天早晨，各部門主管也來送機。有人問其中一個部門主管：「你負責的檔案打好了沒有？」

對方睜著惺忪睡眼道：「昨晚只睡 4 小時，我熬不住睡去了。反正我負責的檔案是以英文撰寫的，老闆看不懂英文，在飛機上不可能復讀一遍。待他上飛機後，我回公司去把檔案打好，再以電訊傳去就可以了。」

誰知，老闆駕到後，第一件事就問這位主管：「你負責預備的那份檔案和資料呢？」這位主管按他的想法回答了老闆。老闆聞言，臉色大變：「怎麼會這樣？我已計劃好利用在飛機上的時間，與同行的外籍顧問研究一下自己的報告和資料，別白白浪費坐飛機的時間呢！」

聞言，這位主管的臉色一片慘白。

作為一名優秀的員工，任何時候都不要自作聰明地設計工作，期望工作的完成期限會按照你的計畫而後延。優秀的員工都會謹記工作期限，並清楚地明白，在所有老闆的心目中，最理想的任務完成日期是：昨天。

這一看似荒謬的要求，是保持恆久競爭力不可或缺的因素，也是唯一不會過時的東西。一個總能在「昨天」完成工作的員工，永遠是成功的，其所具有的不可估量的價值，將會征服任何一個時代的所有老闆。

第六章　以敬業和好心態面對工作

勇於承擔責任

　　勇於承擔責任。錯誤不僅不會成為我們發展的障礙，反而會成為我們前進的推動器，促使我們不斷地、更快地成長。

　　承擔責任就是說一個人要對自己工作的後果負責。許多公司中的員工，最易犯的大錯就是怕犯下錯誤後承擔責任。為了逃避，或者推卸責任，他們中的許多人採用了自以為很聰明的辦法：「不做任何決定。」

　　不做任何決定的員工，最初的思想來源是因為自己不知道所做決定的後果究竟是好還是壞。這種害怕承擔責任而不做任何決定的人，在工作之中通常也不會把工作當成自己的一項偉大的事業來對待，他們只是把工作當成一種謀生的手段，事事以自己的利益為出發點。假若一碰到棘手問題，便籌劃對策，考慮逃避責任的方法，以此來迴避責任，當事情辦砸了，便以不知道為藉口來推卸自己的責任。這種糊弄工作的態度對個人事業的發展是十分不利的。

　　在一所大醫院的手術室裡，一位年輕護士第一次擔當重任。

　　「醫生，你取出了十一塊紗布。」她對外科醫生說「我們用的是十二塊。」

　　「我已經都取出來了，」醫生斷言道「我們現在就開始縫合傷口。」

　　「不行。」護士抗議說「我們用了十二塊。」

　　「由我負責好了！」外科醫生嚴厲地說「縫合。」

　　「你不能這樣做！」護士激烈地喊道「你要為病人負責！」

　　醫生微微一笑，舉起他的手，讓護士看了看第十二塊紗布：「你是一位合格的護士。」他說道。他在考驗她是否有責任感──而她具備了這一點。

勇於承擔責任

一位人力資源總監認為，現在有些員工，只想著報酬，卻很少付出，缺乏責任意識，更不願意承擔責任。

在一些員工看來，只有那些有權力的人才有責任，而自己只是一名普通員工，沒什麼責任可言。一旦出現錯誤，有權力的人理應承擔責任。有這樣想法的員工，是不會有什麼大的發展的。

當奇異前 CEO 傑克‧威爾許（Jack Welch）還是工程師時，曾經歷過一次極為恐怖的大爆炸：他負責的實驗室發生了大爆炸，一大塊天花板被炸下來，掉在地板上。

為此，他找到了他的頂頭上司理查解釋事故的原因。當時他緊張得失魂落魄，自信心就像那塊被炸下來的天花板一樣開始動搖。

理查非常通情達理，他所關注的是威爾許從這次大爆炸中學到了什麼東西，以及如何修補和繼續這個專案。他對威爾許說：「我們最好是現在就對這個問題進行徹底地了解，而不是等到以後進行大規模生產的時候。」威爾許本來以為等待他的會是一次嚴肅的批評，而實際上理查卻表示完全理解，沒有任何情緒化的表現。

勇敢地說「是我的錯」，不僅表現出一個人勇於承擔責任的勇氣，也反映了一個人誠信的品格。工作中難免出現這樣那樣的問題，產生問題的原因有很多，雖然主要責任者可能是一人，但相關人員肯定也有一定的關係。如果生產線工人出現了差錯，主要原因是他未按操作指導書操作。但次要原因有很多，如公司的培訓是否到位、操作指導書的內容是否明確無誤等。

但在討論、分析錯誤產生的原因時，無論是由於你的直接過錯引起的，還是由於你的間接過錯引起的，你都應該勇敢地承認自己的錯誤。這

第六章　以敬業和好心態面對工作

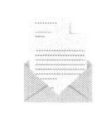

樣不僅有助於問題的解決，還可以化解由於問題而產生的矛盾，使你贏得競爭對手的支持。

20世紀末，在美國德州瓦科鎮的一個異端宗教的大本營內，發生了毒害案。同時，在這次事件中，也有10名正在查案的聯邦調查局的探員遭到殺害。因為這次事件，美國司法部部長珍妮特‧雷諾（Janet Reno）在眾議院遭到許多議員的憤怒指責，他們認為她應該為這起慘劇負責。

面對千夫所指，珍妮特顫抖地說：「我從沒有把孩子的死亡合理化。各位議員，這件事帶給我的震撼遠比你們想像的要強烈得多。的確，那些孩子和探員的死，我都難辭其咎。不過，最重要的是，各位議員，我不願意加入互相指責的行列。」很明顯，她願意擔起所有責任。珍妮特接受譴責，並願意一人獨擔責任，使眾議員為之折服，大眾傳媒也深受感動而對她大加讚揚。

另外，因為她一人擔起所有的責任，沒有推卸，使本來會給政府帶來災難性後果的指責聲音減弱了。一些本來對政府打擊邪教政策持有懷疑態度的民眾，也轉變觀念，開始支持政府的工作。

珍妮特‧雷諾勇於承擔責任使自己贏得了競爭對手的支持，有效地緩解了危機，加速了問題的解決。勇於承擔自己的責任，能夠加強組織的團結，保證工作順利進行，同時，它也是成就一個人事業的一個可貴品格。

羅傑斯是一位20多歲的美國人，幾年前他在一家裁縫店學成出師之後來到加州的一個城市開了一家自己的裁縫店。由於他做事認真，並且價格又便宜，很快就聲名遠播，許多人慕名而來找他做衣服。有一天，風姿綽約的貝勒太太讓羅傑斯為她做一套晚禮服，等羅傑斯做完的時候，發現袖子比貝勒太太要求的長了半寸。但貝勒太太就要來取這套晚禮服了，羅

傑斯已來不及修改衣服了。

貝勒太太來到羅傑斯的店中，她穿上了晚禮服在鏡子前照來照去，同時不住地稱讚羅傑斯的手藝，於是她按說好的價格付錢給羅傑斯。沒想到羅傑斯竟堅決拒絕。貝勒太太非常納悶，羅傑斯解釋說，「太太，我不能收您的錢，因為我把晚禮服的袖子做長了半寸。為此我很抱歉。如果您能再給我一點時間，我非常願意把它修改到您需要的尺寸。」

聽了羅傑斯的話後，貝勒太太一再表示她對晚禮服很滿意，她不介意那半寸。但不管貝勒太太怎麼說，羅傑斯無論如何也不肯收她的錢，最後貝勒太太只好讓步。

在去參加晚會的路上，貝勒太太對丈夫說：「羅傑斯以後一定會出名的，他勇於承認錯誤、承擔責任及一絲不苟的工作態度讓我震驚。」

貝勒太太的話一點也沒錯。後來，羅傑斯果然成為一位世界聞名的高級服裝設計大師。

作為一名認真負責的員工，在處理事務時，一不小心把事情辦砸了，就要勇敢地承擔起責任來，不要為了推卸責任，而尋找藉口，嫁禍他人，人非聖賢，孰能無過。

美國前總統西奧多‧羅斯福說過，如果他所決定的事情有 75% 的正確率，便是他預期的最高標準了。羅斯福無疑要算 20 世紀的一位傑出人物了，他的最高希望也不過如此，何況你我呢。

第六章　以敬業和好心態面對工作

問題到此為止

一個負責任的員工富有開拓和創新精神，他絕不會在沒有努力的情況下，就為自己找藉口推卸責任。他會想盡一切辦法完成公司交給的任務，讓「問題到此為止」。條件再困難，他也會創造條件；希望再渺茫，他也能找出許多方法去解決。

美國總統杜魯門（Harry Truman）上任後，在自己的辦公桌上擺了個牌子，上面寫著「The Buck Stops Here」，翻譯成中文是「問題到此為止」，意思就是說：「讓自己負起責任來，不要把問題丟給別人。」由此可見，負責是一個人不可缺少的精神。

大多數情況下，人們會對那些容易解決的事情負責，而把那些有難度的事情推給別人，這種思維常常會導致我們工作上的失敗。

有一個著名的企業家說：「職員必須停止把問題推給別人，應該學會運用自己的意志力和責任感，著手行動，處理這些問題，讓自己真正承擔起自己的責任來。」

責任的最佳典範是送信給加西亞將軍的安德魯・羅文中尉（Andrew Rowan）。這個被授予勇士勳章的中尉最寶貴的財富不僅是他卓越的軍事才能，還有他優秀的個人品格。

那是在多年前，美西戰爭即將爆發，為了爭取戰場上的主動，美國總統麥金利（William McKinley）急需一名合適的送信人，把信送給古巴的加西亞將軍。軍事情報局推薦了安德魯・羅文。羅文接到這封信之後，沒有提出任何完成任務的困難，孤身一人出發了。整個過程是艱難而又危險的，羅文中尉憑藉自己的勇敢和忠誠，歷經千辛萬苦，衝出敵人的包圍

圈，把信送給了加西亞將軍——一個掌握著軍事行動決定性力量的人。

羅文中尉最終完成任務，憑藉的不僅僅是他的軍事才能，還有他在完成任務過程中所表現出的「一定要將問題解決」的責任感。

日本人用商業武器蠶食著世界各地的市場。很多日本商界菁英都不給自己尋找藉口，而是找方法，正是憑藉這種「讓問題到此為止」的精神，才造就了今天日貨遍天下的局面。索尼的卯木肇就是這樣一位菁英。

20世紀70年代中期，日本的索尼彩色電視機在日本已經很有名氣了，但是在美國它卻不被顧客所接受，因而索尼在美國市場的銷售相當慘淡。但索尼公司沒有放棄美國市場，後來，卯木肇擔任了索尼國際部部長。上任不久，他被派往芝加哥。當卯木肇風塵僕僕地來到芝加哥時，令他吃驚不已的是，索尼彩色電視機竟然在當地的寄賣商店裡布滿了灰塵，無人問津。

如何才能改變索尼彩色電視機這種既成的商品印象，改變銷售的現狀呢？卯木肇陷入了沉思……

一天，他駕車去郊外散心。在歸來的路上，他注意到一個牧童正趕著一頭大公牛進牛欄，而公牛的脖子上繫著一個鈴鐺，在夕陽的餘暉下叮噹叮噹地響著，後面是一大群牛跟在這頭公牛的屁股後面，溫順地魚貫而入……此情此景令卯木肇一下子茅塞頓開，他一路上吹著口哨，心情格外愉快。想想一群龐然大物居然被一個小孩管得服服貼貼的，為什麼？還不是因為牧童牽著一頭帶頭牛。索尼要是能在芝加哥找到這樣一家「帶頭牛」商店來率先販售，豈不是很快就能開啟局面？卯木肇為自己找到了開啟美國市場的鑰匙而興奮不已。

馬歇爾公司是芝加哥市最大的一家電器零售商，卯木肇最先想到了它。

第六章　以敬業和好心態面對工作

為了盡快見到馬歇爾公司的總經理，卯木肇第二天很早就去求見，但他遞進去的名片卻被退了回來，原因是經理不在。第三天，他特意選了一個猜想經理比較閒的時間去求見，但回答卻是「外出了」。他第三次登門，經理終於被他的誠心所感動，接見了他，但卻拒絕賣索尼的產品。經理認為索尼的產品降價拍賣，形象太差。卯木肇非常恭敬地聽著經理的意見，並一再地表示要立即著手改變商品形象。

回去後，卯木肇立即從寄賣店取回貨品，取消削價銷售，在當地報紙上重新刊登大幅廣告，重塑索尼形象。

做完了這一切後，卯木肇再次扣響了馬歇爾公司經理的門。可聽到的卻是索尼的售後服務太差，無法銷售。卯木肇立即成立索尼特約維修部，全面負責產品的售後服務工作；重新刊登廣告，並附上特約維修部的電話和地址，並註明 24 小時為顧客服務。

屢次遭到拒絕，卯木肇還是痴心不改。他規定他的每個員工每天撥五次電話，向馬歇爾公司訂購索尼彩色電視機。馬歇爾公司的員工被接二連三的電話搞得暈頭轉向，以致誤將索尼彩色電視機列入「待交貨名單」。這令經理大為惱火，這一次他主動召見了卯木肇，一見面就大罵卯木肇擾亂了公司的正常工作秩序。卯木肇笑逐顏開，等經理發完火之後，他才曉之以理、動之以情地對經理說：「我幾次來見您，一方面是為本公司的利益，但同時也是為了貴公司的利益。在日本國內最暢銷的索尼彩色電視機，一定會成為馬歇爾公司的搖錢樹。」在卯木肇的巧言善辯下，經理終於同意試銷兩臺，不過，條件是：如果一週之內賣不出去，立刻搬走。

為了開個好頭，卯木肇親自挑選了兩名得力幹將，把百萬美金的訂貨重任交給了他們，並要求他們破釜沉舟，如果一週之內這兩臺彩色電視機賣不出去，就不要再返回公司了⋯⋯

不要只做老闆告訴你的事

兩人果然不負眾望，當天下午 4 點鐘，兩人就送來了好消息。馬歇爾公司又追加了兩臺。至此，索尼彩色電視機終於擠進了芝加哥的「帶頭牛」商店。隨後，進入家電的銷售旺季，短短一個月內，索尼彩色電視機竟賣出 700 多臺。索尼和馬歇爾從中獲得了雙贏。

有了馬歇爾這隻「帶頭牛」開路，芝加哥的 100 多家商店都對索尼彩色電視機「群起而銷之」，不到 3 年，索尼彩色電視機在芝加哥的市場占有率達到了 30%。

在每一個企業裡，都會有業務人員被派往外地開拓新市場，如果每位業務員都如卯木肇那樣只找方法不找藉口，又怎麼能不取得成績呢？失敗的人之所以陷入失敗，是因為他們太善於找出種種藉口來原諒自己，糊弄自己的工作。而成功的人，頭腦中只有「想盡一切辦法，讓問題到此為止」這樣的想法。因為在他們心中，問題就是他們的責任。

不要只做老闆告訴你的事

每一位員工都有實現企業終極期望的潛能，然而，真正展現出這一潛質的人卻少之又少。不等老闆吩咐就做該做的事，這是將在職場上出類拔萃的標誌。

著名企業家奧‧丹尼爾在他那篇著名的《企業對員工的終極期望》一文中這樣說道：「親愛的員工，我們之所以聘用你，是因為你能滿足我們一些緊迫的需求。如果沒有你也能順利滿足要求，我們就不必費這個勁了。我們深信需要一個擁有你那樣的技能和經驗的人，並且認為你正是幫助我們實現目標的最佳人選。於是，我們給了你這個職位，而你欣然接受

第六章　以敬業和好心態面對工作

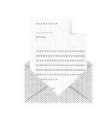

了。謝謝！」

「在你任職期間，你會被要求做許多事情：一般性的職責，特別的任務，團隊和個人專案。你會有很多機會超越他人，顯示你的優秀，並向我們證明當初聘用你的決定是多麼明智。」

「然而，有一項最重要的職責，或許你的上司永遠都會對你祕而不宣，但你自己要始終牢牢地記在心裡。那就是企業對你的終極期望──永遠做非常需要做的事，而不必等待別人要求你去做。」

這個被丹尼爾稱為終極期望的理念蘊含著這樣一個重要的前提：企業中每個人都很重要。作為企業的一分子，你絕對不需要任何人的許可，就可以把工作做得漂亮出色。無論你在哪裡工作，無論你的老闆是誰，管理階層都期望你始終運用個人的最佳判斷和努力，為了公司的成功而把需要做的事情做好。

儘管這聽起來有點奇怪，但事實是，每一個老闆要找的人基本上是同一種類型：即那些能夠不等老闆吩咐就可以出色主動地完成任務的人。當然，不同的老闆的需求因人而異，正如他們所應徵的員工的技能各不相同，但是從根本上說，他們要找的是同一種人。那些能沉浸在工作狀態中、獨立自主地把事情做好的員工──無論他們的背景、訓練或技能如何──將會成為老闆最需要的人。

一個從事餐飲業的朋友講過這樣一個故事：

有一個來自偏遠山區的女孩到城市打工，由於沒有什麼特殊技能，於是選擇了餐廳服務生這個職業。在常人看來，這是一個不需要什麼技能的職業，只要招待好客人就可以了。許多人已經從事這個職業多年了，但很少有人會認真投入這個工作，因為這看起來實在沒有什麼需要投入的。

這個女孩恰恰相反，她從一開始就表現出了極大的耐心，並且徹底將自己投入到工作之中。一段時間以後，她不但能熟悉常來的客人，而且掌握了他們的口味，只要客人光顧，她總是千方百計地使他們高興而來，滿意而去。她不但贏得了顧客的交口稱讚，也為飯店增加了收益──她總是能夠使顧客多點一二道菜，並且在別的服務生只能照顧一桌客人的時候，她卻能夠獨自招待幾桌的客人。

就在老闆逐漸認識到其才能，準備提拔她做店內主管的時候，她卻婉言謝絕了這個任命。原來，一位投資餐飲業的顧客看中了她的才幹，準備與她合作，資金完全由對方投入，她負責管理和員工培訓，並且鄭重承諾：她將獲得新店25%的股份。

現在，她已經成為一家大型餐飲企業的老闆。

一個普通的餐廳服務生之所以能夠脫穎而出，關鍵在於她充分發揮了自己的積極性與主動性。在本職工作之外，她思考更多的是如何完善服務和實現服務的突破，而不是隻做一些老闆交代的事。相比那些只知道招呼客人的服務生而言，其完成工作的效率與品質是不同的。這是因為，她在做好自己工作的同時，收集了大量顧客的資訊，並且利用這些資訊改善服務品質，使服務更加人性化、親情化和個性化，透過一次或數次服務，為飯店創造了更大的價值──贏得顧客的忠誠，這才是最重要的。

如果公司的員工只做老闆吩咐的事，老闆沒交代就被動敷衍，不能獨立、主動地開展自己的工作，那麼這樣的公司是不可能長久的，這樣的員工也不可能有大的發展。對於許多領域的市場來說，激烈的競爭環境、越來越多的變數、緊張的商業節奏都要求員工不能事事等待老闆的吩咐。那些只依靠員工把老闆交代的事做好的公司，就好像站在危險的流沙上，早

第六章　以敬業和好心態面對工作

晚會被淘汰。

拿你所在的公司和眾多的競爭者比較一下吧。你將發覺，從產品到服務，從技術水準到銷售管道和行銷策略，無不大同小異。

那麼，在眾多的經營要素中，是什麼決定了一家公司蒸蒸日上而另一家公司步履維艱呢？是員工，在工作中有主見，勇於承擔責任，表現出自動自發精神的員工。

如今，上級和下屬之間壁壘森嚴、涇渭分明的關係模式早已過時。今天的工作關係是一種夥伴關係，是置身於其中的每一分子都積極參與的關係。在工作或者商業的本質內容發生迅速變化的今天，坐等老闆指令的人將越來越不受歡迎，他們必須積極主動，自覺地去完成任務。

員工比任何人都清楚如何改進自己的工作，再也沒有人比他們更了解自身工作中的問題，以及他們為之提供服務的顧客的需求。他們所擁有的第一手資料和切身體驗是大多數高層管理人員欠缺的，後者離問題太遠，只能從報告中推斷出大致的情況。只有各個層級的員工保持熱忱，隨時思考自己如何把工作做得更好，公司才能對顧客的需求有更好、更即時的回應──才能在達成目標方面更具競爭力。

自覺自願，自動自發

拿破崙・希爾曾經說過：「自覺自願是一種極為難得的美德，它驅使一個人在沒有人吩咐應該去做什麼事之前，就能主動地去做應該做的事。」職場中有一些人只有被人從後面催促，才會去做他應該做的事。這種人大半輩子都在辛苦地工作，卻得不到提拔和晉升。

自覺自願，自動自發

1861 年，當美國內戰開始時，林肯總統還沒有為聯邦軍隊找到一名合適的總指揮官。

林肯先後任用了 4 名總指揮官，而他們沒有一個人能「100% 執行總統的命令」──向敵人進攻，打敗他們。

最後，任務被格蘭特完成。

從一名西點軍校的畢業生，到一名總指揮官，格蘭特升遷的速度幾乎是直線的。在戰爭中，那些能圓滿完成任務的人最終會被發現、被任命、被委以重任，因為戰場是檢驗一個士兵、一個將軍到底能不能出色完成任務的最佳場所。

如果格蘭特只是被動地去接受任務，他就不可能成為名垂青史的將軍。

格蘭特將軍的偉大之處就在於他執行任務時的主動，他能夠找到完成任務的最佳途徑並迅速將之付諸行動。

同樣，在工作中主動進取的員工也會像格蘭特將軍一樣受到幸運之神的青睞。

在很多人眼裡，子敏的運氣特別好。

她的專業在這個行業裡並不占什麼優勢，長相一般，能力也並不出類拔萃，但她在進入公司後短短的兩年時間裡，在每一個部門都做得有聲有色，每一次調動都令人刮目相看。關於她的升遷，有各色各樣的說法，大致上都有這麼一點就是，大家覺得是好運氣眷顧了她，給了她得天獨厚的機會，否則她憑什麼從人事部行政人員到行銷部經理，一路綠燈，一路凱歌呢？

只有她自己清楚機會是怎麼得來的。

進這家大公司的時候，專業優勢不明顯的她先被分到人事部，做一個並不起眼的行政人員。

第六章　以敬業和好心態面對工作

那個部門，能言善道、八面玲瓏的女孩子和深諳權術、勢利平庸的男人比比皆是。她不惹是非，只是恪盡職守。不過偶爾露露手腳，比如發現別人輸錯了資料，她悄悄地就修正了，並不大肆渲染。主管讓她做什麼，她就竭盡所能，總是在第一時間做到讓人無可挑剔。別人抱怨工作百無聊賴、老闆苛刻、捷運太擠時，她在悄悄熟悉公司的各個部門、產品以及主要客戶的情況。

有一次行銷部經理偶爾經過她的辦公室，看到她處理一件小事情時表現出的得體，就打報告要求她去頂替他們部門的一個空缺。

行銷部令她的世界驟然廣闊起來。同原先一樣，她的特色就是默默地努力。半年後，她的幾份扎實的調查分析報告，為她贏得了一片喝采。一年後，她已經是行銷部公認的舉足輕重的人物了，看到她在會議上氣定神閒、無懈可擊的發言，原來行政部的同事跌破眼鏡。

剛剛榮升行銷部經理不久，老闆請她喝茶，問她願不願意接受挑戰，去情況並不樂觀的分公司。

子敏選擇了庫存積壓最嚴重的地方，開始了她的第一步工作。寒風凜冽的冬天，她一個人借了一輛腳踏車，找代理公司產品的代理商，了解產品滯銷的原因。幾個月後，情況就開始明顯改善了。

不知情的人，當然以為她這兩年走鴻運，哪裡知道她一天下來腰痠背痛的艱辛。

第一張大單子是去拜訪某局長時，偶然聽到他同業內另一位局長在打電話，談論第二天去某風景點開會的消息。子敏回公司後做的第一件事情，就是了解了他們在那裡入住的酒店。第二天傍晚，一身旅行裝束的子敏與局長們相遇在酒店大堂裡，她是來自助旅遊的，雖然醉翁之意不在

酒，但誰也沒有看出來，或者說年長的局長們涵養好，不忍心揭穿她。

幾天下來，他們邀請她一起參加活動，唱歌、打牌、聚餐。再後來，認識她的人同她關係更密切了，不認識她的人也慢慢接納了她，她的客戶名單上增加了強勢的一群人。第一張大單子就在半年後出現在這群人中。

關於機會，子敏最有感觸：機會來的時候，並不會同你打招呼，告訴你，我來了，千萬不要錯過我啊。不疏忽平時的每一個點滴，做好每一件不起眼的小事，就是在為自己創造最佳的機會。

和子敏不同，有些在職場中的人，只是被動地應付工作，為了工作而工作。他們在工作中沒有投入自己全部的熱情和智慧，他們只是在機械式完成任務，而不是創造性地、自覺自願地工作。這種被動工作的員工，很難在工作中獲得成就，最終將一事無成。

養成被動工作習慣的人，不但不會主動去做老闆沒有交代的工作，甚至老闆交代的工作也要一再督促才能勉強做好。這種被動的態度自然會導致一個人的積極性和工作效率下降。久而久之，即使是被交代甚至是一再交代的工作也未必能把它做好，因為他習慣於想方設法去拖延、敷衍。這樣糊弄工作的員工就別指望公司會分派給他具有挑戰性的工作，讓他擔當重任。他們只能因為糊弄工作的態度而糊弄了自己。

檢視一下你自己，看看你有沒有被動等待工作的不良習慣。如果有，就不要再消極地等待了，也不要去抱怨，而應該自我反省，樂於改變。如果你要取得事業上的成功，就應當克服被動工作的習慣，將其從自己的個性中根除。堅持按以下幾點去做，你會發現自己離成功越來越近。

(1) 每天從事一件明確的工作，而且不必等老闆的指示就能夠主動去完成。

第六章　以敬業和好心態面對工作

(2) 每天至少找出 ── 件與工作有關的事，把它做好。

(3) 每天堅持這一做法，直到把它變成習慣。

堅持這樣去做，你會發現自己離成功越來越近。

職場中沒有「分外」的工作

　　社會在進步，公司在擴展，個人的職責範圍也會跟著擴大。不要總拿「這不是我分內的工作」為由來推脫責任，當額外的工作分攤到你頭上時，這也可能是一種機遇。

　　每天多做一點點，是一種積極負責的精神，每天多做一點點，不僅是為老闆，更是為自己。這樣做對個人成長有兩個最重要的益處：

　　首先，在養成了「每天多做一點」的好習慣之後，與身邊那些尚未養成此習慣的人相比，你已經占據了優勢。這種習慣使你無論做什麼行業，都會有更多的人知道你並要求你提供服務。

　　其次，如果你想讓自己的右臂變得更加強壯，只有一種辦法，就是利用它來做最艱苦的工作。反之，假如長時間不使用你的右臂，讓它養尊處優，最後只能使它變得虛弱甚至萎縮。

　　職場中沒有「分外」的工作。要想登上成功之梯的最高階，你必須永遠保持主動率先的精神，即便面對缺乏挑戰或毫無興趣的工作，最終總會獲得回報。當你形成那種主動自覺的習慣後，你就很可能坐上老闆或領導者的位置。那些位高權重的人是因為他們用行動證明了自己是勇於承擔責任，值得信任的人。

職場中沒有「分外」的工作

主動自覺地做事，同時為自己的所作所為勇敢負責。那些事業成功的人和糊弄工作的人之間最本質的差別在於，成功者知道為自己的將來儲備，而糊弄工作的人只知道一味地逃避責任。

每個年輕人都應該盡力去做一些職責範圍以外的事，不要像機器一樣只做分配給自己的工作。一位知名的企業家說過：「除非你願意在工作中超過一般人的平均水準，否則你便不具備在高層工作的能力。」

盎司是英美制重量單位，一盎司相當於 1／6 磅。著名的投資專家約翰・湯普森（John Thompson）透過大量的觀察研究，得出了很重要的原理，即「多一盎司」定律。他指出，取得突出成就的人與取得中等成就的人幾乎做了同樣的工作，他們所做出的努力差別也很少，只是僅僅「一盎司」。但是，就是這微不足道的一點區別，會讓他們的工作有所不同，其最終結果與所取得的成就及成就的實質內容方面，也經常有著巨大的差別。

在商業領域，湯普森把「多一盎司」定律進一步引申，他逐漸認識到只多那麼一點，就會得到更好的結果。那些常常在原來的基礎上多加一盎司的人，得到的份額遠大於多加一盎司應得的份額。也就是說，那些更加努力的人將會取得更好的成績，獲得更好的收益。這一點日本人做得尤其出色。

李凡是一名跨國集團的總裁，常年都要坐飛機到國外去管理公司的業務。有一次，李凡出差到日本東京。東京的夜景世界聞名，到日本後不久的一天晚上，李凡請在日本工作的弟弟陪他上了住友三角大樓的頂層，這裡是東京觀賞夜景的最佳地點。與紐約、洛杉磯、新加坡等地金光閃亮耀眼的夜晚不同，東京的夜景宛如星河瀉地，銀燦燦一望無際。

看著無數燈光通明的辦公大樓，李凡問弟弟：「為什麼這麼晚了，辦

第六章　以敬業和好心態面對工作

公樓還都亮著燈？」

弟弟回答道：「一般公司職員都工作到很晚。」

在日本工作期間，李凡白天有自己的活動安排，傍晚下班時，他總在弟弟工作的公司附近與他會合，兩個人一起逛街。

有一天他們走散了，李凡等了很久不見弟弟蹤影，於是就進他公司去找。李凡本以為這麼晚公司裡一定會空空蕩蕩的，可推開辦公室的門，李凡卻看到裡面熙熙攘攘，熱鬧非凡，一大半屋子的人都還在忙碌著，而這時已經下班一個小時了。

出門遇上了弟弟，李凡問他：「下班這麼久了你的同事怎麼還不走？」

弟弟說：「日本人就這樣，其實他們也不是必須加班不可，只是工作做得意猶未盡，還想再找點什麼事做。」

那天乘輕軌火車返回東京近郊的住所時，已是深夜了，而車廂裡擠得滿滿的。望著這群滿臉倦意、默然站立的日本「上班族」，李凡內心震動了——他們竟然是這樣工作的！

責任是每個人的事

職場中容不得半點的不負責任。一個人，無論是初入職場的新人，還是職位卑微的小職員，都應當時時刻刻保持強烈的責任感，為自己的工作承擔起責任，不能因為自己的工作無足輕重而輕率對待。

企業興亡，人人有責。企業裡的每一個人都負載著企業生死存亡、興衰成敗的責任。這種責任是不可推卸的，無論你的職位是高還是低。

責任是每個人的事

責任是每個人的事，對工作負責就是對自己負責。一個不負責任、沒有責任意識的員工，不僅會在工作中為企業帶來損失，而且還會為自己的職業生涯帶來損害。相反，一個有較強責任感的員工，不僅能夠得到老闆的信任，同時也會為自己的事業在通往成功的道路上奠定堅實的人格基礎。

如果你時刻都在考慮怎樣做才能更好地維護公司的利益，你的這種責任感，會讓上司對你青睞有加，覺得你是一個值得信賴的人，被委任的機會也會不斷增多。如果你沒有這種責任感，總是糊弄自己的工作，你就不會有這樣的機會了。成功，在某種意義上來說，就是責任。

西點軍人在這一方面是我們現代企業員工學習的楷模。西點軍人在執行任務中，不論面對如何艱鉅的困難，都會毫不猶豫地承擔下來，絕不會推脫自己的責任，對西點軍人來說責任是榮譽。西點軍人歷來視能夠承擔責任的軍人為勇士，這比戰死在沙場還要光榮。

畢業於西點的海軍中將威爾遜，1870年參加海軍，22歲升為上尉。1894年在一次海戰中失去右眼，1896年晉升為分艦隊司令，次年獲海軍少將銜。威爾遜在一次戰役中喪失右臂，復員返鄉。1896年重返軍隊時晉升為海軍中將。1899年10月21日在海戰中，大敗法西聯合艦隊，最終挫敗西班牙入侵美國的計畫，他也在作戰中陣亡。在死亡之前，他最後的話是「感謝上帝，我履行了我的職責」。

威爾遜期望海軍以人道的方式獲勝，以有別於他國。他自己做出了榜樣，兩次下令停止砲擊「無敵」號艦，因為他認為該艦已被擊中，已喪失戰鬥力。但他卻死於這艘他兩次手下留情的砲艦。該艦從尾桅頂部開火，在當時的情況下，兩船甲板之間的距離不超過15公尺，他的肩膀被擊中了。

第六章 以敬業和好心態面對工作

　　經過檢查才知道是致命傷。這事向除哈森艦長、牧師和醫務人員之外的所有人保密。但威爾遜從後背的感覺以及胸口不斷湧出鮮血的情況中知道已經回天乏術。

　　哈森說波特醫生可能還有希望挽救他的生命。「哦，不，」他說，「這不可能，我的胸全被打透了，波特會告訴你的。」然後哈森再次和他握手，痛苦得難以自制，匆匆地返回甲板。波特問他是不是非常痛。「是的，痛得我恨不得死掉。」他低聲回答說「雖然希望多活一會兒。」

　　哈森艦長離開船艙 15 分鐘後又回來了。威爾遜很費力地低聲對他說：「不要把我扔到大海裡。」他說最好把他埋葬在父母墓邊，除非國家有其他想法。然後他流露了個人感情：「關照親愛的戴維爾夫人，哈森，關照可憐的戴維爾，吻我。」

　　哈森跪下去吻他的臉。威爾遜說：「現在我滿意了，感謝上帝，我履行了我的職責！」

　　他說話越來越困難了，但他仍然清晰地說：「感謝上帝，我履行了我的職責！」他幾次重複這句話，這也是他最後所說的話。

　　威爾遜中將的事蹟告訴我們，一個人無論能力大小，只要心中長存責任感，時時刻刻不忘履行自己的職責，那麼他就是一個值得尊重的人。

　　老張是個退伍軍人，幾年前經朋友介紹來到一家工廠做倉庫管理員。雖然工作不繁重，無非就是按時關燈、關好門窗、注意防火防盜等，但老張卻做得超乎常人的認真。他不僅每天做好來往的工作人員提貨日誌，將貨物有條不紊地整齊擺放整齊，還從不間斷地對倉庫的各個角落進行打掃清理。

　　3 年下來，倉庫居然沒有發生一起失火失盜案件，其他工作人員每次

提貨也都會在最短的時間裡找到所提的貨物。就在工廠建廠20週年的慶功會上，廠長按資深員工的級別親自為老張頒發了獎金5.8萬元。好多員工不理解，老張才來廠裡3年，憑什麼能夠拿到這個資深員工的獎項？

廠長看出了大家的不滿，於是說道：「你們知道我這3年中檢查過幾次我們廠的倉庫嗎？一次沒有！這不是說我工作沒做到，其實我一直很了解我們廠的倉庫保管情況。作為一名普通的倉庫管理員，老張能夠做到三年如一日地不出差錯，而且積極配合其他部門人員的工作，忠於職守，比起一些老員工來說，老張真正做到了愛廠如家。我覺得這個獎勵他當之無愧！」

可以想像，只要你在自己的位置上真正領會到「認真負責」4個字的重要性，踏踏實實地完成自己的任務，那麼，你最終會得到豐厚的回報的。

對工作負責，就是對自己負責

對工作負責就是對自己負責。我們要養成對自己的工作和生活負責的習慣。要堅信，只要你承擔了自己應承擔的責任，那麼你就能獲得幸福和成功。

西方有一句諺語是這麼說的：「要怎麼收穫，先怎麼栽種。」在工作和生活中，如果養成了盡職盡責的好習慣，那就等於為未來的成功埋下了一粒飽滿的種子。一旦機會出現，這粒種子就會在我們的人生土壤中破土而出，茁壯成長，最終成長為一棵參天大樹。

松下幸之助說過：「責任心是一個人成功的關鍵。對自己的行為負責，獨自承擔這些行為的哪怕是最嚴重的後果，正是這種素養構成了偉大人格

第六章　以敬業和好心態面對工作

的關鍵。」事實上，當一個人養成了盡職盡責的習慣之後，無論從事任何工作他都會從中發現工作的樂趣。在這種責任心的驅使下，工作能力和工作效率會得到大幅度提高，當我們把這些運用到實踐當中，我們就會發現，成功已掌握在自己的手中。

格林大學畢業之後在一家保險公司做業務代表。這是一項很讓人頭痛的工作，因為很多人都對保險業務員敬而遠之，所以，格林的工作開展起來很困難。

辦公室的其他業務員整天對自己的這份工作抱怨不停：「如果我能找到更好的工作，我肯定不會在這裡待下去。」「那些投保的人，太可惡了，整天覺得自己上當了。」當然，這些人只能拿到最基本的薪水。只有在業務部經理的催促下，或者是「威逼利誘」的政策下，他們才有一點點進步，否則就是原地踏步或者在退步。

唯有格林和他們不一樣。儘管格林對現狀也不是很滿意，薪水不高，地位不高，但是格林沒有放棄，因為他知道，與其說是放棄工作，不如說是在放棄自己。在這個世界上，沒人強迫你放棄自己，除非你主動為之。因為格林還相信，努力是沒有錯誤的，努力還會讓平凡單調的生活富有樂趣。

於是，格林主動去尋找客戶源。他熟記公司的各項業務情況，以及同類公司的業務，對比自己公司和其他同類公司的不同，讓客戶自己去選擇。雖然一些人很希望多了解一些保險方面的常識，但是他們對保險業務員的反感使他們在這方面的知識很欠缺。格林知道這些情況之後，主動在社區裡辦起「保險小常識」講座，免費講解。

人們對保險有了更多的了解，也對格林有了好印象。這時，格林再向

這些人推銷保險業務，大家沒有反感，反而樂於接受。格林的工作業績突飛猛進，當然薪水也有了很大的提高。

　　格林的成功說明了這樣一個道理，努力工作就是對自己負責，這也是為什麼格林能獲得成功，而其他人依然碌碌無為的原因。當你嘗試著對自己的工作負責時，你就會發現，你自己還有很多的潛能沒有發揮出來，你要比自己往常出色很多倍，你會在平凡單調的工作中發現很多的樂趣，最重要的是你的自信心還會得到提升，因為你能做得更好。

　　當你嘗試著對自己的工作負責的時候，你的生活會因此改變很多，你的工作也會因此而改變。其實，改變的不是生活和工作，而是一個人的工作態度。正是工作態度，把你和其他人區別開來。這樣一種敬業、主動、負責的工作態度和精神讓你的思想更開闊，工作變得更積極。

　　嘗試著對自己的工作負責，這是一種工作態度的改變，這種改變，會讓你重新發現生活的樂趣、工作的美妙。

第六章　以敬業和好心態面對工作

第七章
盡職主動，不找藉口

　　兢兢業業、盡職盡責並不夠，老闆需要的是全力以赴、盡善盡美。

　　不要堅守本分毫不踰矩，老老實實地準時上下班。有些事情不需要老闆交代。工作中，你要做需要做的工作，而不僅僅是「我分內的工作」。熱情主動地對待你的工作，你一定可以做得更好。主動出擊吧。你會獲得比別人更多的機會。

第七章　盡職主動，不找藉口

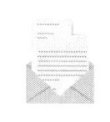

只做老闆交代的，就錯了

在現代職場裡，有兩種人永遠無法取得成功：一種人是只做老闆交代的事情，另一種人是做不好老闆交代的事情。員工只有積極主動，才能發揮出自己的才能和潛力。如果一味等待老闆吩咐，那絕對不是一位好員工。不要辜負老闆對你的期望。

有一個古老的故事。兩個年輕人，湯姆和約翰差不多同時受僱於一家超級市場，開始時大家都一樣，從最底層幹起。可不久約翰受到總經理的青睞，一再被提升，從領班直到部門經理。湯姆卻像被遺忘了一般，還在最底層。終於有一天湯姆忍無可忍，向總經理提出辭職，並痛斥總經理狗眼看人，辛勤工作的人不提拔，倒提拔那些吹牛拍馬屁的人。

總經理耐心地聽著，他了解這個年輕人，工作肯吃苦。但似乎總缺了點什麼，缺什麼呢？三言兩語說不清楚，說了他也不服。他忽然有了個主意。

「湯姆先生」總經理說：「您馬上到集市上去，看看今天有什麼賣的。」湯姆很快從集市上次來說，剛才集市上只有一個農民拉了一車馬鈴薯在賣。「一車大約有多少袋，多少斤？」總經理問。湯姆又跑去，回來後說有40袋。「價格是多少？」湯姆再次跑到集上。

總經理望著跑得氣喘吁吁的他說：「請休息一會兒吧，看看約翰是怎麼做的。」說完叫來約翰，對他說：「約翰先生。您馬上到集市上去，看看今天有什麼賣的。」約翰很快從集市上次來了，彙報說到現在為止只有一個農民在賣馬鈴薯，有40袋，價格適中，品質很好，他帶回幾個讓總經理看。這個農民一會兒還將弄幾箱番茄上市。根據他看價格還公道，可以

進一些貨。像這種價格的番茄公司大約會要,所以他不僅帶回來幾個番茄作樣品,而且把那個農民也帶來了,他現在正在外面等回話呢。

總經理看了一眼紅了臉的湯姆,說:「你明白了嗎?」

故事很老套,可是道理是真理。在公司中,總有這樣的人,從表面上看,他們工作好像很敬業、很努力,可是結果總不是特別令人滿意。這樣的結果不僅耽誤時間,也浪費了精力,無論是對個人還是公司。都沒有絲毫的益處。他們不清楚,老闆不可能事無鉅細地一一交代。他們有責任把事情做得盡可能完美。

在現代職場,過去那種聽命形式的工作作風已不再受到重視,個人主動工作的員工將備受青睞。在工作中,只要認定那是要做的事,就立刻採取行動,而不必等老闆交代。

工作是為了充分發掘自己的潛能,發揮自己的才幹。主動工作,積極進取的員工,會容易在職場中找到自己的位置,並獲得成功。

只做老闆交代的事情,意味著什麼呢?意味著你沒有思想,對目前所做的工作不夠熱愛,不肯動腦筋多想一步。還說明你不肯為工作投入自己的熱情和智慧,只是被動地應付工作。雖然遵守紀律、循規蹈矩,卻缺乏責任感,只是機械式完成任務,而沒有創造性地、主動地工作。如果一直是這樣的心態,漸漸地,會連老闆交代的任務也完成不了。

很多人就是這樣,認為自己是給老闆打工的,只做與自己職責相關,並與自己所得薪水相稱的那些工作,這樣一種心態定位,使他只盯著自己分內的那些工作,而不想額外多做一點,甚至經常以老闆苛刻為理由。連自己分內的工作都不努力去做,敷衍塞責,偷懶混日,被動地應付上司分派下來的工作,結果幾年過後,除了拿那點薪水,毫無所獲,甚至因態度

第七章　盡職主動，不找藉口

不積極，自己的那份工作和薪水也保不住。抱著這樣的心態工作，只會不斷失去工作。

很多事情老闆並沒有交待，但是你需要站在老闆的立場上考慮，考慮老闆的需要，考慮怎樣才能把事情做到完美。如果你能以老闆的心態來工作，那麼，你就會以全域性的角度來考慮你的這份工作，確定這份工作在整個工作鏈中處於什麼位置，你就會從中找到做分內工作的最佳方法，會把工作做得更圓滿，更出色。同時，你也不會拒絕上司派來的、你有時間和精力來承擔的工作。你會認為這是表現自己工作能力、鍛鍊自己技能和毅力的一次機會。這樣，你就會因工作做得出色而使薪水得到提升，即使你沒有得到提升。你也會因縱觀全域性的領導能力得到培養、鍛鍊和提升，從而為你將來自己創業準備條件。

記住，有些事情，不需要老闆交待。

完成任務不等於結果

老闆讓你打個電話給客戶，你打了，可是對方沒有人接。你說自己完成任務了，可是這樣做會有任何結果嗎？

你可以看看希爾頓飯店的服務生是如何做的：

有一次，一位出差的經理前來投宿，服務生檢查了一下電腦，發現所有的房間都已經訂出，於是禮貌地說：「很抱歉，先生，我們的房間已經全部訂出，但是我們附近還有幾家等級不錯的飯店。要不要我幫您連繫看看。」

然後，就有服務生過來引領該經理到一邊的雅座去喝杯咖啡，一會兒

完成任務不等於結果

外出的服務生過來說：「我們後面的大酒店裡還有幾個空房，等級跟我們是一樣的，價格上還便宜30美元，服務也不錯，您要不要現在去看看？」

那位經理高興地說：「當然可以，謝謝！」之後，服務生又幫忙把經理的行李搬到後面的酒店裡。

這就是希爾頓飯店的服務，這些服務生的行為早就超出了自己的職責範圍，但是，結果是讓顧客感到了滿意和驚喜。他們使客戶感到受到了前所未有的尊重和理解，所以客戶願意下次依然選擇它。

重要的不是你是否完成了任務，重要的是你的行為產生的結果。如果說酒店已經客滿，服務生很有禮貌地說：「對不起先生。我們這裡已經沒有空房間了。」那麼這位服務生當然也完成了酒店交給他的任務，但是他的行為不會產生任何有益的結果。

如果你不想一直做一名普通的員工，那麼你就要努力思考怎樣才可以為企業帶來更大的收益，而不僅僅是完成自己的任務。

傑克接到了一個新任務，上級說這個專案由於問題很多無法進行下去了，希望傑克接手以後有一個新的突破。傑克接手以後，認真分析了專案小組失敗的原因，找到了曾干預過這個專案的人員進行交流，找到一些問題的主要來源。此外，他還派人和客戶好好溝通了一下，希望在時間上能得到客戶的讓步。然後準備工作做得差不多了，他心裡對於這次專案的成功與否有了幾分了解。

工作很快地分配到他手下的各個大將手中，他們每一個人各自負責一個模組的設計和程式設計，傑克要求他們必須拿出結果，不能因為任何藉口而耽誤專案的進度。

為了保證專案的順利進行，傑克還經常去上一個專案組去誠心請教裡

第七章　盡職主動，不找藉口

面的幾位經驗豐富的高手，對於他們的意見和建議都虛心接受。正是由於他的努力和正確的領導，大家都不看好的這個專案，竟然起死回生，得到了客戶的滿意驗收。由於這個專案的圓滿完成，又為該公司贏得了很多專案合作的機會。上級對傑克的專案報告十分滿意，當報告上交的時候，專案也順利地通過了驗收。

行為的最終價值是實現結果，沒有結果的行為是毫無意義的。即使是完成任務了又怎樣？在處處講求實際，講求成果的今天，無論你的過程如何精采，如果沒有結果，都是徒勞。

一家人力資源部主管正在對應徵者進行面試。除了專業知識方面的問題之外，還有一道在很多應徵者看來似乎是小孩子都能回答的問題。不過正是這個問題將很多人拒之於公司的大門之外。題目是這樣的：

很多天沒有下雨了，山上的樹需要澆水。你的能力可以讓你輕鬆自如地擔一擔水上山，而且你還會有時間回家睡一覺。你會怎麼做，為什麼？

幾乎所有的人都說會挑一擔水上山。然後把剩下的時間花在別的工作上。

只有一個小夥子回答他會再擔一擔水。他的理由是，既然我可以輕鬆自如地擔一擔水，那麼應該有能力擔第二擔水。雖然擔兩擔水會很辛苦，但讓樹苗多喝一些水，它們就會長得很好。這是我能做到的，既然能做到的事為什麼不去做呢？」

最後，這個小夥子被留了下來。而其他的人，沒有通過這次面試。

其餘的人都沒有想到，只有一擔水根本不夠，這會讓樹苗很缺水。那麼，當樹苗旱死的時候，你挑的這一擔水沒有任何價值。並不是只有努力就會有結果的。完成了任務也並不是就有了結果。

對企業來說，生存靠的正是結果。那些一直立於不敗之地的知名企業，正是結果滿足了需求，進一步促進結果，這樣的良性循環才使企業越來越強大。做事情的時候，如果你能真的站在自己企業的角度去考慮，就不會僅僅滿足於自己完成任務。你會不僅僅對自己的任務負責，更會自覺承擔起更大的責任，把為企業創造更多收益當作自己應盡的責任。

記住，你不僅要圓滿地完成任務，而是一定要成功地創造結果。

聰明工作比努力工作更重要

從前有個奇異的小村莊，村裡除了雨水沒有任何水源。為了解決這個問題，村裡的人決定對外簽訂一份送水合約，以便每天都能有人把水送到村子裡。

有兩個人願意接受這份工作，於是村裡的長者把這份合約同時給了這兩個人。得到合約的兩個人中一個叫吉姆，他立刻行動了起來。每日奔波於一公里外的湖泊和村莊之間，用他的兩個桶從湖中打水並運回村莊，並把打來的水倒在由村民們修建的一個結實的大蓄水池中。

每天早晨他都必須起得比其他村民早，以便當村民需要用水時，蓄水池中已有足夠的水供他們使用。由於起早貪黑地工作，吉姆很快就開始賺錢了。儘管這是一項相當艱苦的工作，但是吉姆很高興，因為他能不斷地賺錢，並且他對能夠擁有兩份專屬合約中的一份而感到滿意。

另外一個獲得合約的人叫湯姆。令人奇怪的是自從簽訂合約後湯姆就消失了，幾個月來，人們一直沒有看見過湯姆。這點令吉姆興奮不已，由於沒人與他競爭，他賺到了所有的水錢。湯姆幹什麼去了？他做了一份詳

第七章　盡職主動，不找藉口

細的商業企劃書，並憑藉這份企劃書找到了 4 位投資者，他們和湯姆一起開了一家公司。

6 個月後，湯姆帶著施工隊和投資回到了村莊。花了整整一年的時間，湯姆的施工隊修建了一條從村莊通往湖泊的大容量的不鏽鋼管道。這個村莊需要水，其他有類似環境的村莊一定也需要水。於是他重新制定了他的商業計劃。開始向全縣的村莊推銷他的快速、大容量、低成本並且衛生的送水系統，每送出一桶水他只賺 1 便士，但是每天他能送幾十萬桶水。無論他是否工作，幾萬的人都要消費這幾十萬桶的水。而所有的這些錢便都流入了湯姆的銀行帳戶中。

顯然，湯姆不但開發了使水流向村莊的管道。而且還開發了一個使錢流向自己的錢包的管道。從此以後，湯姆幸福地生活著，而吉姆在他的餘生裡仍拚命地工作，最終還是陷入了「永久」的財務問題中。

多年來，湯姆和吉姆的故事一直指引著人們。每當人們要作出生活決策時，這個故事都能給予人幫助，所以我們應時常問自己「我究竟是在修管道還是在運水」？「我只是在拚命地工作還是在聰明地工作？」

小林是一家糕點店的店員，店裡的生意一直冷冷清清。因為糕點這個行業。競爭本來就十分激烈，加上小林所在的那個店當初選址上出現了一些失誤，把店開在一個偏僻的巷子裡。所以，不到半年時間。店面就快支撐不下去了，小林也無奈地面臨失業。

有一天，小林在店裡碰到一個給男朋友買生日蛋糕的女客人。小林問她想在蛋糕上寫什麼字時。女客人囁嚅了半天才吞吞吐吐地說：「我想寫上『親愛的，我愛你』。」

小林一下子就明白了女客人的心思，原來她想寫一些很親熱的話。但

是又不好意思讓旁人知道。小林很快意識到這裡面蘊含的商機：有這種想法的客人肯定不止一人，而現在每個蛋糕店的祝福詞都是千篇一律的「生日快樂」之類，為何不嘗試用些個性化的祝福語呢？

於是，小林經過深思熟慮，向老闆提了這個建議：「再多買一些專門用來在蛋糕上寫字的工具，給每個來買蛋糕的顧客贈送一支，這樣客人就可以自己在蛋糕上寫一些祝福語，即使是私密的也不怕被人看到。」老闆同意了。

沒想到廣告一出，立刻顧客盈門，接下來的一個星期中，顧客比平時增了兩倍，大家都是被「寫字的筆」吸引來的。從此店裡的生意蒸蒸日上，客戶量奇蹟般地增長。

老闆非常高興，趁熱打鐵，又開了幾家分店，生意越做越大。小林也成了一家分店的店長。

在這個結果說明一切的時代。同樣的結果，沒有人會管你是不是比別人付出了更多努力。聰明工作比努力工作重要，因為智慧是無價的，每一個老闆都願意要一個腦袋靈活的員工。

如果你覺得踏踏實實地工作才是好員工。那麼你可以看看高斯是怎麼做的：

德國偉大的數學家高斯（Gauss），小時候他就是一個愛動腦筋的聰明孩子。上小學時，一次一位老師想整治一下班上的淘氣學生，他出了一道算術題，讓學生從 $1＋2＋3＋……$ 一直加到 100 為止。他想這道題足夠這幫學生算半天的，他也可得半天悠閒。

誰知，出乎他的意料，剛剛過了一會兒，小高斯就舉起手來，說他算完了。老師一看答案，5050，完全正確。老師驚詫不已，問小高斯是怎麼

第七章　盡職主動，不找藉口

算出來的。

高斯說，他不是從開始加到末尾，而是先把1和100相加，得到101，再把2和99相加，也得101，最後50和51相加，也得101，這樣一共有50個101，結果當然就是5050了。聰明的高斯受到了老師的表揚。

除了高斯，別的學生都在辛苦地一個一個加。這個故事讓你有感觸麼？任何事情都有規律和技巧的，聰明人懂得用最好的辦法，花最少的力氣，最好地完成任務。

記住，辛苦並不代表成績。下一次，聰明地完成工作。

先做後說，老闆喜歡

子曰：「先行其言，而後從之。」意思是先把要說的事做了，然後再說出來。

先把事情做完了，然後再說你曾經有過的想法。因為具體的成果已經擺在這裡了，所以別人只會稱讚你。可是如果你事先就大肆宣揚，結果事情卻沒有成功，那麼往往是自取其辱。作為公司的一名職員，更要謹記。做事情之前的誇誇其談，會讓你的人品大打折扣。不妨等見到成效之後再發表你的看法。對老闆來說，你說什麼不重要。做出什麼來才是重要的。

踏踏實實工作，認真做事是對一個專業人士的基本要求。形勝於言。在結果沒有出來之前，多說無益。不如多花些精力把事情做好。

提高對任務完成的期望

美國波音公司與歐洲空中巴士公司是世界上最大的兩家飛機製造商。這兩家公司都一樣歷史悠久,工藝精湛,同時都是實力雄厚,提供最優質服務的國際性大公司。

一次,利比亞國家航空公司需要採購一批大型客機。利比亞選擇了這兩家公司作為投標對象。兩家公司都提出了極其誘人的條件,在行內人士看來兩家公司的條件都已經無可挑剔了。但是,利比亞最終選擇了空中巴士。原因何在呢?

原來空中巴士的員工經過調查發現,利比亞國航採購的飛機中有一部分需要在沙漠中飛行,起降等機場都在沙漠中。而在沙漠中的飛行服務和一般地區還是略有不同的,他們立即將這一情況向空中巴士總部作了彙報。並提出了他們的建議,改進售出飛機的部分效能以使飛機能夠適應利比亞有部分飛機要在沙漠地區飛行的要求。空中巴士公司對這個彙報立即做出了回應。

最後,波音和空中巴士向利比亞國航各自提交了兩份都很出色完美的銷售方案,然而,空中巴士公司的方案卻因為額外考慮了利比亞需要在沙漠裡面起飛的特殊情況,這使得利比亞國航大為感動。不久便與空中巴士簽訂了購買合約。

一件事情完成後只會存在一個結果。結果的好與壞。關鍵就看我們做事的態度了。

其實我們有許多人在很多時候往往不願意把事情做得盡善盡美,只用「差不多」、「還可以吧」來搪塞了事。結果因為沒有把根基打牢,所以用不

第七章　盡職主動，不找藉口

了多長時間，就像一所不穩定的房屋一樣倒塌了。失敗的最大禍根，就是養成敷衍了事的習慣。而成功的最好方法。就是把任何事情都做得精益求精，盡善盡美。

盡力把事情做到更好，精益求精，不但可以使你的心情愉快、精神飽滿，並且可以使你的才能迅速進步，學識日漸充實，當然，它還將大大地影響你的性格、品行和自尊心。一位工作得完美無缺的人，不管走到何處，總會受到別人歡迎的。聰明的你，應該早些打定主意：一定要把所有事情都做得盡善盡美。對於每一件事情，你都應該傾注全部精力去做。

事情不分大小，都應該使出全部精力，做得完美無缺，否則還不如不做。請相信，一個人如能養成這樣的好習慣，他的生活也一定會過得滿足愉快，一帆風順。

取法乎上，僅得乎中；取法乎中，風斯下矣。把目標定高一些，如果你想追求穩定的收入，最後你可能連穩定都達不到。如果你只是滿足於「差不多就行了」，那麼可能連「差不多」都達不到。提高自己對工作的期望值，把目標定高一些，最後就算摘不到天上的繁星，至少樹頂的那顆蘋果是屬於你的。

一名銷售經理，他希望第一年能得到 10 萬元的佣金。結果實現了，實際上他得到了 11 萬元。第二年他計劃賺 12 萬，也超過了預期目標。五年之內，他賺得的錢每年遞增額是一萬元，從來沒有落空。第五年，他的目標是打算賺 17 萬，看來不會落空。

但他的朋友建議他說，可以把他的年盈利額增加到兩萬元。因為看起來他一直是滿意的，看樣子睡眠也充足，並不像勞累不堪的樣子。把他每天的電話數增加一倍，也有足夠的時間。他表示會考慮朋友的意見。

一年後，他的年收入真的增加了兩萬元。

對自己的期望值高一點，把目標定得高一些，會有意想不到的收穫！

希望自己能做到 100 分，讓自己的做事態度是百分之百的，雖然最後努力的結果可能只得到 95 分，但也比設定目標為 80 分，最終完成任務的好。把目標定高一些，在做的過程中多付出一些，得到的結果可能就會更好一些。

一點一滴地關注自己的職業，精心培育職業的發展，在職業獲得拓展的同時，我們的心情也會不斷保持良好的狀態，不斷產生成就感和超越感，這些良好的感覺和狀態能夠幫助我們不斷克服前進中的困難，獲得良好的人際關係，職位的提升，更大的發展空間，職業不僅僅是養家餬口的飯碗，更是實現自我價值的出發點和歸宿，自己精心經營的職業才是有生命力的職業。不斷提高對工作的期望值，才能使我們在未來的職業道路上越走越寬，越走越有信心。

在機會面前毛遂自薦

毛遂在平原君門下已經 3 年了，一直默默無聞，總得不到施展才能的機會。

一次，秦國大舉進攻趙國，秦軍將趙國都城邯鄲團團圍住，情況十分危急，趙王只好派平原君趕緊出使楚國，向楚國求救。

平原君到楚國去之前，召集他所有的門客商議，決定從這千餘名門客中挑選出 20 名能文能武足智多謀的人隨同前往。他挑來挑去最終只有 19 人合乎條件，還差一人卻怎麼挑也總覺得不滿意。

第七章　盡職主動，不找藉口

這時，只見毛遂主動站了出來說：「我願隨您前往楚國！」

平原君一看，是平常不曾注意的毛遂，便不以為然，只是婉轉地說：「你到我門下已經三年了，卻從未聽到有人在我面前稱讚過你，可見你並無什麼過人之處。一個有才能的人在世上，就好像錐子裝在口袋裡，尖錐子很快就會穿破口袋鑽出來，人們很快就能發現他。而你一直未能出頭露面顯示你的本事，我怎麼能夠帶上沒有本事的人跟我去楚國行使如此重大的使命呢？」

毛遂並不生氣，他心平氣和地據理力爭說：「您說的並不全對。我之所以沒有像錐子那樣從口袋裡鑽出錐尖，是因為我從來就沒有像錐子一樣放進您的口袋裡呀。如果早就將我這把錐子放進口袋，我敢說，我不僅是錐傑出人士鑽出口袋的問題，我會連整個錐子都像麥穗子一樣全部露出來。」

平原君覺得毛遂說得很有道理且氣度不凡，便答應毛遂作為自己的隨從，連夜趕往楚國。

一到楚國，已是早晨。平原君立即拜見楚王，跟他商討出兵救趙的事情。可是這次商談很不順利，從早上一直談到了中午，還沒有一絲進展。面對這種情況，隨同前往的 20 個人中便有 19 個只知道乾著急，在門外跺腳、搖頭、埋怨。唯有毛遂，眼看時間不等人，機會不可錯過，只見他一手提劍，大踏步走進屋裡，面對盛氣凌人的楚王，毛遂毫不膽怯。他兩眼逼視著楚王，慷慨陳詞，申明大義，他從趙、楚兩國的關係談到這次救援趙國的意義，對楚王曉之以理動之以情。他的凜然正氣使楚王驚嘆佩服；他對兩國利害關係的分析深深打動了楚王的心。透過毛遂的勸說，楚王終於被說服了，當天下午便與平原君締結盟約。很快，楚王派軍隊支援趙

國，趙國於是解圍。

事後，平原君深感愧疚地說：「毛遂原來真是了不起的人啊！他的三寸不爛之舌。真抵得過百萬大軍呀！可是以前我竟沒發現他。若不是毛先生挺身而出，我可要埋沒一個人才呢！」

毛遂自薦的故事大家耳熟能詳，可是兩千年過去了，今天的我們，是否有毛先生的勇氣和魄力？機會並不是苦苦等待就會降臨的。

斯邁爾斯（Samuel Smiles）說：「碰不到機會，就自己來創造機會。」機會之門要靠自己的力量來開啟，所以每天都要不斷地努力，並且對工作充滿自信和興趣。

機會不會因為等待而來，所以你必須去爭取 115 歲的亨利向哥哥借了 0.25 元美金，在報紙上刊登了一行小字廣告：做事認真。勤奮苦幹的少年求職。

不久，他就被著名的比達韋爾公司僱用了。他開始當的是服務生，薪水很少，工作繁雜、緊張，但他總是掛著一臉微笑，對別人的工作也盡力幫助。後來。亨利受到董事長垂愛並獲得資助，因創辦製鐵廠成為千萬富翁。他的朋友鋼鐵大王卡內基在自傳裡稱讚說：「亨利就是這樣自動地、積極地創造機會，開拓自己的前程。」

機會偏愛有心人，它只留意那些有準備的頭腦，只垂青那些懂得追求它的人，只喜歡有理想的實幹家。倘若飽食終日。無所用心，或一處逆境就悲觀失望，灰心喪氣，那麼，機會是不會自動來拜訪的。把握機會，尋求機會對每個人的人生都非常重要。

動物王國裡新建立了劇場，各個職位都有了合適的人員。唯獨缺少一名業務。狗熊毛遂自薦要做這份工作。大家都譏笑它。但是因為沒有合適

第七章　盡職主動，不找藉口

的人選，所以狗熊很快就上工了。

後來，狗熊的工作並沒有它最初說的那樣出色，但它毛遂自薦的精神卻受到了獅子經理的肯定。

機會很少主動來敲門。我們要想得到它，必須積極地尋找機會，敏銳地識別機會，果斷地抓住機會，準確地利用機會。而決不能只把希望寄託在那些偶然事件上，抱著守株待兔的僥倖心理去消極地等待機會。機會來臨，當別人看不到你的時候，你就應該主動地站出來，讓別人認識你，證明你的存在，亮出你的能力和實力。

記住，機會，尋可得，坐可失。

樹立自己的職業品牌

弗蘭克・貝特格（Frank Bettger）在他的自傳中，講述了下面的故事：

在我剛轉入職業棒球界不久，我就遭到了有生以來最大的打擊——我被開除了。理由是我打球無精打采。老闆對我說：「弗蘭克，離開這裡後，無論你去哪兒，都要振作起來，工作中要有生氣和熱情。」這是一個重要的忠告，雖然代價慘重，但還不算太遲。於是，當我進入紐黑文隊時，我下定決心在這次聯賽中一定要成為最有熱情的球員。

從此以後，我在球場上就像一個充足了電的勇士。擲球是如此之快、如此有力，以至於幾乎要震落內場接球同伴的手套。在烈日炎炎下，為了贏得至關重要的一分，我在球場上奔來跑去，完全忘了這樣會很容易中暑。第二天早晨的報紙上赫然登著我們的消息，上面是這樣寫的：「這個新手充滿了熱情並感染了我們的小夥子們。他們不但贏得了比賽，而且看

來情緒比任何時候都好。」

那家報紙還給我取了個綽號叫「銳氣」，稱我是隊裡的「靈魂」。三個星期以前我還被人罵作「懶惰的傢伙」，可現在我的綽號竟然是「銳氣」。

不要跟自己的工作過不去。我們可以從工作中獲取快樂與尊嚴，同時也實現你人生的價值。如果你在工作的每一階段，總能找出更有效率、更經濟的辦事方法。你就能提升自己在老闆心目中的地位。你將會被提拔，會被委以重任。因為出色的業績已使你變成一位不可取代的重要人物。

生活是可以改變的，你也可以會成為上司眼中不可缺少的人才。不管你的工作多麼艱鉅，都要盡心盡力做好，千萬不要表現出你做不來或不知從何人手的樣子。接到工作立刻動手。迅速準確完成……許許多多的細節可以幫助你樹立起自己的職業品牌。

一位叫麗莎的房地產業務，她的工作十分出色，引人注目。顧客們都願意找她幫忙解決問題。有一次她售房給一位顧客。那位先生十分滿意，還向她推薦了七位潛在顧客，其中一位顧客又向她推薦了十個人。

麗莎就是以優質的服務征服顧客的，即使買房以後，顧客仍能感受到她服務的魅力。比如，她注意了解供水是否正常。如果前房主拆走了水管，便馬上退一部分訂金，她也幫顧客安裝電話。麗莎做工作很仔細，她知道當地某學校某年級學生教師的比例，甚至叫得出老師的名字。她能說出郊區火車月票的價格，精確到美分。她還告訴顧客快車上只有20分鐘開冷氣的時間等等。

每當新住戶搬進新居前，她會準備一份禮物，並在到來的第一天與他們共享一頓美餐，她知道剛搬家時做飯還不方便，第一天晚上她會邀請他們到自己家共進晚餐。她還安排新來者加入當地的俱樂部：她了解住戶的

第七章　盡職主動，不找藉口

宗教信仰，與當地教堂連繫：「這裡有新教友，見見面怎麼樣？」這些聽起來不可思議，但麗莎做到了這些，她從各方面盡力幫助新住戶迅速融入社區生活。

於是，她的名聲迅速傳開了。客戶爭著和她預約，找她買房子。

一個一流的職業人不需要滿世界找工作。因為他將是公司不可或缺的人。他超強的工作能力和表現，已經樹立起了自己的品牌。當一個人成功地在業界樹立起了自己的品牌之後，還怕不能成功麼？

當然，一個人的職業品牌的樹立也是一個比較艱難的過程。羅馬不是一天建成的，但持之以恆，你一定會成功。良好的職業品牌的樹立，需要自己從靈魂深處接受和熱愛這份工作。把自己變成工作的藝術家，工作能實現自身價值和人生成就。這種良好的職業品牌對於所有人來說，都是獲得進步的必要因素。

當你的工作出色到足以引起別人的注意時，你的老闆、委託人和顧客會關注你、信賴你，從而給你更多的機會。出色的工作業績會使你贏得良好的聲譽，並增加他人對你的需要。

每家企業都在尋找對企業負責的人，當你擁有一種態度的時候，機會就會來找你。過去是不是很優秀，沒有關係，重要的是你的未來是什麼樣的。重要的是，你今天在做些什麼。心態比能力還重要，心態是最大的能力。

早日行動起來，著手建立自己的職業品牌吧，這將是你職業生涯的里程碑。

做好了才叫做了

有一次，一個法國農場主駕駛著一輛賓士貨車從農場出發去德國。一路上涼風習習，路況良好，法國農場主不由哼起了小曲。可是，當車行駛到了一個荒村時，引擎出現故障了。農場主又氣又惱，大罵一貫以高品質宣傳自己的賓士騙人。這時，他抱著試一試的心情，用車上的小型發報機向賓士汽車的總部發出了求救訊號。沒想到，幾個小時後，天空就傳來了飛機聲。原來，賓士汽車修理廠的檢修工人在工程師的帶領下，乘飛機來為他提供維修服務。

一下飛機，維修人員的第一句話就說：「對不起，讓您久等了。但現在不需要很久了。」他們一邊安慰農場主，一邊開始了緊張的維修工作。不一會兒，車就修好了。

「多少錢？」看見修好了，法國農場主問道。

「我們樂意為您提供免費服務！」工程師回答。

農場主本來以為他們會收取一筆不菲的維修金，聽到這些簡直大吃一驚，「可你們是乘飛機來維修的呀？」

「但是因為我們的產品出了問題才這樣的。」工程師一臉歉意，「是我們的品質檢驗沒做好，才使您遇到了這些麻煩，我們理應提供免費服務的。」

法國農場主很受感動，連連誇讚他們，誇讚賓士公司。後來，賓士公司為這位農場主免費換了一輛嶄新的同類型貨車。

要麼不做，要做就要做好。100多年來，賓士一直在購車人群中有著良好的口碑，使得他們銷售產品成為一件水到渠成的事情。

第七章　盡職主動，不找藉口

　　做好了，才會讓人印象深刻。不斷對自己提出要求。高品質地完成工作。才能讓你自己不斷得到提升，也使得別人對你的工作刮目相看。

　　當年，愛迪生全力以赴地投入了關於電燈的研究，他嘗試各種材料用來做燈絲，比如稻草、麻繩、炭化的紙、玉米、棉線、木材、馬鬃、頭髮、鬍子以及鋁和鉑等金屬，總共達 1,600 多種。最後，經過一年多的艱苦研究，他終於找到了一種燈絲，這種燈絲能夠使得燈泡持續發光 45 小時，但 45 個小時之後，看著燈絲慢慢熔化，他說道：「如果它能堅持 45 個小時，再過些日子我就要讓它燒 100 個小時。」果然，兩個月後，燈絲的壽命達到了 170 小時。當時的知名報紙整版都用來報導他的研究成果，諸如「偉大發明家在電力照明方面的勝利」、「不用煤氣，不出火焰，比油便宜，卻光芒四射」、「十五個月的血汗」……

　　就在這年的新年前夕，愛迪生把 40 盞燈掛在從研究所到火車站的大街上，接通電源，讓它們同時發光，以迎接出站的旅客。無數的人聽到這樣的消息之後，專門趕來觀看奇蹟，由於人們當時只見過煤氣燈，所以對這麼偉大的發明。大家用最熱烈的歡呼來稱讚愛迪生：「愛迪生萬歲！」。不但如此，最令人驚訝的是電燈不僅能發亮，而是它們說亮就亮、說滅就滅。愛迪生看起來簡直就是一個神奇的魔法師。其中有個人盯著電燈看了許久許久，別人問他在看什麼時，他喃喃說道：「看起來蠻漂亮的，可我就是死了也不明白這些燒紅的髮飾是怎麼裝到玻璃瓶子裡去的。」

　　面對這一切，愛迪生並沒有太得意，他對歡呼的人群說道：「大家稱讚我的發明是一種偉大的成功，其實它還在研究中，只要它的壽命沒有達到 600 小時，就不算成功！」

　　這次事件之後，源源不斷的祝賀信、電報和禮物中從世界各地飛來，關於他的傳聞也各式各樣。所有的這一切，愛迪生都置若罔聞，他還是默

默地待在自己的實驗室，進行一次又一次的改進燈泡的試驗，600 小時的目標達到了，他又提出更高的目標，在他的堅持不懈的努力下，他的樣燈的壽命最後達到了 1589 小時！

雖然當時的人都對愛迪生發明電燈這件事讚不絕口。但是如果燈絲一直都是只能堅持燃燒 45 個小時，那麼用不了多久人們就會抱怨的。不要滿足於身邊的襃貶，你自己應該清楚你的能力怎樣，能把事情做到什麼樣的程度，努力把事情做好。

積極而有成效的行動不僅會讓你收穫一個完美的工作結果，更會讓你自己感覺良好，更有自信，提升你的狀態。讓你產生繼續工作的持久動力。

既然去做，就做好吧。這是對你自己的工作負責，更是對你自己的生命負責。

一開始就想好如何去做

有這樣一個故事：

兩個農民比賽誰的馬鈴薯洞挖得直。議定好之後，A 農民就拿起工具開始行動。他是怎麼做的呢？挖第二個馬鈴薯洞的時候和第一個對齊，他以為這就是最妥當的方法，誰知，等到他挖完了一行的時候。發現自己的馬鈴薯洞已經向一邊傾斜了很多。

這個時候，B 農民剛剛拿好工具，他先在田的另外一頭插上了一根長長的竹竿，然後開始不緊不慢地挖起洞來。沒過多久，一條筆直的馬鈴薯洞便出來了。

第七章　盡職主動，不找藉口

　　A 大惑不解，和 B 交談起來，B 告訴他，在開始行動的時候，他先仔細考慮了究竟什麼叫直，怎麼才能挖得直。他得出的結論是，直就是從田地這邊到田地那邊定好的一段筆直線段，單單兩個馬鈴薯洞是直的是不行的，於是他便在田那邊豎起一根竹竿，照著竹竿的方向挖，一發現微妙的偏差，便開始調整。他評論 A 的方法說，看著前一個馬鈴薯洞決定第二個馬鈴薯洞的位置，如果第一個有所傾斜，第二個就會跟著傾斜，這樣就越來越斜了。

　　一個簡單的挖馬鈴薯洞都可以有這麼大的學問。你做事是怎樣的方式呢？

　　B 農民在做事之前，一定先弄清目的。弄清楚目的，便可以為自己的行動設計出最有效率的方式。思考了之後再去做，你會發現，你做事情的效能增長很多。

　　下面的這個故事說的是同樣的道理，古今一律：

　　有一次，大哲學家蘇格拉底領著他的 3 個弟子來到一片麥田前，他對弟子們說：「現在，你們到麥田裡去摘取一顆自己認為最飽滿的麥穗，每個人只有一次機會。採摘了就不能再換。」

　　3 個弟子欣然前行。第一個弟子沒走多遠，就看到一顆大麥穗，如獲至寶地摘下。可是，越往前走，他越發現前面的麥穗遠比手中的飽滿。他懊惱而歸。

　　第二個弟子吸取前者的教訓，每看到一個大麥穗時，他總是收回自己伸出去的手，心想：更大的麥穗一定在前頭。麥田快走完時，兩手空空的弟子情知不妙，想採一顆，卻又覺得最飽滿的已經錯過。他失望而歸。

　　第三個弟子很聰明。他用前 1／3 的路程去辨識怎樣的麥穗才是飽滿

的麥穗，第二個1／3一的路程去比較判斷，在最後的1／3的路程裡他採摘了一顆最飽滿的麥穗。他自然滿意而歸。

湯姆‧布蘭德，在32歲時升為福特公司的總領班，成為福特公司最年輕的總領班，要知道在福特公司這個人才濟濟的「汽車王國」裡，這是一件非常不簡單的事情，他是怎麼做到的？

在湯姆‧布蘭德20歲進入工廠的時候，就想在這個地方成就一番事業，他並沒有像很多年輕人那樣迫不及待地尋找一切可以升遷的機會，相反，他首先清楚了一部汽車由零件到裝配出廠需要13個部門的合作。而每個部門的工作性質不盡相同。他決心要對汽車的全部製造過程形成一個深入的認識，所以，他要求從最基層的雜工做起。雜工的工作就是哪裡有需要就到哪裡工作，經過一年的認真工作與思考，他對汽車的生產流程已經有了初步的認識。

之後，湯姆申請調到汽車椅墊部工作，在那裡他用了比別人更少的時間就掌握了做汽車椅墊的技能。後來又申請調到點焊部、車身部、噴漆部、車床部去工作。不到5年的時間，他幾乎把這個廠的各部門工作都做過了。

湯姆的父親對兒子的舉動十分不解，他問湯姆：「你工作已經5年了，總是做些銲接、刷漆、製造零件的小事，恐怕會耽誤前途吧？」「爸爸，你不明白。」湯姆笑著說，「我並不急於當某一部門的小工頭。我以整個工廠為工作的目標，所以必須花點時間了解整個工作流程。我是把現有的時間做最有價值的利用。我要學的，不僅僅是一個汽車椅墊如何做，而是整輛汽車是如何製造的。」

當湯姆確認自己已經具備管理者的素養時，他決定在生產線上嶄露頭

第七章　盡職主動，不找藉口

角。湯姆在其他部門幹過，懂得各種零件的製造情形，也能分辨零件的優劣，這為他的裝配工作增加了不少便利，沒有多久，他就成了生產線上的靈魂人物。很快，他就升為領班。並逐步成為 15 位領班的總領班。

湯姆一開始就很明確自己的目標，知道自己需要什麼，但是，他沒有一蹴而就，而是按照自己的計畫，從底層做起，把自己的根基打牢，一步一步地實現自己的最終目標。

如果缺乏事前思考的習慣，每次一有了任務就急於去完成，就會每次都付出很多，收穫很少。因為，這樣總是會走一些彎路，很多時候不得不重新進行，害得自己總是匆匆忙忙的。如果你屬於比較善於思考的類型，總是把工作分成幾部分，經過慎重考慮後再著手進行。這樣工作起來會輕鬆很多，而且效率很高。

無論是做一件具體的工作，還是自己人生中的每一步，你都要想好了再去做。

從「要我做」，到「我要做」

工作中，我們不應該抱有「公司要我做些什麼」的想法，而應該多想想「我要為公司做些什麼」。某些時候，全心全意、盡職盡責是不夠的，還應該比自己分內的工作多做一點，比別人期待的更多一點，如此才可以吸引更多的注意，給自我的提升創造更多的機會。

當然，你沒有義務去做自己職責範圍以外的事，但是你也可以選擇自願去做。以驅策自己快速前進。率先主動是一種極珍貴、備受看重的素養，它能使人變得更加敏捷，更加積極。積極的工作態度能使你從競爭中

脫穎而出。

世界著名的成功學專家拿破崙・希爾曾經聘用了一位年輕的小姐當助手，替他拆閱、分類及回覆他的大部分私人信件。當時，她的工作是聽拿破崙・希爾口述，記錄信的內容。她的薪水和其他從事相類似工作的人大致相同。

有一天，拿破崙・希爾口述了下面這句格言，並要求她用打字機影印出來：「記住：你唯一的限制就是你自己腦海中所設立的那個限制。」

她把打好的紙張交還給拿破崙・希爾時說：「你的格言使我獲得了一個想法。對你、我都很有價值。」

這件事並未在拿破崙・希爾腦中留下特別深刻的印象，但從那天起，拿破崙・希爾可以看得出來，這件事在她腦中留下了極為深刻的印象。她開始在用完晚餐後回到辦公室來，並且從事不是她分內的、而且也沒有報酬的工作。她開始把寫好的回信送到拿破崙・希爾的辦公桌來。她已經研究過拿破崙・希爾的風格。因此，這些信回覆得跟拿破崙・希爾自己所寫的完全一樣好，有時甚至更好。她一直保持著這個習慣，直到拿破崙・希爾的私人祕書辭職為止。當拿破崙・希爾開始找人來補這位男祕書的空缺時，他很自然地想到這位小姐。

但在拿破崙・希爾還未正式給她這項職位之前，她已經主動地接收了這項職位。由於她在下班之後，以及沒有支領加班費的情況下，對自己加以訓練，終於使自己有資格出任拿破崙・希爾的祕書。

不僅如此，這位年輕小姐高效的辦事效率引起了其他人的注意，有很多人為她提供更好的職位請她擔任。她的薪水也多次得到提高，最後已是她當初時作為普通速記員薪水的4倍。

第七章　盡職主動，不找藉口

我們不應該抱有「我必須為公司做什麼」的想法，而應該多想想「我能為公司做些什麼」。一般人認為，忠實可靠、盡職盡責完成分配的任務就可以了，但這還遠遠不夠，尤其是對於那些剛剛踏入社會的年輕人來說更是如此。要想取得成功，必須做得更多更好。

一開始我們也許從事祕書、會計和出納之類的事務性工作，難道我們要在這樣的職位上做一輩子嗎？成功者除了做好本職工作以外，還需要做一些不同尋常的事情來培養自己的能力，引起人們的關注。

如果你是一名貨運管理員，也許可以在發貨清單上發現一個與自己的職責無關的未被發現的錯誤；如果你是一個過磅員，也許可以質疑並糾正磅秤的刻度錯誤，以免公司遭受損失：如果你是一名郵差，除了保證信件能及時準確到達，也許可以做一些超出職責範圍的服務……這些工作也許是專業技術人員的職責，但是如果你做了，就等於播下了成功的種子。

如果不是你的工作，而你做了，這就是機會。有人曾經研究為什麼當機會來臨時我們無法確認，因為機會總是喬裝成「問題」的樣子。當顧客、同事或者老闆交給你某個難題，也許正為你創造了一個珍貴的機會。對於一個優秀的員工而言，公司的組織結構如何，誰該為此問題負責，誰應該具體完成這一任務，都不是最重要的，在他心目中唯一的想法就是如何將問題解決。

個人的主動進取精神很重要，許多公司都努力把自己的員工培養成主動工作的人。所謂主動，就是沒有人要求你、強迫你，你卻能自覺而且出色地做好需要做的事情。一個做事主動的人，知道自己工作的意義和責任，並隨時準備把握機會，展示超乎他人要求的工作表現。

「我要做」某件事情，初衷也許並非為了獲得報酬，但往往獲得的更多。

完成「分內事」，多做「分外事」

喬是一家公司的祕書。她的工作就是整理、撰寫、列印。喬的工作單調而乏味，很多人都這麼認為。但喬不覺得。她覺得自己的工作很好，喬說：「檢驗工作的唯一標準就是你做得好不好，不是別的。」

喬整天做著這些工作，做久了，喬發現公司的檔案中存在著很多問題，甚至公司的一些經營運作方面也存在著問題。

於是，喬除了每天必做的工作之外，她還細心地蒐集一些資料，甚至是過期的資料，她把這些資料整理分類，然後進行分析，寫出建議。為此，她還查詢了很多有關經營方面的書籍。

最後，她把列印好的分析結果和有關證明資料一併交給了老闆。老闆起初並沒有在意，一次偶然的機會，老闆讀到了喬的這份建議。這讓老闆非常吃驚，這個年輕的祕書，居然有這樣縝密的心思，而且她的分析井然有序，細緻入微。後來，喬的建議中很多條都被採納了。

老闆很欣慰，他覺得有這樣的員工是他的驕傲。

當然，喬也被老闆委以重任。

你能否也像喬一樣，多做出一點點的努力？

一個做事主動的人，知道自己工作的意義和責任，並隨時準備把握機會，展示超乎他人要求的工作表現。

如果你能比分內的工作多做一點，那麼，不僅能夠彰顯你勤奮的美德，而且能發展一種超凡的技巧與能力，使你具有更強大的生存力量，從而擺脫困境。社會在發展，公司在成長，個人的職責範圍也隨之擴大。不要總是告訴自己「這不是我分內的工作」。做一些「分外」的事，會為你帶來更

第七章　盡職主動，不找藉口

多機遇。

一位學者一次到某個商場買東西時，順便拜訪了一下在商場工作的兩位朋友。兩年前，這兩位朋友同時進入這家大商場做銷售人員。而今，一位是商場的業務主管，另一位還是銷售人員。敘談後，學者要走，商場的兩個朋友就一起送她到電梯口。這時，做業務主管的朋友發現牆上貼著的商場通知單沒有黏牢，快要掉了。做銷售人員的朋友說，掉就掉吧，也不關你的事。但是那位做主管的朋友還是把通知單先撕了下來，說，一會兒，我再黏好。

透過這件小事，你可以明白，為什麼一位升為業務主管，另一位還是銷售人員。那位業務主管的一個動作，反映出他對商場的責任心、責任意識和敬業態度。做這件事，可能就是舉手之勞，但首先，這位業務主管想到的是這對公司有利，我應該做，而不是歸不歸我管、關不關我的事。

不要滿足於完成分內的任務。因為嚴格地說，只是單純地執行任務，你只是個「執行者」。只做上司吩咐的工作並不足夠，樂於「多管閒事」才是高等境界。沒有最好，只有更好，任何工作都有改進的餘地。如果你能精益求精地對待自己的工作，做到令老闆驚喜，那麼，離高升也就不遠了。

只要是需要做的事情，就可以去做。而不需要去管老闆有沒有交待，是不是自己分內的事。主動的人，會把工作做得盡善盡美。主動的人實際完成的工作，往往比他原來承諾的要多，品質要高。所以，主動的人從來不缺乏加薪和升遷的機會。

付出多少，得到多少，這是一個眾所周知的因果法則，一如既往地多付出一點。回報可能會在不經意間，以出人意料的方式出現。

第八章
做好工作公司就是你的船

將工作本身看成一種神聖的使命，會極大地調動人的積極性。具有強烈工作使命感的人，他們都會主動要求自己努力工作並能驅使自己自動自發地幹好自己的每一項工作，而不是以薪水為目標。

第八章　做好工作公司就是你的船

把工作視作成就事業的使命

什麼是使命感？使命感是一種促使人們積極採取行動，實現自我信仰和人生目標的心理狀態。具有強烈工作使命感的人，他們都會主動要求自己努力工作，而不以薪水為目標。他們也不會畏懼自己工作上的坎坷，而始終沿著目標向前邁進，因此他們也一定能夠享受到實現自己人生目標後上天所賦予的生活快樂。

費蘭德還是一個少年時，他就要求自己有所作為。那時候，他把自己人生的目標不可思議地定在大都會鐵路公司總裁的位置上。

為了這個目標，他從13歲開始，就自謀生路，顯然沒有上過幾天學，但是他依靠自己的努力，不斷地利用閒暇時間學習，並想方設法向鐵路行業靠攏。

後來，經人介紹，他進入了鐵路業，在鐵路公司的夜行貨車上當了一名裝卸工。儘管每天又苦又累，薪水又很低，他都能保持一種快樂的學習心態，因為他覺得這是一次十分難得的機遇。他感覺到自己已經向鐵路公司總裁的職位邁進。由於他從事的是臨時性工作，工作一結束，他立刻被解僱了。

於是，他找到了公司的一位主管，告訴他，自己希望能繼續留在鐵路公司做事，只要能留下，做什麼樣的工作都可以。對方被他的誠摯所感動，讓他到另一個部門去做清潔工。很快，他透過自己的實幹精神，成為郵政列車上的煞車手。無論做什麼工作，他始終沒有忘記自己的目標和使命，不斷地補充自己的鐵路知識。一晃30多年過去了，現在，費蘭德已是這家鐵路公司的總裁，他依然廢寢忘食地工作著。

把工作視作成就事業的使命

我們常常聽見別人說:「過一天算一天吧,不至於丟掉飯碗就行了!」這種人實際上已經失去了強烈的工作使命感。

在一列火車上,有一位婦女將要臨盆。車掌廣播通知,緊急尋找一位婦產科醫生,在這個緊急關頭,有一位婦女站了出來,她說她只是醫院一名護士,如果有緊急情況出現,恐怕承擔不了這個局面。

列車長鄭重地對她說:「你雖然只是一名護士,但在這趟列車上,你就是醫生,我們相信你!」

列車長的話感染了這名護士,這名護士明白了,她堅定地走進產房。出乎意料的是,那位婦女幾乎單獨完成了這個手術,而強烈的工作使命感給她了勇氣,使命感讓這位護士完成了她有生以來最為成功的手術。

強烈的使命感能喚醒一個人的良知,也能激發一個人的潛能。

一個人如果具備了強烈的使命感,一定會目標明確、生氣勃勃,面對任何艱難困苦的挑戰絕不猶豫退縮。

據說具有強烈工作使命感的牧師們,無論是非洲的原始森林,南美洲的高山峻嶺,還是亞洲的沙漠地區,他們都勇於隻身前往。他們在幾乎與世隔絕的窮鄉僻壤、茹毛飲血的土著部落、衛生條件極其惡劣的瘟疫流行地區傳教,過著極其艱苦的生活,甚至老死在那裡,他們別無所圖,完全是為了自己的神聖使命。

在社會各行各業裡,都需要那些具備強烈使命感的人。因為他們肯負責任,能獨立自主,有主見,會努力奮鬥。他們肯在自己的工作領域裡刻苦鑽研,嘗試創新。有使命感的人不是被動地等著新使命的來臨,而是積極主動地尋找目標和任務,直至突破為止。

第八章　做好工作公司就是你的船

無論老闆在不在都應積極主動

　　成功的人很早就明白，什麼事情都要自己主動爭取，無論老闆在不在都會主動並為自己的行為負責。沒有人能保證你成功，只有你自己；也沒有人能阻撓你成功，只有你自己。

　　在工業時代，聽命行事的能力相當重要，而在後工業時代的今天，個人的主動進取更受重視。知道什麼事該做，就立刻採取行動──動手去做！不必等別人的督促與交代。

　　老闆和公司最需要的就是具有勤奮、敬業、忠誠、主動精神的員工。在每個企業，雇主們經常辭退一些不能對公司產生作用的僱員，同時也應徵一些新成員。那些沒有才能、不能勝任的人，都被拒絕於公司大門之外，只有最能幹的人，才會被留下來。

　　雇主們為了自身的利益，只會保留那些最佳的職員，這就是商業優勝劣汰的法則。

　　老闆在還是不在都會主動自覺地堅持工作的人，是具有主動性的員工。如果只有在別人注意下才有好表現，那不是真正的主動自覺，充其量是自欺。如果我們對自己的要求比老闆對我們的要求更高，那麼這樣的人永遠不會被老闆解僱，也永遠不用擔心報償。

　　任何一個企業都迫切地需要那些主動做事的員工。優秀的員工往往不是等待別人安排工作，而是主動去了解自己應該做什麼，做好計劃，然後全力以赴地去完成。

　　只有率先主動，才會讓雇主驚喜地發現我們實際做的，比我們原來承諾的更多，我們才有機會獲得加薪和升遷。

無論老闆在不在都應積極主動

其實，勤奮、敬業、忠誠、主動並不是僅僅有利於我們所在的公司和老闆的，真正最大的受益者正是你自己。公司也會為擁有如此關注公司發展的員工感到驕傲，也只有這樣的員工才能夠得到公司的信任。成功的機會總是在尋找那些能夠主動去做事的人，如果你只是盡本分，或者唯唯諾諾，對公司的發展前景漠不關心，你就無法獲得額外的報酬，你只能得到屬於你應得的那一部分薪資。

有些剛剛走出大學校門的年輕人畢業伊始，面對自己從未接觸過的工作，一時有些手足無措，每當老闆交給他工作任務時，總是要問一句該怎麼辦，這種做事方法長此以往就會出現依賴心理，只有被動服從，不會主動開拓。

問題在於，這些人對待工作總是缺乏積極主動的精神，他們把自己當成一臺機器，不敢越雷池半步，不敢有自己的想法，甚至即使發現上司的工作安排有問題，他們依然按照錯誤的安排執行「分內」的工作，一旦出了問題，他就將所有的責任推給上司——其理由就是「這是主管的安排，我只是按他的意圖執行工作，因此我沒有責任。」這就是缺乏責任心和主動精神的表現。等待命令、被動工作導致事事依賴，不但加重了上司的負擔，員工自身也很難成長。

主動就是不用別人告訴你，就能出色地完成任務。世界會給主動者厚報，既有金錢，也有榮譽，只要具備這樣一種特質——主動。

其次，當別人告訴了，你才能去做。這種人會得到很高的榮譽，但不一定會得到相應的報酬。

再次，當別人反覆強調了幾次，才會去做。這種人既得不到榮譽，報酬也十分低微。

第八章　做好工作公司就是你的船

　　還有，就是只有在形勢逼迫下，才能被動地去做事，這種人永遠都處於被動挨打的邊緣。

　　最糟糕的就是：無論別人怎樣督促，也不會把事情做好。這樣做的結果，只能是失業。

　　主動要求承擔更多的責任或自動承擔責任是成功者必備的素養，在大多數情況下，即使我們沒有被正式告知要對某事負責，也應該努力去做好。在我們擔心如何多賺些錢之前，試著去想如何把手頭的工作做得更好。

　　作為一名優秀的員工就要具備這種高度的敬業精神，對於上級交待的任務，應立即採取行動，而不是去討價還價地談條件，提一些愚蠢的問題。請記住：與其被動地服從，不如主動地去完成。

拿公司薪水就該把公司當成自己的事

　　責任是每個人都應該認真面對的一件事。假若一個人拿著公司的薪水而不願意承擔責任，勢必會影響公司的穩定和發展。

　　作為公司的一員，拿著公司的薪水，就應該把公司的事業當成自己的事業，在做事的時候，也應該站在公司的立場上為公司的穩定和發展而謀劃考慮。

　　許多公司中的員工，最易犯的大錯就是怕犯下錯誤後承擔責任。為了逃避，或者推卸責任，他們中的許多人採用了自以為很聰明的辦法：「不做任何決定。」

不做任何決定的員工，最初的思想來源是因為自己也不知道所做決定的後果究竟是好還是壞。這種害怕承擔責任而不做任何決定的人，在工作之中，通常也不會把工作當成自己的一項偉大的事業來對待。他們只是把工作當成一種謀生的手段，事事以自己的利益為出發點，置公司於不顧。假若一碰到棘手問題，便籌劃對策，考慮逃避責任的方法，以此來迴避責任，當事情辦砸了，便以不知道為藉口來推卸自己的責任，紙終究有包不住火的時候。當別人抓住了把柄後便為自己以後的事業安裝了危險的炸藥。

勇於承擔責任，錯誤不僅不會成為我們發展的障礙，反而會成為我們前進的推動器，促進我們不斷地、更快地成長。所以說，任何事情都有它的兩面性，錯誤當然也不例外。關鍵就在於從什麼樣的角度去看待它，以怎樣的態度去處理自己的過錯。要自己承擔錯誤，這是每個人的責任和義務。作為一名合格的員工，在處理事務時，一不小心把事情辦砸了，就要勇敢地承擔起責任來，不要為了推卸自己的責任，而尋找藉口，嫁禍他人，人非聖賢孰能無過。美國前總統西奧多‧羅斯福說過：如果他所決定的事情有75％的正確率，便是他預期的最高標準了。羅斯福無疑要算20世紀的一位傑出人物了，他的最高希望也不過如此，何況你我呢。

有人曾說，一個優秀的員工應該永遠學會為兩件事負責：一件是目前所從事的工作，另一件則是以前所從事的工作。如果我們真正地做到了這一點，那麼就一定會成功。因為我們在以自己負責的精神替未來做準備。如果我們能對現在的工作負責，就一定能夠讓自己手中的工作做得更出色，一定就會更快地接近成功。總之，我們應該認真負責地處理好自己每天的工作，並時刻提醒自己：「我們在自己的公司裡為自己做事。」只有這樣，才能幹好每一項工作，讓自己每天取得一定的進步。縱然偶爾發生了事故也會得到別人的諒解。

第八章　做好工作公司就是你的船

職責是每個人應盡的義務,每個人都應該終其一生,透過自覺的努力和主動進取的行動來履行自己的責任。任何人都不應該抱著等著瞧的態度,坐等奇蹟出現。

有一位尋找礦源的探險家,在森林中看見一位老農正坐在樹樁上,叼著菸斗吸菸,便主動上前招呼:「你好,您在這裡幹什麼呢?」

這位老農回答:「有一次,我正要砍樹,但就在這時,風雨大作,颳倒了許多參天大樹,這省了我不少力氣。」

「您真幸運。」這位探險家說。

「您說對了。還有一次,暴風雨中的閃電,把我準備要焚燒的乾草點著了。」

「現在我正在等待發生一場地震,把馬鈴薯從地裡翻出來。」老農繼續說。

但是,時光飛逝,奇蹟再也沒有出現。冬天來了,大雪封山,那位老農的馬鈴薯被大雪封蓋在了地裡,一年的辛苦,就這樣糟蹋了。

作為公司的一名員工,應該忠實地履行自己的職責,勇敢地承擔起自己工作中的責任,在工作的過程中採取主動進取的方式去化解眼前的危局。一個人只有主動地面對危機,不怕承擔責任,不去逃避責任,在危機面前,大膽向前,主動負責,才能夠表現出自己的優秀品格和卓越能力。

作為公司裡的一名職員,事關公司的事務,我們都不要以「這不是我的工作」為由,推卸自己的責任。如果碰到一些雖非自己職位職責範圍內的事務,也不要置身事外,而應積極、主動地為公司處理好這些事務。儘管上司沒有交待,也要把它們當成自己應該履行的職責。

只要我們站在公司的立場上,為公司著想,而不是置身事外,採取觀

敬重自己的工作

望態度。那麼，我們所作出的努力將會得到回報。只有責任感才能夠讓個人的價值得到實現，也只有具備勇於負責精神的人，才會受到別人的重視和提拔。

安妮是一家大公司辦公室的打字員。有一天中午，同事們都出去吃飯了，唯有她一個人還留在辦公室裡收拾東西。這時，一個董事經過他們部門時，停了下來，想找一些信件。

這並不是安妮分內的工作。但是，她依然回答：「儘管這些信件我一無所知，但是，我會盡快幫您找到它們，並將它們放在您的辦公室裡。」當她將所需要的東西放在他的辦公桌上時，這位董事顯得格外高興。

4個星期後，在一次公司的管理會議上，有一個更高的職位空缺，總裁徵求這位董事的意見，此時，他靈光乍現，想起了那位勇於負責的女孩——安妮。於是，他推薦了她，安妮一下子擢升了兩級。

其實，一個人要想贏得別人的敬重，讓自己活得有尊嚴，就應該勇敢地承擔起責任，一個人即使沒有良好的出身、優越的地位，只要他能夠勤奮的工作，認真、負責地處理日常工作中的事務，就會贏得別人的敬重和支持。

生活總是會給每人回報的，努力培養自己勇於負責的工作精神吧。一個人只有具備了勇於負責的精神之後，才會產生改變一切的力量。

敬重自己的工作

敬重自己的職業，當我們懷著一種強烈的責任感去從事工作時，把工作當成自己的事，你就會從中得到收穫，找到快樂。

第八章　做好工作公司就是你的船

很多年輕人初入社會時都有這樣的感覺，自己做事都是為了老闆，為他人賺錢。其實，這也並無什麼不好，你出錢我出力，情理之中的事。再說，要是老闆不賺錢，你怎麼可能在這家公司好好待下去呢？但有些人認為，反正為人家幹活，能混就混，公司虧了也不用我去承擔，他們甚至還扯老闆的後腿，背地裡做些不良之事！稍加仔細地想想，這樣做對你自己並沒什麼好外。

敬業，表面上看是為了老闆，其實是為了自己，因為敬業的人能從工作中學到比別人更多的經驗，而這些經驗便是我們向上發展的墊腳石，就算我們以後換了地方、從事不同的行業，你的敬業精神也必會帶給你幫助。因此，把敬業變成習慣的人，從事任何行業都容易成功。

如果我們養成了一種「不敬業」的不良習慣，當散漫、馬虎、不負責任的做事態度已深入於人的意識與潛意識，做任何事都會「隨便做一做」，結果不問也就可知了。如果到了中年還是如此，很容易就此蹉跎一生，還說什麼由弱而強，改變一生呢！

所以，「敬業」短期來看是為了雇主，長期來看是為了我們自己。如果我們在工作上弄虛作假、投機取巧，這不僅會給公司帶來一些損失，更重要的是毀掉了我們自己的一生。

有這樣一個缺乏敬業精神的業務，就因為怕苦怕累、消極怠工而延誤了有利時機，結果白白損失了一大筆訂單，公司因此遭受了損失，這位業務員也被老闆炒了魷魚。

試想：這樣的業務，哪位老闆還敢用他呢？！

眼高手低的員工不會具備真正的敬業精神。對於他們輕視的工作，他們不可能報以十分的熱忱去完成，這樣，久而久之，他們就會喪失別人的

敬重自己的工作

信任與尊重,他們的地位與日子就會岌岌可危。

敬業,首先表現為尊重自己的工作,工作是社會提供的,它不帶任何的感情色彩,我們也不應賦予其高低貴賤之分。工作時,我們要投入自己全部身心,只有一個目的就是把它完成,把它做好。

能夠這樣對待工作的人,必定有一顆堅強的心,懷有一個堅定的信念,也是最有職業道德的人,在他們的行業中,他們永遠是最好的。

所謂「敬業」,就是要敬重我們的工作!為何要如此,我們可以從兩個層次去理解。低層次來講,「拿人錢財,與人消災」,也就是說,敬業是為了對老闆有個交代。如果我們上升一個高度來看,那就是把工作當成自己的事業,要具備一定的使命感和道德感。不管從哪個層次來講,「敬業」所表現出來的就是認真負責,認真做事,一絲不苟,並且有始有終!

「敬業」一詞英語裡叫做 calling。call(叫喚)有「為上帝所召喚之事」的意義,可說是「天職」。

在工作中,努力工作還不夠,我們還要更敬業!敬業是一種做人之道,也是成就事業的重要保證。

任何一家公司要想在競爭中取得勝利,沒有敬業的員工是不可能的;一個國家要想屹立於世界之林,沒有敬業的人民是難以想像的。

職業是人的使命所在,敬業是人類共同擁有和崇尚的一種崇高精神。

如果敬業深深地刻在我們的頭腦中,我們就會積極主動地工作,並能夠從中體會並享受到樂趣,從中累積的豐富經驗是贏得以後更大成就的寶貴財富。

第八章　做好工作公司就是你的船

清除浮躁，讓自己「沉」下來

在職場中，很多人表現為天生的不安分，把「挑戰自我、超越自我」盲目化，頻頻跳槽，其實跳槽時應審時度勢，多點踏實，少點浮躁，不要身在曹營心在漢，吃張家的飯，就不要盯李家的門。

如果把工作比喻成一個身體，那麼聰明的人應該知道如何清除「身體裡的毒素」。要消除身體裡的毒素，首先我們要弄清楚，我們身體裡存在著哪些毒素？一般來說，工作身體裡的毒素不外乎是工作焦灼、浮躁、抱怨、淺薄、張狂等等。

特別是剛進入公司的新人，他們比較浮躁。這是市場馴化的結果，也無可指責，更無可厚非。剛工作的年輕人，熱情之下掩蓋著浮躁，勤奮之下隱藏著抱怨，積極之下飽含著無奈。一般地，新到的員工之中很少有新手無畏的角色，大多都是唯唯諾諾謹小慎微的，他們可能並不了解就加盟了公司，只是衝著公司的名氣和較高的薪水，一旦公司有所變動調整對其不利，抱怨連天的事情就會時有發生。

當對工作感到不滿意時，或者碰到各種工作上和與工作有關的問題時，很多人就會認為跳槽、換個工作是最好的出路。不過當你萌生另起爐灶、轉換門庭的念頭時，不妨先轉換一下自己的心態，換一個角度來審視自己的公司、自己的工作和自己的老闆，或許換工作的想法就會因此而煙消雲散。

凡是老闆都不願意自己的員工頻繁跳槽，來來往往，他們總是喜歡忠誠於自己的員工，因為每出現一次員工跳槽現象就會增加一些成本，比如應徵新人的成本、時間成本等，工作效率也會受到一些影響，而集體跳槽

更是令老闆們心驚肉跳的大動盪事件。

在職場，就有這樣的人，表現為天生的不安分，對自己猜想過高，把「挑戰自我」、「超越自我」盲目化，頻頻跳槽，而且是跨行業跳槽，浪費了寶貴的時間和資源。

當然，我們也不能夠指責這些頻頻跳槽的人，只是希望他們能夠審時度勢，多一點踏實，少一點浮躁，不要身在曹營心在漢，更不要為了跳槽，對現在的公司做出不利的蠢事。一般來說，在可跳可不跳的時候，最好不要跳。誰都知道，熊掌和魚兩者不可兼得，在分不清哪是熊掌，哪是魚的情況下，最好牢牢抓住一個。一般公司都非常看重員工的「忠誠度」，中國傳統文化中，往往是疑人不用，用人不疑，對於「貳臣」歷來是心存芥蒂，擔心你到他們公司後「後院失火」，即使聘用你，也會對你有疑心，你就很難有出人頭的機會。

企業和員工之間也必須重視忠誠。因為無論從企業的角度，還是從員工的角度，忠誠都是必須的。忠誠度是構成企業良性發展的一個重要因素，一個企業只有精誠團結，企業的員工共同努力，才會有好的發展。如果一個企業的員工缺乏忠誠，人心渙散，就像一盤散沙，沒有凝聚力和向心力，很難想像這樣的企業能夠得到長期發展。

忠誠是無價之寶。在這個世界上，並不缺少有能力的人，那種既有能力又忠誠的人才是每一個企業尋找的最理想的人才。我們的忠誠會讓我們達到想像不到的高度。

很多公司為了防止員工流動過於頻繁，公司明文規定，新員工有很多的收入和福利，要等工作一定年限後，才能讓員工拿到。如果你要提前離開公司，很多此類預期收入也就泡了湯……

第八章　做好工作公司就是你的船

人心浮躁，就是因為嚮往的太多，凡事都想抓住，也不管是不是能夠抓住。

有一個人很不滿意自己的工作，他忿忿地對朋友說：「我的長官一點也不把我放在眼裡，改天我要對他拍桌子，然後辭職不幹。」「你對那家公司完全弄清楚了嗎？對於他們做國際貿易的竅門完全搞通了嗎？」他的朋友反問。

「沒有！」

「君子報仇三年不晚，我建議你好好地把他們的一切貿易技巧、商業文書和公司組織完全搞通，甚至連怎麼修理影印機的小故障都學會，然後辭職不幹。」他的朋友建議，「你用他們的公司，做免費學習的地方，什麼東西都通了之後，再一走了之，不是既出了氣，又有了許多收穫嗎？」

那人聽從了朋友的建議，從此便默記偷學，甚至下班之後，還留在公司研究寫商業文書的方法。

一年之後，那位朋友偶然遇到他：

「你現在大概多半都學會了，可以準備拍桌子不幹了吧！」

「可是我發現近半年來，老闆對我刮目相看，最近更總是委以重任，又升官、又加薪，我已經成為公司的紅人了！」

「這是我早就料到的！」他的朋友笑著說，「當初你的老闆不重視你，是因為你的能力不足，卻又不努力學習；而後你痛下苦功，擔當重任，當然會令老闆對你刮目相看。只知抱怨長官的態度，卻不反省自己的能力，這是人們常犯的毛病啊！」

是金子在哪裡都會發光的，只要我們安心在職位上踏實工作，幹出成績，老闆可能沒說，但是心裡記著，說不定部門主管已經在考慮提拔你

了。如果隨時想跳槽，自己突然提出要辭職，豈不是前功盡棄？一個頻頻跳槽的人很有可能會降低自己的「職場信用等級」。

跳槽對於闖蕩職場的人來說，是再正常不過的事，但並不是每一次跳槽都是成功的，都有利於自己的發展。聰明的人總會利用適時的跳槽提升自己的座標，去贏得更多的主動。

看看這個故事，想想你曾經的損耗，你還會在頻繁的跳槽中磨損自己的精力與年歲嗎？

令人欣慰的是，現在有很多新人正在克服浮躁的心態，開始一步一個腳印地調整工作心態，不再淺薄，不再張狂，不再急躁，而是扎扎實實地去學習、總結和創新。這是好的苗頭。

自覺自願，而不是刻意去做

在現代社會，雖然聽命行事的能力相當重要，但個人的主動進取精神更應受到重視。許多公司都努力把自己的員工培養成主動工作的人。所謂主動工作，就是沒有人要求你、強迫你，卻能自覺而且出色地做好需要做的事情。

你想過沒有，我們平時的生活要是沒有紀律會怎樣？

有這樣一個故事：

在美國一所大學的日文班裡，突然出現了一個六、七十歲的老太太。開始大家並沒感到奇怪，在這個國度裡，人人都可以挑自己開心的事做。可過了不長時間，年輕人們發現這個老太太並非是退休之後為填補空虛才

第八章　做好工作公司就是你的船

來這裡的。每天清晨她總是最早來到教室，溫習功課，認真地跟著老師閱讀。老師提問時她也很用心。她的筆記總是記得工整。不久，一些不太注意聽講的年輕人們就紛紛借她的筆記做參考。每次考試前老太太更是緊張兮兮地複習、補缺。

有一天，老教授對年輕人們說：「做父母的一定要自律才能教育好孩子，你們可以問問這位令人尊敬的女士，她一定有一群有教養的孩子。」

一打聽，果然，這位老太太叫朱木蘭，她的女兒是美國第一位華裔女部長──趙小蘭。

確實如此，一個自我要求嚴格的人不但會自己有所成就，贏得別人的尊重，還會把家庭管理得井然有序，把這些優秀品格複製到子女的身上，他們的子女走上成功之路一點也不意外。

軍隊要有紀律，公司要有紀律，這彷彿是天經地義的事，沒有規矩，不成方圓嘛。要不，不全亂套了？

許多年輕人很少在工作中投入自己的熱情和智慧，而是被動地應付工作。即使他們遵守紀律、循規蹈矩，卻缺乏責任感，只是機械式完成任務，而沒有創造性地、主動地去投入工作。

在現代社會，雖然聽命行事的能力相當重要，但個人的主動進取精神更應受到重視。

在職期間，我們應有一定的責任感，否則不可能完成自己的工作。但讓責任感成為我們腦海中一種強烈的意識，深入到工作中的每一點每一滴，並一直堅持下去卻十分困難，因為在堅持的過程中，外在的誘惑太多。比如本想看會兒書學點新東西，或複習複習英語，可無意間看了一眼電視，竟被劇情吸引了。逛商場時本想著只是「看看不買」，沒想到商家

又在搞促銷，這身衣服居然打 6 折，買吧。禮拜天原本想帶著孩子去博物館，可朋友打電話來說「三缺一」，救場如救火，再說好久沒玩牌了，手真癢，去吧……不是所有的時候，理智慧戰勝感情；也不是所有時候，責任感能戰勝懶散。

不管怎樣，責任感必須培養，也完全可以培養。替自己定出計畫以及紀律，嚴格要求自己，看似委屈了自己，強迫自己放棄很多生活的樂趣，不能夠隨意、瀟灑地生活。其實大家都明白：眼前的這種嚴格自律，正是我們養成良好習慣，克服種種惰性，從而享受高品質生活的前提。

注意工作中的細節就有助於責任感的養成。一個書店的店員能經常擦拭書架上的灰塵；一家公車公司的司機，能讓自己的車天天保持整潔，這些做法漸漸地就會習慣成自然。當責任感成為一種習慣，成了一個人的生活態度，我們就會自然而然地擔負起責任，而不是刻意地去應付差事。

當一個人自然而然地做一件事情時，當然不會覺得麻煩，更不會覺得勞累。當我們意識到責任在召喚自己的時候，自己就會隨時為責任而放棄別的一切，而且這時候也不會覺得這種放棄有多麼艱難。

不要隨意放縱自己，不要輕易向各種誘惑低頭，堅持自己工作的方向與計畫，管理好自己。

記住，我們對自己的生命有比想像中更多的主宰權。自己好比一位三軍統帥，領導著我們身體內的各路大軍，去戰勝、消滅那些不受歡迎的不自律習慣。

第八章　做好工作公司就是你的船

把職業視作生命的一部分

每個員工在企業這個大棋盤上都是一個棋子。嚴格地講，但凡一個員工，都是一個專業人士，我們應該把自己的職業當成生命的一部分。用我們的生命去經營我們的職業。職業做好了，我們就會有成就感，同時也會受到公司成員和社會的尊重。

職業是每一個人安身立命、養家餬口的工作，每一個員工都是公司這部機器中一個小小的螺絲釘。如果每個螺絲釘都能各司其職，盡心盡力，公司的發展就不會成問題了，公司發展了，每個螺絲釘的用途也會隨之擴大。

在平常的日子裡，職業操守的好壞往往被人所忽視。大家注重職業技能的強弱，而忽略了職業操守。一個人職業道德水準的高低也會影響到自己一生的發展。

一個人不管從事什麼職業，都應該盡心盡責，儘自己最大的努力，把工作做好。這不僅是職責的需要，也是人生的需要。

大自然要經過千百年的進化，才長出一朵豔麗的花朵和一顆飽滿的果實。

在現實工作中，有許多人貪多求全，什麼都懂一點但什麼都不全懂，對工作只求一知半解，結果是害人不淺。

技術半生不熟的工人建造的房屋，就會經受不住暴風雨的襲擊；醫術不精的外科醫生做起手術來，是在拿病人的生命開玩笑；辦案能力不強的律師，只能是讓當事人浪費金錢。

無論我們從事什麼職業，都應該精通它。下工夫把知識學好，把問題

把職業視作生命的一部分

弄懂,把技術學精,成為本行業中的行家。偉大、崇高的職業精神會閃現出璀璨的人性光輝,會提升職業的整體形象,用自己的汗水、淚水、血水乃至生命賦予「工作」最生動、最真切的內容和意義,果敢地捍衛自己職業的尊嚴,成為職業最勇敢、最堅強的捍衛者、守護神,可以贏得社會、別人由衷讚譽和衷心愛戴!

職業是生命的一部分。如果我們是記者,就應該出現在新聞的發生地點,儘管可能有生命的危險,因為職業是生命的一部分。如果我們是醫生,就應該為患者解除病痛,儘管可能付出和回報不成比例。忙碌而不務正業其實是浪費生命。我們是企業員工,就應該為企業的發展著想,站在企業角度看待自己的職業。「很職業」常給人一種自豪的感覺。

我們一旦選定了某一職業,就要自覺地接受這個職業的種種界定和約束,就要不折不扣擔當這個職業必須承接的種種責任和義務!何種職業最安全很難界定。戰爭狀態下的職業軍人是最危險的,面對外敵入侵國難當頭,軍人的義務就是不怕流血犧牲,誓死捍衛國家的每一寸土地不受侵犯,保衛廣大人民群眾免遭踐蹋之苦,養兵千日用兵一時,怕死別當兵,戰死疆場是軍人的無上光榮,臨陣脫逃是軍人的莫大恥辱!職業記者,常常出現在人聲鼎沸花團錦簇的榮譽之間,然而記者隨時會面臨著生死威脅,尤其是戰地記者則別無選擇出沒於戰火硝煙的戰場。

卡爾·維奇是一名優秀的記者。他經常出沒於戰爭狀態地區,他熱愛自己的職業,新聞在哪,他就在哪,新聞無禁區!戰地記者的天職就是不懼個人安危,透過自己的眼、嘴、筆、心,把戰爭狀態客觀公正地告訴更多熱愛和平的人。銀行工作人員除了保證國家經濟命脈的正常運轉外,還擔負著保衛國家資金安全的神聖職責,同樣存在著巨大的潛在危險……

第八章　做好工作公司就是你的船

在一個企業或公司工作的員工，同樣要擔負起自己的職責。當公司的財產、公司聲譽等受到侵害時，我們要奮力捍衛，甚至要用我們的生命去捍衛。這是一個優秀專業人員所必須具備的素養，它也是職業對我們的要求，也是我們應盡的職責和義務。

恪盡職守是每一個職業者應當具備的起碼準則，一味享受權利而不肯履行相應的義務就是瀆職，比如司機拒載、醫生見死不救、警察臨危退怯、記者做假新聞、會計記假帳等等，這些應當受到社會的譴責，遲早會遭到社會唾棄。具有良好職業道德的人是社會的中堅；為了把本職工作做到盡善盡美、卓有建樹，我們無私無畏，頑強打拚，不惜犧牲個人利益乃至生命，這時候的職業者就已經上升為一種崇高的職業精神。它是推動社會、企業或公司全面發展的動力。

「本位主義不可有，本位責任感不可無」。我們都是服務者，同時又是受益者。每一個職業人服務別人的同時，也享受著其他成員的勞動成果。人字結構唇齒相依。人們的生活和諧幸福，完全在於全社會成員憑著職業良心做事。

在細節之處做到完美

這是一個細節取勝的時代，細節的作用怎麼強調都不為過。

吉姆 21 歲進入了一家集團公司。他被派往紐約分公司進行財務工作。在工作中，他發現分公司的財務軟體與總公司之間有一些差距。這套財務軟體來自一家著名的軟體公司，它的強大功能不容置疑。但是，問題的確存在，儘管只是小問題，但是處理起來非常地繁瑣，並且不可避免地

會造成一些錯誤。

吉姆決定完善這個軟體。他請教了許多相關專業的朋友，經過幾個月的努力。他達到了預期的目標。

改善後的軟體被應用於財務工作中，員工反映非常好。幾個月後，董事長來到紐約分公司視察，吉姆為他演示了這個軟體。董事長馬上發現了這套軟體的優越效能。很快，這個軟體便被推廣到集團在全美的各個分公司。

3年後，吉姆成為集團最年輕的分公司經理。

工作中有許多細微小事，這往往也是被大家所忽略的地方，有心的員工是不會忽視這些不起眼的小事的。在別人沒有注意到的地方留心，把每一個細節都盡可能做到盡善盡美。如此敬業的工作態度，讓你無法不耀眼。俗話說，大處著眼，小處著手。學做些小事，在老闆看來，也許是填缺補漏，但時間長了，你考慮事情周到、能吃苦、工作扎實的作風就會深深地印在老闆心中。

一個小夥子在家鄉做鐵匠，但是因為日子並不好混，所以想要到大城市碰碰運氣。他到了一個工廠的組裝工廠上班。

但是3個月之後，他對朋友抱怨，說他不想再待在那了，「這份工作讓我厭煩透了！你知道嗎，我每天的工作不過是在生產線上將一個螺絲擰到它該待的地方，每日每夜地只是重複著同一個動作，這讓我覺得自己像個傻子！」

朋友提議他再幹一個月再說，他悶悶不樂地回去了。

但是一個星期之後，他興高采烈地來找朋友：「嘿，夥計！你知道嗎？我現在覺得這份工作真是棒極了！今天我在擰螺絲的時候發現那個地方有

第八章　做好工作公司就是你的船

條小小的裂縫，於是我找到主管，把這件事情告訴了他。你知道，他向來都只會板著臉監視著我們，但是今天，他居然對我笑了，並當著所有人的面誇了我！」

一個月過去，他再次來找朋友：「你知道嗎？今天主管來巡視工廠，我對他說：『為什麼你們不把車吊高一點，好讓我擰螺絲的時候能動作快一點，而非要讓我彎著腰、扭著脖子慢慢地擰那顆螺絲呢？』主管聽了我說的話，居然認真地觀察了我的工作，說他會考慮。」

朋友笑著問他：「那麼你還打不打算辭掉這份讓你厭煩透頂的工作呢？」

「你在開什麼玩笑！」他拍著朋友的肩膀說，「這份工作需要我，我現在不知道有多喜歡幹這份工作！」

只有深入細節中去，才能從細節中獲得回報。細節是一種創造，產生效益，帶來成功。

成也細節，敗也細節。生活中很多人就是因為這些小小的不經意，錯失了成功的機會。而那些注意抓住細節、細心做人處世的人，卻往往獲得意想不到的成功。

看不到細節，或者不把細節當回事的人，對工作缺乏認真的態度。對事情只能是敷衍了事。這種人無法把工作當作一種樂趣，而只是當作一種不得不受的苦差事，因而在工作中缺乏熱情。他們只能永遠做別人分配給他們做的工作。甚至即使這樣也不能把事情做好。而考慮到細節、注重細節的人，不僅認真對待工作，將小事做細，而且注重在做事的細節中找到機會，從而使自己走上成功之路。

小事成就大事，細節成就完美。成功其實有時候很簡單，需要的只是對細節的關注，成功往往就在一瞬間。

甘願為工作做出犧牲

享樂傾向，塑造了一批又一批過於懶散、叛逆、缺乏敬業精神的人。他們可曾想過，自己是否真的擁有了不經努力隨隨便便就能成功的天賦。如果沒有，怎可不努力工作！

對艾倫一生影響深遠的一次職務提升是由一件小事情引起的。一個星期六的下午，一位律師——其辦公室與艾倫的同在一層樓，走進來問他，哪兒能找到一位速記員來幫忙，自己手頭有些工作必須當天完成。

艾倫告訴他，公司所有速記員都去觀看球賽了，如果他晚來5分鐘，自己也會走。但艾倫同時表示自己願意留下來幫助他。因為「球賽隨時都可以看，但是工作必須在當天完成」。

做完工作後，律師問艾倫應該付他多少錢。艾倫開玩笑地回答：「哦，既然是你的工作，大約1000美元吧。如果是別人的工作。我是不會收取任何費用的。」律師笑了笑，向艾倫表示謝意。

艾倫的回答不過是一個玩笑，並沒有真正想得到1000美元。但出乎艾倫意料，那位律師竟然真的這樣做了。6個月之後，在艾倫已將此事忘到了九霄雲外時，律師卻找到了艾倫，交給他1000美元，並且邀請艾倫到他的公司工作，薪水比現在高出1000多美元。艾倫放棄了自己喜歡的球賽，多做了一點工作，最初的動機不過是出於樂於助人的願望。艾倫並沒有義務放棄自己的休息去幫助他人，但他的這種放棄不僅為自己增加了1,000美元的現金收入，而且為自己帶來一項比以前更重要、收入更高的職務。

工作要你付出的犧牲可能很多，包括休閒、包括陪家人的時間。而業

第八章　做好工作公司就是你的船

績無疑是最好的回報。常常有剛踏入職場的年輕人，不願為工作犧牲哪怕一丁點兒的私人時間，堅決拒絕加班，理由是：下班後的時間是屬於我自己的。況且即使我在加班，也未必能被主管看見。這種人的職業前景恐怕不太樂觀。

西方有句諺語：「沒有痛苦就沒有收穫。」這句話也正好可以拿來解釋在最新的一份調查裡，何以有33%的美國人同意長時間工作，因為，長工作時間也意味著經濟繁榮和更高品質的生活。

沒有企業願意出錢養閒人。你當然有權利選擇最輕鬆、最愜意的工作，但是，老闆也有權利選擇最敬業、最賣命的員工。人在職場，如果對上頭交辦的事務和其他部門商請的工作，能推就推、能擋就擋，不願意多犧牲一點自己的時間和精力。那麼到頭來會發現，你所在部門的重要度與影響力將會越來越低你自己的話語權與活動空間將會越來越小。

據說在日本，哪個男人如果下班後早早回家，會被老婆瞧不起。因為這意味著兩種可能：一是老公不夠敬業、不夠勤奮；二是在公司裡無足輕重、主管沒有事情給他做，是個「閒人」。而無論屬哪種情況，都將直接影響家庭的收入與生活品質，為老婆所不喜歡。因此，日本的男人為了塑造勤勉的形象，寧可下班後在酒吧泡至半夜才回家，也不願被人視作是個一下班就無事可做的窩囊廢。

據日本經濟產業省2004年公布的一項調查結果，在工作和業餘生活的選擇中，國民選擇工作的「重視工作派」占35.1%，較前一年增加2.9個百分點。其中男性中的「重視工作派」達40%，同比增長4.3個百分點。越來越多的人認為工作比業餘生活重要，所謂的「重視工作派」呈現多年來未有的增長趨勢。

幾乎所有歡樂的取得都要經歷痛苦，只是承受痛苦的方式不同而已。為了成功，唯有竭盡全力。等待我們的並不一定都是成功和喜悅，但是我們最終明白，那些曾經奮鬥打拚的日子正是追求幸福的過程，曾經的無悔付出也終將綻放出燦爛的花朵。

工作第一，自我退後

忘我工作的精神會折服很多人，當然包括那些可以提供機會給你的人。忘我工作的人一般都會受到社會的尊重和支持。一個人若想得到社會的肯定，就必須學會犧牲休息時間，努力工作。不要以為僅僅是作為職員的你要如此，你可以看看成功人士是怎麼做的。

那是一位年近五旬的開發商，人人謂之「鐵算盤」的老企業家。從房地產打地基到100多棟樓整齊拔地而起，他天天都在現場第一線指揮，從沒休息過半天。

當時，房地產內的游泳池剛建成，第一次灌了滿池的水清洗消毒，但卻無法放走。一個個工程師都百思不得其解。這個時候，已經熬了兩個夜晚，聲音沙啞的「鐵算盤」指著池底說：「可能是下面的出水口堵塞了」。那些專業的工程師個個都說不可能。他二話沒說就跳進髒兮兮的游泳池，很快就從水裡挖出一個粉紅色的塑膠袋，「就是這個袋子塞住了出水口。」全場寂然。

大家心裡無比震撼，現場一個個比他年輕的工程師沒有人肯跳下去，到底是什麼驅使這個身價過億的老闆有如此勇氣跳進滿是蘇打水、消毒水和泥沙的水池裡？

第八章　做好工作公司就是你的船

工作第一，個人退後。這就是最好的詮釋。

當你把工作放在非常重要的位置上時，你會發揮出自己都無法想像的潛能，創造出極佳的業績。作為一名職員，沒有什麼可以依賴。只有比別人更多一點奮鬥，只有在別人喝咖啡和休閒、健身的時間都在忘我工作，否則很難拉開與別人的差距。

當松下公司剛開始製造收音機時，生產出來的產品故障非常多，調整也很困難。實際上，聽眾常常因收音機故障而聽不到想聽的節目，常常感到遺憾。松下幸之助產生了一種強烈的願望，一定要用自己的手製造出沒有故障、使用方便的收音機。

松下幸之助馬上叫來負責技術的員工，下令設計出新型的收音機。技術人員聽了很吃驚，說這太難了，希望給予充足的時間來研究。他的話不是沒有道理，當時的松下電器創業時間很短，只能生產配線器和電熱器，也沒有收音機專家。

松下幸之助鼓勵他：「你說的不是沒道理，請看一下你戴的手錶，在那麼小的地方，安裝了那麼多零件，它不是也在正常運轉嗎？收音機也不是不可能做到這一點，關鍵看你是否有必勝的信心。」

於是那位技術負責人下定決心，無論如何也要設計出來。他放棄了休息，夜以繼日，沉浸於嚴肅認真的開發之中。結果僅用了三個月時間就製造出在當時的技術條件下近乎理想的收音機。正巧當時電視臺徵選收音機，於是帶著它去應徵，結果壓倒了同行的老廠，以第一名的資格入選，令松下幸之助大吃一驚。

後來松下幸之助把這位技術負責人提拔為工廠主管，用來感謝他的犧牲精神。而那位負責人也感慨道：「原本看上去不可能完成的任務，居然

這麼輕易就被戰勝了。一個人如果能有為工作犧牲的精神，好像什麼問題都難不倒啊。」

如果你永遠保持努力的工作態度，你就會得到他人的稱許和讚揚，就會贏得老闆的器重。沒有付出驚人的代價，沒有不懈的努力，是無法實現自己的夢想的。任何人都要經過不懈的努力才能有所收穫。收穫成果的多少取決於這個人努力的程度，沒有「太幸運」這樣的事存在。因此，為了好的前景，努力工作吧。

做完了，再痛快地休息

下班的時候工作還沒做完。很多人的處理方法是把事情拖到明天再去做。可是，明日復明日，明日何其多。明天之後還有明天的明天，如果所有的事情都拖到明天才去做，那麼事情就永遠沒有做完的一天。

一個青年畫家把自己作品拿給著名畫家柯羅（Jean-Baptiste Camille Corot）看，希望柯羅能給他一些建議。柯羅看過畫之後，指出幾處他不太滿意的地方。青年畫家聽了之後對柯羅說：「謝謝您的建議，明天我會全部修改的。」柯羅聽後卻有些生氣了，激動地問他：「為什麼要明天？你想明天再修改嗎？今天的事就應該今天做，不要等到明天再做！」青年畫家聽後馬上對柯羅說立刻就改。後來，這位青年也成為一位傑出的畫家。事後他常對人說，自己這輩子最感謝的人就是柯羅，正是他的那次生氣改變了自己的一生。

既然今天可以做完的事情，為什麼非要拖到明天呢？完成之後再休息。今天的明天就是明天的今天。在等待著一個又一個明天中，你浪費了一個

第八章　做好工作公司就是你的船

又一個今天。最終，你浪費的是你的整個生命。你總會看到一些人神色匆忙，被事情弄得手忙腳亂，跟人抱怨說：「怎麼辦？時間不夠，完不成了，這事太急了！」我們真的有那麼多急事嗎？事實上，所有的「急事」都是把事情往後推造成的後果。

為了我們的職業生涯，必須養成遇到事情馬上解決的良好習慣，把時間合理地分配。這樣，你不但會覺得輕鬆，而且會提高做事的效率。輕鬆完成。何樂而不為呢？

在英國亨利八世統治時代，當時還沒有民間的郵政事業，信件都是由政府派出的信差發送的，如果在路上延誤要被處以絞刑。試想想，假如不能按時完成任務，你就會被處以絞刑，你還會心不在焉地工作麼？你還繼續把今天該做的事拖到明天完成？現在該打的電話等到一兩個小時後才打？這個月該完成的報表拖到下個月？這個季度該完成的進度要等到下一個季度？

一位著名的心理學博士，曾經講了一個這樣的治療案例：

來求診的是一家大公司的高級主管。他剛剛到診所的時候，顯得精神緊張。而且十分憂慮。他覺得自己就快要精神崩潰了，可是他沒有辦法辭掉他的工作。

「當他正要向我訴說病情時」博士說，「我的電話響起來了，是醫院給我打來的。我沒有過多考慮，當場就做了決定。我總是盡可能地把問題當場解決。我剛掛上電話，電話鈴聲又響起來了，這一次是比較急的事情。我花了一些時間用來討論。第三次來打擾我的是一個同事，我很快就結束了與他的談話。我轉過身來準備向我的病人道歉，卻發現他臉上的表情已經變了，變得十分開心。」

做完了，再痛快地休息

「不必向我道歉了，博士。」他說，「在剛才您打電話的十分鐘裡，我已經發現了我的問題所在了。我現在要回辦公室去，改一改我的工作習慣。不過。我還有個請求，我能看看您的書桌嗎？」

博士打開書桌的抽屜，裡面都是空的，只放了一些文具。

「請告訴我」他說「您沒有辦完的公事都放在哪裡呢？」

「都辦完了。」博士回答。

「沒有回覆的信呢？」

「都回覆了。」博士告訴他說「我的習慣是，信不回覆的話就不收起來，我總是馬上口述回信，讓我的祕書打字。」

一個月後，那位高級主管又來到博士的診所。他高興地說：「以前，我總是被拖延下來的工作所吞沒，事情總是做不完。從你那回來之後，我改變了我的習慣，事情一到就馬上解決，現在，再也沒有堆積如山的公事來威脅我了，我永遠都不會被包圍在緊張和煩惱中了。」

遇到不緊急的事情的時候，很多人總喜歡先拖一拖。結果你會發現等待你處理的事情越來越多，而當你要同時處理一大堆事情的時候，往往會感到緊張和煩惱，覺得無從下手，於是就把事情無止境地拖下去。這樣無形中降低了你的時間利用率，你會覺得你總是沒有足夠多的時間去做事。

養成把經手的問題立即解決的習慣，會讓你每時每刻都能輕鬆應對手頭的事情，不會因為累積下來的一大堆事情而手忙腳亂。這樣也有助於你養成高效的工作效率。

而且，你要記得，在職場中，要求你把工作做完再休息，不是讓你成為一名工作狂，而是要你高效地完成任務，合理規劃自己的生活。你要培養自己安排任務的能力，如果50個小時能夠完成的任務，就沒有必要用

325

第八章　做好工作公司就是你的船

80 個小時。

　　不要把工作總拖到明天,那樣你會經常手忙腳亂,老是覺得時間不夠,讓你分外疲憊。而且,在那麼緊迫的時間內,你所處理事情的效果自然大打折扣。完成今天的任務之後再休息吧,把今天的事情做完,才能為明天的事做好準備。

做完了，再痛快地休息

職場價值最大化，以主動和責任心實現長遠發展：

從被動完成到積極突破，激發潛能，在競爭激烈的職場中脫穎而出

作　　　者：	周文軍
發　行　人：	黃振庭
出　版　者：	財經錢線文化事業有限公司
發　行　者：	財經錢線文化事業有限公司
E ‐ m a i l：	sonbookservice@gmail.com
粉　絲　頁：	https://www.facebook.com/sonbookss/
網　　　址：	https://sonbook.net/
地　　　址：	台北市中正區重慶南路一段61號8樓 8F., No.61, Sec. 1, Chongqing S. Rd., Zhongzheng Dist., Taipei City 100, Taiwan
電　　　話：	(02)2370-3310
傳　　　真：	(02)2388-1990
印　　　刷：	京峯數位服務有限公司
律師顧問：	廣華律師事務所 張珮琦律師

國家圖書館出版品預行編目資料

職場價值最大化，以主動和責任心實現長遠發展：從被動完成到積極突破，激發潛能，在競爭激烈的職場中脫穎而出 / 周文軍 著 . -- 第一版 . -- 臺北市：財經錢線文化事業有限公司, 2024.12
面；　公分
POD 版
ISBN 978-626-408-106-1(平裝)
1.CST: 職場成功法
494.35　　　　　113017893

-版權聲明-

本作品中文繁體字版由五月星光傳媒文化有限公司授權台灣崧博出版事業有限公司出版發行。
未經書面許可，不得複製、發行。

定　　價：450 元
發行日期：2024 年 12 月第一版
◎本書以 POD 印製
Design Assets from Freepik.com

電子書購買

爽讀 APP　　　　臉書